U0322501

数据包络分析 第五卷

广义数据包络分析方法 II

马生昀 马占新 著

科学出版社

北京

内 容 简 介

本书主要是在《数据包络分析第二卷·广义数据包络分析方法》的基础上，对广义数据包络分析方法体系给出进一步拓展和完善，包括给出基于面向输出的广义 DEA 模型体系，面向输入及输出的广义 DEA 模型的性质探讨，以及广义 DEA 模型体系的延伸. 第 1 章对传统与广义 DEA 方法的相关问题的进展进行了简要介绍. 第 2 章从面向输入和面向输出两个角度给出了基于 C^2R，BC^2，ST 和 FG 模型的基本广义 DEA 方法. 第 3 章给出了基于 C^2W 模型的广义 DEA 方法. 第 4 章给出了基于 C^2WY 模型的广义 DEA 方法. 第 5 章给出了只有输入（输出）的传统 BC^2 模型中决策单元效率的几何刻画. 第 6 章给出了广义与传统 DEA 模型中决策单元相对效率差异及其几何刻画. 第 7 章给出了广义 DEA 方法中决策单元相对于不同样本前沿面移动的有效性排序方法. 第 8 章给出了基于 C^2R 模型的广义链式网络 DEA 方法. 第 9 章给出了具有阶段最终产出的广义链式网络 DEA 方法. 第 10 章给出了聚类分析在确定广义 DEA 方法样本单元集中的应用. 第 11 章给出了带有随机因素的广义随机 DEA 方法. 第 12 章给出了具有非期望输出的广义 DEA 方法.

本书可供数学、经济管理学专业的本科生、研究生和教师使用，也适合经济、管理领域从事数据分析和评价的工作人员参考.

图书在版编目(CIP)数据

广义数据包络分析方法Ⅱ/马生昀，马占新著. —北京：科学出版社，2017.5
（数据包络分析；第五卷）
ISBN 978-7-03-051568-1

Ⅰ.①广… Ⅱ.①马… ②马… Ⅲ.①包络–系统分析 Ⅳ.①N945.12

中国版本图书馆 CIP 数据核字(2017) 第 008317 号

责任编辑：王丽平 / 责任校对：邹慧卿
责任印制：张 伟 / 封面设计：迷底书装

科学出版社 出版
北京东黄城根北街 16 号
邮政编码：100717
http://www.sciencep.com

北京建宏印刷有限公司 印刷
科学出版社发行 各地新华书店经销
*
2017 年 5 月第 一 版 开本：720×1000 1/16
2017 年 5 月第一次印刷 印张：13 1/4
字数：260 000
定价：**88.00 元**
（如有印装质量问题，我社负责调换）

前　　言

　　数据包络分析 (Data Envelopment Analysis, DEA) 方法是美国著名运筹学家 Charnes 等于 1978 年提出的一种效率评价方法, 它将单输入单输出的工程效率概念推广到多输入多输出同类决策单元相对效率评价中, 使研究生产函数的主要技术手段由参数方法发展到参数方法与非参数方法并重, 同时在避免主观因素、简化算法、减少误差等方面具有很大的优势. 经过几十年的发展, DEA 方法已成为管理学、经济学、系统科学等领域中一种常用而且重要的分析工具.

　　从评价的参考集来看, DEA 方法主要是相对于决策单元全体 (实际上是相对于有效决策单元全体) 对决策单元进行相对效率评价, 即 DEA 方法评价决策单元的参照系为决策单元集. 但是在现实中, 许多评价问题并不是以有效决策单元为参照系去比较. 比如大学期末考试, 学生关心的并不一定是自己考试成绩与高分同学的差距, 而是更关心是否通过了考试. 如果将评价的参考集分成 "决策单元集" 和 "非决策单元集" 两类, 那么 DEA 方法只能给出相对于决策单元集的信息, 而无法根据任何非决策单元集进行相对效率评价, 这使得 DEA 方法在众多评价问题中的应用受到限制. 因此, 从 1996 年以来, 我们一直致力于广义参考集 DEA 方法的研究, 力求使 DEA 方法能在更广泛的领域上得到应用.

　　本书主要是在《数据包络分析第二卷 · 广义数据包络分析方法》的基础上, 对广义 DEA 方法体系给出进一步拓展和完善, 包括给出基于面向输出的广义 DEA 模型体系, 面向输入及输出广义 DEA 模型的性质探讨, 以及广义 DEA 模型体系的延伸. 本书的主要工作是由马生昀和我共同完成的. 马生昀于 2003 年考入内蒙古大学理工学院数学系, 攻读运筹学与控制论方向硕士学位, 开始在我的指导下从事 DEA 方法研究, 2008 年考入内蒙古大学数学科学学院, 攻读应用数学专业博士学位, 继续开展 DEA 方法的研究工作. 在 14 年的科学研究过程中, 我们不仅开展了 DEA 方法的多方面的研究, 而且也建立了深厚的师生友谊, 作为导师, 我非常感谢他对 DEA 方法的热爱, 以及 14 年的执着相伴. 我为有这样一个学生而感到骄傲和幸福. 同时, 通过我们的努力能为 DEA 方法的发展尽一份绵薄之力, 我们也甚感欣慰. 本书主要围绕广义 DEA 理论和模型, 系统论述了面向输出的广义 DEA 方法模型体系、广义 DEA 方法的性质以及其模型方面的拓展情况, 本书主要内容为马生昀博士在整个研究生学习期间与我共同完成的工作. 包括面向输入和面向输出的基于 C^2R, BC^2, ST, FG 模型的广义 DEA 方法 (数学的实践与认识, 2011), 面向输入和面向输出的基于 C^2W 模型的广义 DEA 方法 (系统工程与电子技术, 2009;

系统工程理论与实践, 2014), 面向输入的基于 C^2WY 模型的广义 DEA 方法 (系统工程学报, 2011), 广义 DEA 方法中利用样本前沿面移动对决策单元进行有效性排序 (系统工程学报, 2014), 传统与广义 BC^2 模型中决策单元效率的几何刻画 (数学的实践与认识, 2014), 统计学方法在广义 DEA 方法中的应用 (数学的实践与认识, 2012, 2013; 内蒙古农业大学学报, 2012), 具有非期望输出的广义 DEA 模型 (内蒙古农业大学学报, 2014), 其中本书的第 8 章、第 9 章介绍了广义网络 DEA 方法 (数学的实践与认识, 2014, 2015), 为我的研究生吉日木吐、媛媛与马生昀和我共同完成.

　　本书的出版得到了国家自然科学基金 (71661025, 71661027, 71261017) 的资助, 在此表示深深的感谢!

马占新

2016 年 10 月

目　　录

第1章　DEA 模型的研究进展

1.1　传统 DEA 方法与广义 DEA 方法的研究背景

数据包络分析 (Data Envelopment Analysis, DEA) 是一种相对效率评价方法, 将单输入单输出的工程效率概念推广到多输入多输出同类决策单元相对效率评价中, 是运筹学、管理科学和数理经济学研究的交叉领域[1−5]. DEA 方法极大丰富了微观经济学的生产函数理论及其应用技术, 扩大了对生产函数理论的认识, 为多目标评价提供了有效途径, 使研究生产函数理论的主要技术手段由参数方法发展到参数方法与非参数方法并重, 同时在避免主观因素、简化算法、减少误差等方面具有很大的优势. 从第一个 DEA 模型 C^2R 模型[1] 产生以来, DEA 方法在理论研究和实际应用方面都得到了迅速的发展, 已经成为运筹学、管理学、系统工程、决策分析和评价技术领域常用的并且重要的分析工具和研究手段[6−8].

依据 DEA 方法评价决策单元相对效率的参照集的不同, 可将 DEA 方法分为传统 DEA 方法和广义 DEA 方法[9]. 传统 DEA 方法相对于决策单元全体 (实质上是相对于有效决策单元全体) 对决策单元进行相对效率评价, 即传统 DEA 方法评价决策单元的参照系为决策单元集. 但是在现实中, 许多评价问题并不需要相对于有效决策单元去比较. 比如大学期末考试, 某些学生不关心考试成绩与高分同学的差距, 更关心是否达到及格线. 如果将评价的参考集分成决策单元集和非决策单元集两类, 那么传统 DEA 方法只能给出相对于决策单元集的信息, 而无法根据任何非决策单元集进行相对效率评价, 这使得传统 DEA 方法在众多评价问题中受到限制. 应用传统的 DEA 方法可以根据决策单元集进行评价, 却不能根据非决策单元集进行评价. 基于样本单元集评价的广义 DEA 方法的提出, 解决了传统 DEA 方法不能相对于非决策单元集的评价问题, 广义 DEA 方法可以相对于任意参照集进行相对效率评价, 包括决策单元集和非决策单元集.

下面从传统和广义的角度简述 DEA 模型的研究进展.

1.2　传统 DEA 模型的研究进展

1978 年, Charnes, Cooper 和 Rhodes 提出了第一个传统 DEA 模型 C^2R 模型, 将单输入单输出工程效率概念推广到多输入多输出的相对效率评价中[1]. C^2R 模型满足规模收益不变, 该模型下的 DEA 有效决策单元同时满足规模有效和技术有效. 1984 年, 针对相对效率评价问题中生产可能集的锥性假设有时不满足的问题, Charnes 和 Cooper 等给出了规模收益可变的 DEA 模型 BC^2 模型[10], 该模型下的 DEA 有效决策单元为技术有效, 未必满足规模有效. C^{2}R 模型和 BC^2 模型是 DEA 方法中最基本的两个模型, 在此基础上派生出一系列新的 DEA 模型. 1985 年, Färe 和 Grosskopf 给出了满足规模收益非递增的 DEA 模型 FG 模型[11]. 1990 年, Seiford 和 Thrall 给出了满足规模收益非递减的 DEA 模型 ST 模型[12]. C^{2}R 模型、BC^2 模型、FG 模型和 ST 模型完善了具有不同规模收益条件下的 DEA 模型, 构成了一个完整的规模收益评价体系. 1986 年, Charnes, Cooper 和魏权龄利用半无限规划理论给出了 C^{2}W 模型[13], 将 C^{2}R 模型从有限个决策单元推广到无限多个决策单元的情形. 1989 年, Charnes, Cooper, 魏权龄和黄志民将偏好锥引入 DEA 方法中, 给出了 C^{2}WH 模型[14], 通过偏好锥的选择可以体现出决策者的偏好, 解决了以上模型把决策单元的输入输出指标同等对待的问题. 同年, Charnes, Cooper, 魏权龄和岳明给出了一个综合的 DEA 模型 C^{2}WY 模型[15], 包含了 C^{2}R 模型、BC^2 模型和 C^{2}W 模型. C^{2}R, BC^2, FG, ST, C^{2}W, C^{2}WH 和 C^{2}WY 模型都是经典的传统 DEA 模型.

以上的经典传统 DEA 方法中把生产过程看作一个 "黑箱", 评价决策单元相对效率时, 只考虑生产的最初输入和最终输出, 不考虑生产的中间过程, 无法刻画中间过程对整个生产过程相对效率的影响. 针对这个问题, Färe 等于 1996 年提出了网络 DEA[16] 的概念, 打开 "黑箱" 考虑生产过程的各个环节对决策单元进行评价. 此后网络 DEA 方法的理论体系逐渐发展和完善, 研究了多种形式的网络 DEA 模型的效率评价[17-27]、投影问题[28] 以及灵敏度分析[29] 等.

对传统 DEA 模型及其相关理论的研究不断丰富. 其中包括对 DEA 有效性的研究[30-33], 有效决策单元集结构[34-37], 如何改变非有效决策单元输出使之变为有效[38,39], 灵敏度分析[40-44], 要素在有限范围变化的 DEA 模型及其投影问题[45,46], 只有输出或只有输入的 DEA 模型[47], 博弈论与 DEA 方法相结合解决固定成本分摊问题[48-50], 决策单元相对效率排序[51-68] 等.

马占新将 DEA 方法与偏序集理论联系起来, 建立了新的基于偏序集的 DEA 理论基础[69], 证明了 C^{2}R 和 BC^2 模型刻画的 DEA 有效性实际就是经验状态下决策者偏好的极大[70], 应用偏序集理论讨论了 DEA 方法的数据变换性质[71], 证明了 C^{2}R, BC^2, C^{2}W, C^{2}WH 和 C^{2}WY 模型中的 DEA 有效决策单元的本质特征就是相应偏序集的极大元[72,73], 探讨了偏序集理论在 DEA 相关理论中的应用[74]. 基于偏序集理论的 DEA 理论体系, 从偏序集理论角度刻画了 DEA 有效的本质特征, 对 DEA 有效给出了不同于 Charnes 等的原始解释, 为离散型 DEA 模型建立找到出路, 打通了 DEA 方法与其他传统评价理论间的关系. 尤其重要的是传统 DEA 方法产生的基础是经济系统的公理体系, 未必适合非经济领域的评价问题, 基于偏序集理论的 DEA 理论体系为 DEA 方法在非经济领域的研究找到了理论根据.

在实际评价过程中, 有时输入输出指标数据为非确定值, 非确定性传统 DEA 方法的研究也有一定的进展, 比如传统随机 DEA 方法[75-89]、传统灰色 DEA 方法[90-93] 以及传统模糊 DEA 方法[94-100] 等.

1.3 广义 DEA 模型的研究进展

针对传统 DEA 方法不能相对于非决策单元集对决策单元进行评价这一问题, 马占新于 2002 年提出了基于样本评价的广义 DEA 方法[101]. 广义 DEA 方法可以相对于非决策单元集进行相对效率评价, 这与传统超效率 DEA 模型不同[102]. 传统超效率 DEA 模型评价决策单元的参照系是从决策单元集中剔除该被评价决策单元所得集合, 评价每个决策单元时的参照系是互不相同的, 即评价标准不统一. 广义 DEA 方法评价决策单元的参照系是样本单元集, 评价标准是一致的. 当决策单元集与样本单元集相同时, 广义 DEA 模型与相应的传统 DEA 模型相同.

最初的广义 DEA 方法是基于 C^2R 模型和 BC^2 模型的面向输入的广义 DEA 方法, 马占新探讨了相应方法中有效单元性质、相对样本前沿面移动进行相对效率排序、组合有效性等问题[101,103]. 此后, 马占新等分别研究了基于 C^2WH, C^2W 和 C^2WY 模型的面向输入的广义 DEA 方法[104-107]. 对几个经典的传统 DEA 模型从面向输入的角度基本完成了到广义 DEA 模型的拓展. 进一步, 马占新等又研究了基于 C^2R, BC^2, FG 和 ST 模型的面向输入和面向输出的广义 DEA 方法[108], 基于 C^2W 模型的面向输出的广义 DEA 方法[109].

广义 DEA 方法和模型不断完善和发展. 比如利用样本前沿面移动对决策单元的有效性排序[110], 决策单元效率的几何刻画[111,112], 统计学方法在广义 DEA 方法中的应用[113-115], 样本单元数和指标数变化对有效性的影响[116], 组合有效性评价[117-119], 多准则评价[120], 灵敏度分析[121], 企业并购效率评价[122], 企业联盟效率评价[123], 多属性决策单元有效性评价[124], 具有非期望输出的广义 DEA 模型[125-127], 广义链式网络 DEA 模型[128,129] 和广义模糊 DEA 模型[130-135] 等都有了一定的研究.

第2章 基于样本评价的基本广义数据包络分析方法

传统的 C^2R 模型[1]、BC^2 模型[10]、FG 模型[11] 与 ST 模型[12] 是分别评价规模报酬不变、可变、非增和非减四种情形的基本传统 DEA 模型. 但传统 DEA 方法是一种依据自评体系评价的方法, 无法自主选择参照系. 为了解决 DEA 方法可以根据任意参考系进行评价这一问题, 文献 [101] 和文献 [103] 中对面向输入的基于 C^2R 模型和 BC^2 模型的广义 DEA 方法进行了初步研究, 但相应的研究还不够系统和完善. 本章对基于样本单元评价的广义 DEA 方法进一步进行系统的研究, 给出基于 C^2R 模型、BC^2 模型、FG 模型与 ST 模型的面向输入的广义 DEA 模型、面向输出的广义 DEA 模型以及加性广义 DEA 模型, 分析上述这些模型与传统 DEA 模型之间的关系, 探讨广义 DEA 有效与相应多目标规划 Pareto 有效之间的关系, 给出决策单元的投影性质以及决策单元的有效性排序方法.

2.1 基于样本评价的基本广义数据包络分析模型

以下首先给出了一类基于样本单元评价的基本广义 DEA 模型, 包括面向输入的广义 DEA 模型、面向输出的广义 DEA 模型以及加性广义 DEA 模型, 然后, 探讨了这些模型与传统 DEA 模型之间的关系.

2.1.1 样本生产可能集的构造与广义 DEA 有效性的定义

假设共有 n 个待评价的决策单元和 $\bar{n}$ 个样本单元或标准 (以下统称样本单元), 它们的特征可由 m 种输入和 s 种输出指标表示.

第 p 个决策单元的输入指标值为

$$\boldsymbol{x}_p = (x_{1p}, x_{2p}, \cdots, x_{mp})^{\mathrm{T}},$$

第 p 个决策单元的输出指标值为

$$\boldsymbol{y}_p = (y_{1p}, y_{2p}, \cdots, y_{sp})^{\mathrm{T}},$$

第 j 个样本单元的输入指标值为

$$\bar{\boldsymbol{x}}_j = (\bar{x}_{1j}, \bar{x}_{2j}, \cdots, \bar{x}_{mj})^{\mathrm{T}},$$

第 j 个样本单元的输出指标值为

$$\bar{\boldsymbol{y}}_j = (\bar{y}_{1j}, \bar{y}_{2j}, \cdots, \bar{y}_{sj})^{\mathrm{T}},$$

并且它们均为正数.

令

$$T_{\mathrm{SU}} = \{(\bar{\boldsymbol{x}}_1, \bar{\boldsymbol{y}}_1), (\bar{\boldsymbol{x}}_2, \bar{\boldsymbol{y}}_2), \cdots, (\bar{\boldsymbol{x}}_{\bar{n}}, \bar{\boldsymbol{y}}_{\bar{n}})\},$$

称 T_{SU} 为**样本单元集**.

令

$$T_{\mathrm{DMU}} = \{(\boldsymbol{x}_1, \boldsymbol{y}_1), (\boldsymbol{x}_2, \boldsymbol{y}_2), \cdots, (\boldsymbol{x}_n, \boldsymbol{y}_n)\},$$

称 T_{DMU} 为**决策单元集**.

根据数据包络分析方法构造生产可能集的思想, 样本单元确定的**生产可能集**如下:

$$T = \left\{ (\boldsymbol{x}, \boldsymbol{y}) \middle| \boldsymbol{x} \geqq \sum_{j=1}^{\bar{n}} \bar{\boldsymbol{x}}_j \lambda_j, \boldsymbol{y} \leqq \sum_{j=1}^{\bar{n}} \bar{\boldsymbol{y}}_j \lambda_j, \right.$$
$$\left. \delta_1 \left(\sum_{j=1}^{\bar{n}} \lambda_j + \delta_2 (-1)^{\delta_3} \lambda_{\bar{n}+1} \right) = \delta_1, \lambda_j \geqq 0, j = 1, 2, \cdots, \bar{n}+1 \right\},$$

其中 $\delta_1, \delta_2, \delta_3$ 为取值为 $0, 1$ 的参数.

令

$$T(d) = \left\{ (\boldsymbol{x}, \boldsymbol{y}) \middle| \boldsymbol{x} \geqq \sum_{j=1}^{\bar{n}} \bar{\boldsymbol{x}}_j \lambda_j, \boldsymbol{y} \leqq \sum_{j=1}^{\bar{n}} d \bar{\boldsymbol{y}}_j \lambda_j, \right.$$
$$\left. \delta_1 \left(\sum_{j=1}^{\bar{n}} \lambda_j + \delta_2 (-1)^{\delta_3} \lambda_{\bar{n}+1} \right) = \delta_1, \lambda_j \geqq 0, j = 1, 2, \cdots, \bar{n}+1 \right\}$$

为样本单元确定的生产可能集的**伴随生产可能集**, 其中 d 为正数, 称为移动因子. 显然, $T(1) = T$.

定义2.1 如果不存在

$$(\boldsymbol{x}, \boldsymbol{y}) \in T,$$

使得

$$\boldsymbol{x}_p \geqq \boldsymbol{x}, \quad \boldsymbol{y}_p \leqq \boldsymbol{y},$$

且至少有一个不等式严格成立, 则称决策单元 $(\boldsymbol{x}_p, \boldsymbol{y}_p)$ 相对于样本生产前沿面有效, 简称**G-DEA 有效**. 反之, 称 $(\boldsymbol{x}_p, \boldsymbol{y}_p)$ 为 G-DEA 无效.

定义2.2 如果不存在

$$(\boldsymbol{x}, \boldsymbol{y}) \in T(d),$$

使得

$$x_p \geqq x, \quad y_p \leqq y,$$

且至少有一个不等式严格成立, 则称决策单元 (x_p, y_p) 相对于样本生产前沿面的 d 移动有效, 简称 **G-DEA$_d$ 有效**. 反之, 称 (x_p, y_p) 为 G-DEA$_d$ 无效.

定义 2.1 相当于定义 2.2 中 $d = 1$ 时的情形, 即此时 G-DEA$_1$ 有效与 G-DEA 有效相同.

2.1.2　基本广义数据包络分析模型

根据 G-DEA 有效与 G-DEA$_d$ 有效的概念, 构造如下三种基本广义 DEA 模型.

(1) **面向输入的基本广义 DEA 模型及对偶 (G-DEA$_I$) 与 (DG-DEA$_I$).**

$$(\text{G-DEA}_I) \begin{cases} \max \boldsymbol{\mu}^T \boldsymbol{y}_p - \delta_1 \mu_0, \\ \text{s.t. } \boldsymbol{\omega}^T \bar{\boldsymbol{x}}_j - \boldsymbol{\mu}^T d\bar{\boldsymbol{y}}_j + \delta_1 \mu_0 \geqq 0, j = 1, 2, \cdots, \bar{n}, \\ \boldsymbol{\omega}^T \boldsymbol{x}_p = 1, \\ \boldsymbol{\omega} \geqq \mathbf{0}, \boldsymbol{\mu} \geqq \mathbf{0}, \\ \delta_1 \delta_2 (-1)^{\delta_3} \mu_0 \geqq 0, \end{cases}$$

$$(\text{DG-DEA}_I) \begin{cases} \min \theta, \\ \text{s.t. } \theta \boldsymbol{x}_p - \sum_{j=1}^{\bar{n}} \bar{\boldsymbol{x}}_j \lambda_j \geqq \mathbf{0}, \\ -\boldsymbol{y}_p + \sum_{j=1}^{\bar{n}} d\bar{\boldsymbol{y}}_j \lambda_j \geqq \mathbf{0}, \\ \delta_1 \left(\sum_{j=1}^{\bar{n}} \lambda_j + \delta_2 (-1)^{\delta_3} \lambda_{\bar{n}+1} \right) = \delta_1, \\ \lambda_j \geqq 0, j = 1, 2, \cdots, \bar{n} + 1. \end{cases}$$

(2) **面向输出的基本广义 DEA 模型及对偶 (G-DEA$_O$) 与 (DG-DEA$_O$).**

$$(\text{G-DEA}_O) \begin{cases} \min \boldsymbol{\omega}^T \boldsymbol{x}_p + \delta_1 \mu_0, \\ \text{s.t. } \boldsymbol{\omega}^T \bar{\boldsymbol{x}}_j - \boldsymbol{\mu}^T d\bar{\boldsymbol{y}}_j + \delta_1 \mu_0 \geqq 0, j = 1, 2, \cdots, \bar{n}, \\ \boldsymbol{\mu}^T \boldsymbol{y}_p = 1, \\ \boldsymbol{\omega} \geqq \mathbf{0}, \boldsymbol{\mu} \geqq \mathbf{0}, \\ \delta_1 \delta_2 (-1)^{\delta_3} \mu_0 \geqq 0, \end{cases}$$

$$(\text{DG-DEA}_\text{O})\begin{cases} \max z, \\[2mm] \text{s.t. } \boldsymbol{x}_p - \sum_{j=1}^{\bar{n}} \bar{\boldsymbol{x}}_j \lambda_j \geqq \boldsymbol{0}, \\[2mm] -z\boldsymbol{y}_p + \sum_{j=1}^{\bar{n}} d\bar{\boldsymbol{y}}_j \lambda_j \geqq \boldsymbol{0}, \\[2mm] \delta_1 \left(\sum_{j=1}^{\bar{n}} \lambda_j + \delta_2(-1)^{\delta_3} \lambda_{\bar{n}+1} \right) = \delta_1, \\[2mm] \lambda_j \geqq 0, j = 1, 2, \cdots, \bar{n}+1. \end{cases}$$

(3) **加性基本广义 DEA 模型及对偶 (G-DEA$_\text{A}$) 与 (DG-DEA$_\text{A}$).**

$$(\text{G-DEA}_\text{A})\begin{cases} \min \boldsymbol{\omega}^{\mathrm{T}}\boldsymbol{x}_p - \boldsymbol{\mu}^{\mathrm{T}}\boldsymbol{y}_p + \delta_1\mu_0, \\[2mm] \text{s.t. } \boldsymbol{\omega}^{\mathrm{T}}\bar{\boldsymbol{x}}_j - \boldsymbol{\mu}^{\mathrm{T}}d\bar{\boldsymbol{y}}_j + \delta_1\mu_0 \geq 0, j = 1, 2, \cdots, \bar{n}, \\[2mm] \boldsymbol{\omega} \geqq \boldsymbol{e}, \boldsymbol{\mu} \geqq \hat{\boldsymbol{e}}, \\[2mm] \delta_1\delta_2(-1)^{\delta_3}\mu_0 \geq 0, \end{cases}$$

$$(\text{DG-DEA}_\text{A})\begin{cases} \max \boldsymbol{e}^{\mathrm{T}}\boldsymbol{s}^+ + \hat{\boldsymbol{e}}^{\mathrm{T}}\boldsymbol{s}^-, \\[2mm] \text{s.t. } \boldsymbol{x}_p - \sum_{j=1}^{\bar{n}} \bar{\boldsymbol{x}}_j \lambda_j - \boldsymbol{s}^+ = \boldsymbol{0}, \\[2mm] -\boldsymbol{y}_p + \sum_{j=1}^{\bar{n}} d\bar{\boldsymbol{y}}_j \lambda_j - \boldsymbol{s}^- = \boldsymbol{0}, \\[2mm] \delta_1 \left(\sum_{j=1}^{\bar{n}} \lambda_j + \delta_2(-1)^{\delta_3} \lambda_{\bar{n}+1} \right) = \delta_1, \\[2mm] \boldsymbol{s}^+ \geqq \boldsymbol{0}, \boldsymbol{s}^- \geqq \boldsymbol{0}, \lambda_j \geqq 0, j = 1, 2, \cdots, \bar{n}+1. \end{cases}$$

其中 $\boldsymbol{e} = (1, 1, \cdots, 1)^{\mathrm{T}} \in E^m, \hat{\boldsymbol{e}} = (1, 1, \cdots, 1)^{\mathrm{T}} \in E^s$.

(1) 当

$$\delta_1 = 0$$

时, 以上三对模型分别为基于 C^{2}R 模型的面向输入、面向输出和加性的广义 DEA 模型.

(2) 当

$$\delta_1 = 1, \quad \delta_2 = 0$$

时, 以上三对模型分别为基于 BC^2 模型的面向输入、面向输出和加性的广义 DEA 模型.

(3) 当

$$\delta_1 = 1, \quad \delta_2 = 1, \quad \delta_3 = 0$$

时, 以上三对模型分别为基于 FG 模型的面向输入、面向输出和加性的广义 DEA 模型.

(4) 当

$$\delta_1 = 1, \quad \delta_2 = 1, \quad \delta_3 = 1$$

时, 以上三对模型分别为基于 ST 模型的面向输入、面向输出和加性的广义 DEA 模型.

2.2   基本广义数据包络分析模型的性质

定理2.1   以下三个条件两两等价:

(1) 决策单元 $(\boldsymbol{x}_p, \boldsymbol{y}_p)$ 为 G-DEA$_d$ 无效;

(2) (DG-DEA$_\mathrm{I}$) 存在可行解

$$\theta, \lambda_j \geqq 0, \ j = 1, 2, \cdots, \bar{n} + 1,$$

使得

$$\boldsymbol{x}_p - \sum_{j=1}^{\bar{n}} \bar{\boldsymbol{x}}_j \lambda_j \geqq \boldsymbol{0},$$

$$-\boldsymbol{y}_p + \sum_{j=1}^{\bar{n}} d\bar{\boldsymbol{y}}_j \lambda_j \geqq \boldsymbol{0},$$

$$\delta_1 \left(\sum_{j=1}^{\bar{n}} \lambda_j + \delta_2 (-1)^{\delta_3} \lambda_{\bar{n}+1} \right) = \delta_1,$$

且至少有一个不等式严格成立;

(3) (DG-DEA$_\mathrm{O}$) 存在可行解

$$z, \lambda_j \geqq 0, \ j = 1, 2, \cdots, \bar{n} + 1,$$

使得

$$\boldsymbol{x}_p - \sum_{j=1}^{\bar{n}} \bar{\boldsymbol{x}}_j \lambda_j \geqq \boldsymbol{0},$$

$$-\boldsymbol{y}_p + \sum_{j=1}^{\bar{n}} d\bar{\boldsymbol{y}}_j \lambda_j \geqq \boldsymbol{0},$$

$$\delta_1\left(\sum_{j=1}^{\bar{n}} \lambda_j + \delta_2(-1)^{\delta_3}\lambda_{\bar{n}+1}\right) = \delta_1,$$

且至少有一个不等式严格成立.

证明 $((1) \Rightarrow (2), (1) \Rightarrow (3))$ 若 $(\boldsymbol{x}_p, \boldsymbol{y}_p)$ 为 G-DEA$_d$ 无效, 由定义 2.2 可知, 存在

$$(\boldsymbol{x}, \boldsymbol{y}) \in T(d),$$

使得

$$\boldsymbol{x}_p \geqq \boldsymbol{x}, \quad \boldsymbol{y}_p \leqq \boldsymbol{y},$$

且至少有一个不等式严格成立. 即存在

$$\lambda_j \geqq 0, \ j = 1, 2, \cdots, \bar{n}+1,$$

使得

$$\boldsymbol{x}_p \geqq \sum_{j=1}^{\bar{n}} \bar{\boldsymbol{x}}_j \lambda_j,$$

$$\boldsymbol{y}_p \leqq \sum_{j=1}^{\bar{n}} d\bar{\boldsymbol{y}}_j \lambda_j,$$

$$\delta_1\left(\sum_{j=1}^{\bar{n}} \lambda_j + \delta_2(-1)^{\delta_3}\lambda_{\bar{n}+1}\right) = \delta_1,$$

且至少有一个不等式严格成立. 移项即得

$$\boldsymbol{x}_p - \sum_{j=1}^{\bar{n}} \bar{\boldsymbol{x}}_j \lambda_j \geqq \boldsymbol{0},$$

$$-\boldsymbol{y}_p + \sum_{j=1}^{\bar{n}} d\bar{\boldsymbol{y}}_j \lambda_j \geqq \boldsymbol{0},$$

$$\delta_1\left(\sum_{j=1}^{\bar{n}} \lambda_j + \delta_2(-1)^{\delta_3}\lambda_{\bar{n}+1}\right) = \delta_1,$$

且至少有一个不等式严格成立.

令 $\theta = 1$, 则可知 $\theta, \lambda_j \geqq 0, j = 1, 2, \cdots, \bar{n}+1$ 为 (DG-DEA$_\mathrm{I}$) 的可行解.

令 $z = 1$, 则可知 $z, \lambda_j \geqq 0, j = 1, 2, \cdots, \bar{n}+1$ 为 (DG-DEA$_\mathrm{O}$) 的可行解.

$((2) \Rightarrow (1), (3) \Rightarrow (1))$ 假设 (DG-DEA$_\mathrm{I}$) 存在可行解

$$\theta, \lambda_j \geqq 0, \ j = 1, 2, \cdots, \bar{n}+1,$$

或假设 (DG-DEA$_O$) 存在可行解

$$z, \lambda_j \geqq 0, \ j = 1, 2, \cdots, \bar{n} + 1,$$

使得

$$\boldsymbol{x}_p - \sum_{j=1}^{\bar{n}} \bar{\boldsymbol{x}}_j \lambda_j \geqq \boldsymbol{0},$$

$$-\boldsymbol{y}_p + \sum_{j=1}^{\bar{n}} d\bar{\boldsymbol{y}}_j \lambda_j \geqq \boldsymbol{0},$$

$$\delta_1 \left(\sum_{j=1}^{\bar{n}} \lambda_j + \delta_2 (-1)^{\delta_3} \lambda_{\bar{n}+1} \right) = \delta_1,$$

且至少有一个不等式严格成立. 移项可得

$$\boldsymbol{x}_p \geqq \sum_{j=1}^{\bar{n}} \bar{\boldsymbol{x}}_j \lambda_j,$$

$$\boldsymbol{y}_p \leqq \sum_{j=1}^{\bar{n}} d\bar{\boldsymbol{y}}_j \lambda_j,$$

$$\delta_1 \left(\sum_{j=1}^{\bar{n}} \lambda_j + \delta_2 (-1)^{\delta_3} \lambda_{\bar{n}+1} \right) = \delta_1,$$

且至少有一个不等式严格成立. 由于

$$\left(\sum_{j=1}^{\bar{n}} \bar{\boldsymbol{x}}_j \lambda_j, \sum_{j=1}^{\bar{n}} d\bar{\boldsymbol{y}}_j \lambda_j \right) \in T(d),$$

所以由定义 2.2, $(\boldsymbol{x}_p, \boldsymbol{y}_p)$ 为 G-DEA$_d$ 无效.

考虑定理 2.1 的逆否命题, 可得推论 2.2.

推论2.2　　以下三个条件两两等价:

(1) 决策单元 $(\boldsymbol{x}_p, \boldsymbol{y}_p)$ 为 G-DEA$_d$ 有效;

(2) (DG-DEA$_I$) 不存在可行解

$$\theta, \lambda_j \geqq 0, \ j = 1, 2, \cdots, \bar{n} + 1,$$

使得

$$\boldsymbol{x}_p - \sum_{j=1}^{\bar{n}} \bar{\boldsymbol{x}}_j \lambda_j \geqslant \boldsymbol{0}$$

或

$$-\boldsymbol{y}_p + \sum_{j=1}^{\bar{n}} d\bar{\boldsymbol{y}}_j \lambda_j \geqslant \boldsymbol{0};$$

(3) (DG-DEA$_{\text{O}}$) 不存在可行解

$$z, \lambda_j \geqq 0, \ j = 1, 2, \cdots, \bar{n} + 1,$$

使得

$$\boldsymbol{x}_p - \sum_{j=1}^{\bar{n}} \bar{\boldsymbol{x}}_j \lambda_j \geqslant \boldsymbol{0}$$

或

$$-\boldsymbol{y}_p + \sum_{j=1}^{\bar{n}} d\bar{\boldsymbol{y}}_j \lambda_j \geqslant \boldsymbol{0}.$$

由于 (DG-DEA$_{\text{I}}$), (DG-DEA$_{\text{O}}$) 与 (DG-DEA$_{\text{A}}$) 可能存在无可行解情形, 同时为了讨论广义 DEA 方法与传统 DEA 方法的关系, 构造以下三对对偶模型 (G-DEA$_{\text{I}}^{'}$) 与 (DG-DEA$_{\text{I}}^{'}$), (G-DEA$_{\text{O}}^{'}$) 与 (DG-DEA$_{\text{O}}^{'}$), (G-DEA$_{\text{A}}^{'}$) 与 (DG-DEA$_{\text{A}}^{'}$).

$$(\text{G-DEA}_{\text{I}}^{'}) \begin{cases} \max \boldsymbol{\mu}^{\text{T}} \boldsymbol{y}_p - \delta_1 \mu_0, \\ \text{s.t. } \boldsymbol{\omega}^{\text{T}} \boldsymbol{x}_p - \boldsymbol{\mu}^{\text{T}} \boldsymbol{y}_p + \delta_1 \mu_0 \geqq 0, \\ \quad \boldsymbol{\omega}^{\text{T}} \bar{\boldsymbol{x}}_j - \boldsymbol{\mu}^{\text{T}} d\bar{\boldsymbol{y}}_j + \delta_1 \mu_0 \geqq 0, j = 1, 2, \cdots, \bar{n}, \\ \quad \boldsymbol{\omega}^{\text{T}} \boldsymbol{x}_p = 1, \\ \quad \boldsymbol{\omega} \geqq \boldsymbol{0}, \boldsymbol{\mu} \geqq \boldsymbol{0}, \\ \quad \delta_1 \delta_2 (-1)^{\delta_3} \mu_0 \geqq 0, \end{cases}$$

$$(\text{DG-DEA}_{\text{I}}^{'}) \begin{cases} \min \theta, \\ \text{s.t. } \boldsymbol{x}_p(\theta - \lambda_0) - \sum_{j=1}^{\bar{n}} \bar{\boldsymbol{x}}_j \lambda_j \geqq \boldsymbol{0}, \\ \quad \boldsymbol{y}_p(\lambda_0 - 1) + \sum_{j=1}^{\bar{n}} d\bar{\boldsymbol{y}}_j \lambda_j \geqq \boldsymbol{0}, \\ \quad \delta_1 \left(\sum_{j=0}^{\bar{n}} \lambda_j + \delta_2(-1)^{\delta_3} \lambda_{\bar{n}+1} \right) = \delta_1, \\ \quad \lambda_j \geqq 0, j = 0, 1, 2, \cdots, \bar{n} + 1. \end{cases}$$

$$(\text{G-DEA}_{\text{O}}') \begin{cases} \min \boldsymbol{\omega}^{\text{T}} \boldsymbol{x}_p + \delta_1 \mu_0, \\ \text{s.t. } \boldsymbol{\omega}^{\text{T}} \boldsymbol{x}_p - \boldsymbol{\mu}^{\text{T}} \boldsymbol{y}_p + \delta_1 \mu_0 \geqq 0, \\ \quad \boldsymbol{\omega}^{\text{T}} \bar{\boldsymbol{x}}_j - \boldsymbol{\mu}^{\text{T}} d\bar{\boldsymbol{y}}_j + \delta_1 \mu_0 \geqq 0, j = 1, 2, \cdots, \bar{n}, \\ \quad \boldsymbol{\mu}^{\text{T}} \boldsymbol{y}_p = 1, \\ \quad \boldsymbol{\omega} \geqq \boldsymbol{0}, \boldsymbol{\mu} \geqq \boldsymbol{0}, \\ \quad \delta_1 \delta_2 (-1)^{\delta_3} \mu_0 \geqq 0, \end{cases}$$

$$(\text{DG-DEA}_{\text{O}}') \begin{cases} \max z, \\ \text{s.t. } \boldsymbol{x}_p(1 - \lambda_0) - \displaystyle\sum_{j=1}^{\bar{n}} \bar{\boldsymbol{x}}_j \lambda_j \geqq \boldsymbol{0}, \\ \quad \boldsymbol{y}_p(\lambda_0 - z) + \displaystyle\sum_{j=1}^{\bar{n}} d\bar{\boldsymbol{y}}_j \lambda_j \geqq \boldsymbol{0}, \\ \quad \delta_1 \left(\displaystyle\sum_{j=0}^{\bar{n}} \lambda_j + \delta_2 (-1)^{\delta_3} \lambda_{\bar{n}+1} \right) = \delta_1, \\ \quad \lambda_j \geqq 0, j = 0, 1, 2, \cdots, \bar{n} + 1. \end{cases}$$

$$(\text{G-DEA}_{\text{A}}') \begin{cases} \min \boldsymbol{\omega}^{\text{T}} \boldsymbol{x}_p - \boldsymbol{\mu}^{\text{T}} \boldsymbol{y}_p + \delta_1 \mu_0, \\ \text{s.t. } \boldsymbol{\omega}^{\text{T}} \boldsymbol{x}_p - \boldsymbol{\mu}^{\text{T}} \boldsymbol{y}_p + \delta_1 \mu_0 \geqq 0, \\ \quad \boldsymbol{\omega}^{\text{T}} \bar{\boldsymbol{x}}_j - \boldsymbol{\mu}^{\text{T}} d\bar{\boldsymbol{y}}_j + \delta_1 \mu_0 \geqq 0, j = 1, 2, \cdots, \bar{n}, \\ \quad \boldsymbol{\omega} \geqq \boldsymbol{e}, \boldsymbol{\mu} \geqq \hat{\boldsymbol{e}}, \\ \quad \delta_1 \delta_2 (-1)^{\delta_3} \mu_0 \geqq 0, \end{cases}$$

$$(\text{DG-DEA}_{\text{A}}') \begin{cases} \max \boldsymbol{e}^{\text{T}} \boldsymbol{s}^+ + \hat{\boldsymbol{e}}^{\text{T}} \boldsymbol{s}^-, \\ \text{s.t. } \boldsymbol{x}_p(1 - \lambda_0) - \displaystyle\sum_{j=1}^{\bar{n}} \bar{\boldsymbol{x}}_j \lambda_j - \boldsymbol{s}^+ = \boldsymbol{0}, \\ \quad \boldsymbol{y}_p(\lambda_0 - 1) + \displaystyle\sum_{j=1}^{\bar{n}} d\bar{\boldsymbol{y}}_j \lambda_j - \boldsymbol{s}^- = \boldsymbol{0}, \\ \quad \delta_1 \left(\displaystyle\sum_{j=0}^{\bar{n}} \lambda_j + \delta_2 (-1)^{\delta_3} \lambda_{\bar{n}+1} \right) = \delta_1, \\ \quad \boldsymbol{s}^+ \geqq \boldsymbol{0}, \boldsymbol{s}^- \geqq \boldsymbol{0}, \lambda_j \geqq 0, j = 0, 1, 2, \cdots, \bar{n} + 1. \end{cases}$$

在 $T_{\text{SU}} = T_{\text{DMU}}$ 且 $d = 1$ 时考虑以下四种情形.

(1) 当

$$\delta_1 = 0$$

时, 以上三对模型分别为面向输入、面向输出及加性的传统 C^2R 模型.

(2) 当

$$\delta_1 = 1, \quad \delta_2 = 0$$

时, 以上三对模型分别为面向输入、面向输出及加性的传统 BC^2 模型.

(3) 当

$$\delta_1 = 1, \quad \delta_2 = 1, \quad \delta_3 = 0$$

时, 以上三对模型分别为面向输入、面向输出及加性的传统 FG 模型.

(4) 当

$$\delta_1 = 1, \quad \delta_2 = 1, \quad \delta_3 = 1$$

时, 以上三对模型分别为面向输入、面向输出及加性的传统 ST 模型.

定理2.3 规划 (G-DEA$'_\text{I}$), (DG-DEA$'_\text{I}$), (G-DEA$'_\text{O}$) 与 (DG-DEA$'_\text{O}$) 都存在可行解.

证明 对 (DG-DEA$'_\text{I}$), 令

$$\tilde{\theta} = 1, \quad \tilde{\lambda}_0 = 1, \quad \tilde{\lambda}_j = 0, \ j = 1, 2, \cdots, \bar{n}, \bar{n} + 1,$$

则 $\tilde{\theta}, \tilde{\lambda}_0, \tilde{\lambda}_j, j = 1, 2, \cdots, \bar{n}, \bar{n} + 1$ 为 (DG-DEA$'_\text{I}$) 的可行解.

对 (G-DEA$'_\text{I}$), 令

$$\bar{\boldsymbol{\omega}} = \frac{\boldsymbol{x}_p}{||\boldsymbol{x}_p||^2}, \quad \tilde{\boldsymbol{\mu}} = \boldsymbol{0}, \quad \tilde{\mu}_0 = 0,$$

则 $\bar{\boldsymbol{\omega}}, \tilde{\boldsymbol{\mu}}, \tilde{\mu}_0$ 为 (G-DEA$'_\text{I}$) 的可行解.

对 (DG-DEA$'_\text{O}$), 令

$$\tilde{z} = 1, \quad \tilde{\lambda}_0 = 1, \quad \tilde{\lambda}_j = 0, \ j = 1, 2, \cdots, \bar{n}, \bar{n} + 1,$$

则 $\tilde{z}, \tilde{\lambda}_0, \tilde{\lambda}_j, j = 1, 2, \cdots, \bar{n}, \bar{n} + 1$ 为 (DG-DEA$'_\text{O}$) 的可行解.

对 (G-DEA$'_\text{O}$), 令

$$\bar{\boldsymbol{\omega}} = \frac{\boldsymbol{x}_p}{||\boldsymbol{x}_p||^2} + \frac{d\bar{\boldsymbol{x}}_1 \bar{\boldsymbol{y}}_1^{\mathrm{T}} \boldsymbol{y}_p}{||\boldsymbol{y}_p||^2 ||\bar{\boldsymbol{x}}_1||^2} + \cdots + \frac{d\bar{\boldsymbol{x}}_{\bar{n}} \bar{\boldsymbol{y}}_{\bar{n}}^{\mathrm{T}} \boldsymbol{y}_p}{||\boldsymbol{y}_p||^2 ||\bar{\boldsymbol{x}}_{\bar{n}}||^2}, \quad \tilde{\boldsymbol{\mu}} = \frac{\boldsymbol{y}_p}{||\boldsymbol{y}_p||^2}, \quad \tilde{\mu}_0 = 0,$$

则 $\bar{\boldsymbol{\omega}}, \tilde{\boldsymbol{\mu}}, \tilde{\mu}_0$ 为 (G-DEA$'_\text{O}$) 的可行解.

由定理 2.3 的证明过程可以看出, (G-DEA$'_\text{I}$) 和 (DG-DEA$'_\text{I}$) 的最优值小于等于 1; (G-DEA$'_\text{O}$) 和 (DG-DEA$'_\text{O}$) 的最优值大于等于 1.

定理2.4 以下三个条件两两等价:

(1) 决策单元 $(\boldsymbol{x}_p, \boldsymbol{y}_p)$ 为 G-DEA$_d$ 有效;

(2) (DG-DEA$_\mathrm{I}'$) 的最优值等于 1, 且对每个最优解都有

$$\boldsymbol{x}_p(1-\lambda_0) - \sum_{j=1}^{\bar{n}} \bar{\boldsymbol{x}}_j \lambda_j = \mathbf{0},$$

$$\boldsymbol{y}_p(\lambda_0 - 1) + \sum_{j=1}^{\bar{n}} d\bar{\boldsymbol{y}}_j \lambda_j = \mathbf{0};$$

(3) (DG-DEA$_\mathrm{O}'$) 的最优值等于 1, 且对每个最优解都有

$$\boldsymbol{x}_p(1-\lambda_0) - \sum_{j=1}^{\bar{n}} \bar{\boldsymbol{x}}_j \lambda_j = \mathbf{0},$$

$$\boldsymbol{y}_p(\lambda_0 - 1) + \sum_{j=1}^{\bar{n}} d\bar{\boldsymbol{y}}_j \lambda_j = \mathbf{0}.$$

证明　((1)$\Rightarrow$(2),(1)$\Rightarrow$(3)) ① 若 (DG-DEA$_\mathrm{I}'$) 的最优值不等于 1, 由定理 2.3 可知, 存在

$$\theta < 1, \quad \lambda_j \geqq 0, \ j = 0, 1, 2, \cdots, \bar{n}, \bar{n}+1,$$

满足

$$\boldsymbol{x}_p(\theta - \lambda_0) - \sum_{j=1}^{\bar{n}} \bar{\boldsymbol{x}}_j \lambda_j \geqq \mathbf{0},$$

$$\boldsymbol{y}_p(\lambda_0 - 1) + \sum_{j=1}^{\bar{n}} d\bar{\boldsymbol{y}}_j \lambda_j \geqq \mathbf{0},$$

$$\delta_1 \left(\sum_{j=0}^{\bar{n}} \lambda_j + \delta_2 (-1)^{\delta_3} \lambda_{\bar{n}+1} \right) = \delta_1.$$

因为

$$\theta < 1,$$

所以

$$\boldsymbol{x}_p(1-\lambda_0) - \sum_{j=1}^{\bar{n}} \bar{\boldsymbol{x}}_j \lambda_j \geqslant \mathbf{0},$$

$$\boldsymbol{y}_p(\lambda_0 - 1) + \sum_{j=1}^{\bar{n}} d\bar{\boldsymbol{y}}_j \lambda_j \geqq \mathbf{0},$$

$$\delta_1 \left(\sum_{j=0}^{\bar{n}} \lambda_j + \delta_2 (-1)^{\delta_3} \lambda_{\bar{n}+1} \right) = \delta_1.$$

若
$$\lambda_0 > 1,$$

则
$$\boldsymbol{x}_p(1 - \lambda_0) - \sum_{j=1}^{\bar{n}} \bar{\boldsymbol{x}}_j \lambda_j < \boldsymbol{0},$$

矛盾; 若
$$\lambda_0 = 1,$$

则有
$$-\sum_{j=1}^{\bar{n}} \bar{\boldsymbol{x}}_j \lambda_j \geqslant \boldsymbol{0},$$

因为
$$\bar{\boldsymbol{x}}_j > \boldsymbol{0}, \quad \lambda_j \geqq 0, \; j = 1, 2, \cdots, \bar{n},$$

从而
$$-\sum_{j=1}^{\bar{n}} \bar{\boldsymbol{x}}_j \lambda_j \leqq \boldsymbol{0},$$

矛盾; 所以
$$\lambda_0 < 1.$$

若 (DG-DEA$'_{\mathrm{O}}$) 的最优值不等于 1, 由定理 2.3 可知, 存在
$$z > 1, \quad \lambda_j \geqq 0, \; j = 0, 1, 2, \cdots, \bar{n}, \bar{n} + 1,$$

满足
$$\boldsymbol{x}_p(1 - \lambda_0) - \sum_{j=0}^{\bar{n}} \bar{\boldsymbol{x}}_j \lambda_j \geqq \boldsymbol{0},$$

$$\boldsymbol{y}_p(\lambda_0 - z) + \sum_{j=1}^{\bar{n}} d\bar{\boldsymbol{y}}_j \lambda_j \geqq \boldsymbol{0},$$

$$\delta_1 \bigg(\sum_{j=0}^{\bar{n}} \lambda_j + \delta_2 (-1)^{\delta_3} \lambda_{\bar{n}+1} \bigg) = \delta_1.$$

因为
$$z > 1,$$

所以
$$\boldsymbol{x}_p(1 - \lambda_0) - \sum_{j=1}^{\bar{n}} \bar{\boldsymbol{x}}_j \lambda_j \geqq \boldsymbol{0},$$

$$\boldsymbol{y}_p(\lambda_0 - 1) + \sum_{j=1}^{\bar{n}} d\bar{\boldsymbol{y}}_j \lambda_j \geqslant \mathbf{0},$$

$$\delta_1\left(\sum_{j=0}^{\bar{n}} \lambda_j + \delta_2(-1)^{\delta_3}\lambda_{\bar{n}+1}\right) = \delta_1.$$

若

$$\lambda_0 > 1,$$

则

$$\boldsymbol{x}_p(1 - \lambda_0) - \sum_{j=1}^{\bar{n}} \bar{\boldsymbol{x}}_j \lambda_j < \mathbf{0},$$

矛盾; 若

$$\lambda_0 = 1,$$

则有

$$-\sum_{j=1}^{\bar{n}} \bar{\boldsymbol{x}}_j \lambda_j \geqq \mathbf{0},$$

所以

$$\lambda_j = 0, \ j = 1, 2, \cdots, \bar{n},$$

从而

$$\sum_{j=1}^{\bar{n}} d\bar{\boldsymbol{y}}_j \lambda_j = \mathbf{0},$$

矛盾; 所以

$$\lambda_0 < 1.$$

综上, 无论在 (DG-DEA$'_{\mathrm{I}}$) 还是在 (DG-DEA$'_{\mathrm{O}}$) 中, 因为

$$1 - \lambda_0 > 0,$$

所以

$$\boldsymbol{x}_p \geqq \sum_{j=1}^{\bar{n}} \bar{\boldsymbol{x}}_j \frac{\lambda_j}{1 - \lambda_0},$$

$$\boldsymbol{y}_p \leqq \sum_{j=1}^{\bar{n}} d\bar{\boldsymbol{y}}_j \frac{\lambda_j}{1 - \lambda_0}.$$

因为

$$\delta_1\left(\sum_{j=0}^{\bar{n}} \frac{\lambda_j}{1 - \lambda_0} + \delta_2(-1)^{\delta_3}\frac{\lambda_{\bar{n}+1}}{1 - \lambda_0}\right) = \frac{\delta_1}{1 - \lambda_0},$$

所以

$$\delta_1\bigg(\sum_{j=1}^{\bar{n}}\frac{\lambda_j}{1-\lambda_0}+\delta_2(-1)^{\delta_3}\frac{\lambda_{\bar{n}+1}}{1-\lambda_0}\bigg)=\delta_1,$$

故

$$\bigg(\sum_{j=1}^{\bar{n}}\bar{\boldsymbol{x}}_j\frac{\lambda_j}{1-\lambda_0},\sum_{j=1}^{\bar{n}}d\bar{\boldsymbol{y}}_j\frac{\lambda_j}{1-\lambda_0}\bigg)\in T(d).$$

由定义 2.2, $(\boldsymbol{x}_p,\boldsymbol{y}_p)$ 为 G-DEA$_d$ 无效, 矛盾. 故 (DG-DEA$_\text{I}'$) 与 (DG-DEA$_\text{O}'$) 的最优值均等于 1.

② 若 (DG-DEA$_\text{I}'$) 或 (DG-DEA$_\text{O}'$) 存在最优解满足

$$\boldsymbol{x}_p(1-\lambda_0)-\sum_{j=1}^{\bar{n}}\bar{\boldsymbol{x}}_j\lambda_j\geqq\boldsymbol{0},$$

$$\boldsymbol{y}_p(\lambda_0-1)+\sum_{j=1}^{\bar{n}}d\bar{\boldsymbol{y}}_j\lambda_j\geqq\boldsymbol{0},$$

且至少有一个不等式严格成立.

类似 ① 的证明, $(\boldsymbol{x}_p,\boldsymbol{y}_p)$ 为 G-DEA$_d$ 无效. 矛盾.

$((2)\Rightarrow(1),(3)\Rightarrow(1))$ 假设 $(\boldsymbol{x}_p,\boldsymbol{y}_p)$ 为 G-DEA$_d$ 无效, 即存在

$$(\boldsymbol{x},\boldsymbol{y})\in T(d),$$

使得

$$\boldsymbol{x}_p\geqq\boldsymbol{x},\quad \boldsymbol{y}_p\leqq\boldsymbol{y},$$

且至少有一个不等式严格成立. 因为

$$(\boldsymbol{x},\boldsymbol{y})\in T(d),$$

所以存在

$$\hat{\lambda}_j\geqq0,\ j=1,2,\cdots,\bar{n},\bar{n}+1,$$

满足

$$\boldsymbol{x}\geqq\sum_{j=1}^{\bar{n}}\bar{\boldsymbol{x}}_j\hat{\lambda}_j,$$

$$\boldsymbol{y}\leqq\sum_{j=1}^{\bar{n}}d\bar{\boldsymbol{y}}_j\hat{\lambda}_j,$$

$$\delta_1\bigg(\sum_{j=1}^{\bar{n}}\hat{\lambda}_j+\delta_2(-1)^{\delta_3}\hat{\lambda}_{\bar{n}+1}\bigg)=\delta_1,$$

所以

$$\boldsymbol{x}_p \geqq \boldsymbol{x} \geqq \sum_{j=1}^{\bar{n}} \bar{\boldsymbol{x}}_j \hat{\lambda}_j,$$

$$\boldsymbol{y}_p \leqq \boldsymbol{y} \leqq \sum_{j=1}^{\bar{n}} d\bar{\boldsymbol{y}}_j \hat{\lambda}_j,$$

且至少有一个不等式严格成立.

令

$$\hat{\lambda}_0 = 0,$$

即存在

$$\hat{\lambda}_j \geqq 0, \ j = 0, 1, 2, \cdots, \bar{n}, \bar{n} + 1,$$

满足

$$\boldsymbol{x}_p(1 - \hat{\lambda}_0) - \sum_{j=1}^{\bar{n}} \bar{\boldsymbol{x}}_j \hat{\lambda}_j \geqq \boldsymbol{0},$$

$$\boldsymbol{y}_p(\hat{\lambda}_0 - 1) + \sum_{j=1}^{\bar{n}} d\bar{\boldsymbol{y}}_j \hat{\lambda}_j \geqq \boldsymbol{0},$$

$$\delta_1\left(\sum_{j=0}^{\bar{n}} \hat{\lambda}_j + \delta_2(-1)^{\delta_3} \hat{\lambda}_{\bar{n}+1}\right) = \delta_1,$$

且至少有一个不等式严格成立.

令

$$\hat{\theta} = 1,$$

显然

$$\hat{\theta}, \quad \hat{\lambda}_j, \ j = 0, 1, 2, \cdots, \bar{n} + 1$$

为 (DG-DEA$'_{\mathrm{I}}$) 的一个可行解. 又由于 (DG-DEA$'_{\mathrm{I}}$) 的最优值为 1, 所以

$$\hat{\theta}, \quad \hat{\lambda}_j, \ j = 0, 1, 2, \cdots, \bar{n} + 1$$

也是 (DG-DEA$'_{\mathrm{I}}$) 的一个最优解. 这与已知矛盾.

同理令

$$\hat{z} = 1,$$

显然

$$\hat{z}, \quad \hat{\lambda}_j, \ j = 0, 1, 2, \cdots, \bar{n} + 1$$

为 (DG-DEA$'_{\mathrm{O}}$) 的一个可行解. 又由于 (DG-DEA$'_{\mathrm{O}}$) 的最优值为 1, 所以

$$\hat{z}, \quad \hat{\lambda}_j, \ j = 0, 1, 2, \cdots, \bar{n} + 1$$

也是 (DG-DEA$'_{\text{O}}$) 的一个最优解. 这与已知矛盾.

由定理 2.4 可知, $(\boldsymbol{x}_p, \boldsymbol{y}_p)$ 的 G-DEA$_d$ 有效性可以用模型 (DG-DEA$'_{\text{I}}$) 和模型 (DG-DEA$'_{\text{O}}$) 来判断.

定理2.5 决策单元 $(\boldsymbol{x}_p, \boldsymbol{y}_p)$ 的 G-DEA$_d$ 有效性与评价指标的量纲选择无关.

证明 设同一指标在不同的量纲下存在的倍数变化为

$$a_i > 0, \quad b_r > 0, \quad i = 1, 2, \cdots, m, \quad r = 1, 2, \cdots, s,$$

通过量纲变化使得

$$x_{ip}, \quad y_{rp}, \quad \bar{x}_{ij}, \quad \bar{y}_{rj}$$

分别变为

$$a_i x_{ip}, \quad b_r y_{rp}, \quad a_i \bar{x}_{ij}, \quad b_r \bar{y}_{rj}.$$

(1) 量纲变化前, 若规划 (DG-DEA$'_{\text{I}}$) 和 (DG-DEA$'_{\text{O}}$) 最优解中有

$$\boldsymbol{\omega}^0 = (\omega_1^0, \ \omega_2^0, \cdots, \omega_m^0) > \boldsymbol{0}, \quad \boldsymbol{\mu}^0 = (\mu_1^0, \mu_2^0, \cdots, \mu_s^0) > \boldsymbol{0}, \quad \mu_0^0$$

使得最优值为 1, 则

$$\left(\frac{\omega_1^0}{a_1}, \frac{\omega_2^0}{a_2}, \cdots, \frac{\omega_m^0}{a_m} \right) > \boldsymbol{0}, \quad \left(\frac{\mu_1^0}{b_1}, \frac{\mu_2^0}{b_2}, \cdots, \frac{\mu_s^0}{b_s} \right) > \boldsymbol{0}, \quad \mu_0^0$$

为量纲变化后规划 (DG-DEA$'_{\text{I}}$) 和 (DG-DEA$'_{\text{O}}$) 的最优解且最优值为 1.

(2) 量纲变化后, 若规划 (DG-DEA$'_{\text{I}}$) 和 (DG-DEA$'_{\text{O}}$) 最优解中有

$$\boldsymbol{\omega}^0 = (\omega_1^0, \omega_2^0, \cdots, \omega_m^0) > \boldsymbol{0}, \quad \boldsymbol{\mu}^0 = (\mu_1^0, \mu_2^0, \cdots, \mu_s^0) > \boldsymbol{0}, \quad \mu_0^0$$

使得最优值为 1, 则

$$(a_1 \omega_1^0, a_2 \omega_2^0, \cdots, a_m \omega_m^0) > \boldsymbol{0}, \quad (b_1 \mu_1^0, b_2 \mu_2^0, \cdots, b_s \mu_s^0) > \boldsymbol{0}, \quad \mu_0^0$$

为量纲变化前规划 (DG-DEA$'_{\text{I}}$) 和 (DG-DEA$'_{\text{O}}$) 的最优解且最优值为 1.

所以, 决策单元的 G-DEA$_d$ 有效性与评价指标的量纲选择无关.

2.3 广义 DEA 有效与相应多目标规划 Pareto 有效之间的关系

考虑多目标规划问题 (VP)

$$(\text{VP}) \begin{cases} \max \ (-x_1, -x_2, \cdots, -x_m, y_1, y_2, \cdots, y_s), \\ \text{s.t.} \ (\boldsymbol{x}, \boldsymbol{y}) \in T'(d), \end{cases}$$

其中

$$T'(d) = \left\{ (\boldsymbol{x}, \boldsymbol{y}) \middle| \boldsymbol{x} \geqq \boldsymbol{x}_p \lambda_0 + \sum_{j=1}^{\bar{n}} \bar{\boldsymbol{x}}_j \lambda_j, \boldsymbol{y} \leqq \boldsymbol{y}_p \lambda_0 + \sum_{j=1}^{\bar{n}} d\bar{\boldsymbol{y}}_j \lambda_j, \right.$$

$$\left. \delta_1 \left(\sum_{j=0}^{\bar{n}} \lambda_j + \delta_2 (-1)^{\delta_3} \lambda_{\bar{n}+1} \right) = \delta_1, \lambda_j \geqq 0, j = 0, 1, 2, \cdots, \bar{n}+1 \right\},$$

$$\boldsymbol{x} = (x_1, x_2, \cdots, x_m)^{\mathrm{T}},$$

$$\boldsymbol{y} = (y_1, y_2, \cdots, y_s)^{\mathrm{T}}.$$

定理2.6　决策单元 $(\boldsymbol{x}_p, \boldsymbol{y}_p)$ 为 G-DEA$_d$ 有效当且仅当 $(\boldsymbol{x}_p, \boldsymbol{y}_p)$ 为 (VP) 的 Pareto 有效解.

证明　(充分性) 若决策单元 $(\boldsymbol{x}_p, \boldsymbol{y}_p)$ 不是 G-DEA$_d$ 有效, 则由定理 2.4 可知存在两种情形.

(1) 模型 (DG-DEA$_\mathrm{I}'$) 的最优值小于 1, 或模型 (DG-DEA$_\mathrm{O}'$) 的最优值大于 1.

(2) 模型 (DG-DEA$_\mathrm{I}'$) 的最优值等于 1, 或模型 (DG-DEA$_\mathrm{O}'$) 的最优值等于 1, 且对其每个最优解有

$$\boldsymbol{x}_p(1 - \lambda_0^0) - \sum_{j=1}^{\bar{n}} \bar{\boldsymbol{x}}_j \lambda_j^0 \geqslant \boldsymbol{0}$$

或

$$\boldsymbol{y}_p(\lambda_0^0 - 1) + \sum_{j=1}^{\bar{n}} d\bar{\boldsymbol{y}}_j \lambda_j^0 \geqslant \boldsymbol{0}.$$

情形 (1) 中, 若模型 (DG-DEA$_\mathrm{I}'$) 的最优值

$$\theta^0 < 1,$$

由于

$$\boldsymbol{x}_p > \boldsymbol{0},$$

$$\boldsymbol{x}_p(\theta^0 - \lambda_0^0) - \sum_{j=1}^{\bar{n}} \bar{\boldsymbol{x}}_j \lambda_j^0 \geqq \boldsymbol{0},$$

故

$$\boldsymbol{x}_p(1 - \lambda_0^0) - \sum_{j=1}^{\bar{n}} \bar{\boldsymbol{x}}_j \lambda_j^0 \geqslant \boldsymbol{0}.$$

若模型 (DG-DEA$_\mathrm{O}'$) 的最优值

$$z^0 > 1,$$

由于

$$\boldsymbol{y}_p > \boldsymbol{0},$$

$$\boldsymbol{y}_p(\lambda_0^0 - z^0) + \sum_{j=1}^{\bar{n}} d\bar{\boldsymbol{y}}_j \lambda_j^0 \geqq \boldsymbol{0},$$

故

$$\boldsymbol{y}_p(\lambda_0^0 - 1) + \sum_{j=1}^{\bar{n}} d\bar{\boldsymbol{y}}_j \lambda_j^0 \geqslant \boldsymbol{0}.$$

因此讨论情形 (2) 即可.

若

$$\boldsymbol{x}_p(1 - \lambda_0^0) - \sum_{j=1}^{\bar{n}} \bar{\boldsymbol{x}}_j \lambda_j^0 \geqslant \boldsymbol{0}$$

或

$$\boldsymbol{y}_p(\lambda_0^0 - 1) + \sum_{j=1}^{\bar{n}} d\bar{\boldsymbol{y}}_j \lambda_j^0 \geqslant \boldsymbol{0},$$

即可得

$$(-\boldsymbol{x}_p, \boldsymbol{y}_p) \leqslant \left(-\left(\boldsymbol{x}_p \lambda_0^0 + \sum_{j=1}^{\bar{n}} \bar{\boldsymbol{x}}_j \lambda_j^0 \right), \boldsymbol{y}_p \lambda_0^0 + \sum_{j=1}^{\bar{n}} d\bar{\boldsymbol{y}}_j \lambda_j^0 \right).$$

由于

$$\left(\boldsymbol{x}_p \lambda_0^0 + \sum_{j=1}^{\bar{n}} \bar{\boldsymbol{x}}_j \lambda_j^0, \boldsymbol{y}_p \lambda_0^0 + \sum_{j=1}^{\bar{n}} d\bar{\boldsymbol{y}}_j \lambda_j^0 \right) \in T'(d),$$

故 $(\boldsymbol{x}_p, \boldsymbol{y}_p)$ 不是规划 (VP) 的 Pareto 有效解. 因此, 决策单元 $(\boldsymbol{x}_p, \boldsymbol{y}_p)$ 为 G-DEA$_d$ 有效.

(必要性) 若 $(\boldsymbol{x}_p, \boldsymbol{y}_p)$ 不是规划 (VP) 的 Pareto 有效解, 则存在

$$(\boldsymbol{x}, \boldsymbol{y}) \in T'(d),$$

使得

$$(-\boldsymbol{x}_p, \boldsymbol{y}_p) \leqslant (-\boldsymbol{x}, \boldsymbol{y}).$$

因为

$$(\boldsymbol{x}, \boldsymbol{y}) \in T'(d),$$

所以存在

$$\tilde{\lambda}_j \geqq 0, \ j = 0, 1, 2, \cdots, \bar{n} + 1,$$

使得

$$\boldsymbol{x}_p \geqq \boldsymbol{x} \geqq \boldsymbol{x}_p \tilde{\lambda}_0 + \sum_{j=1}^{\bar{n}} \bar{\boldsymbol{x}}_j \tilde{\lambda}_j,$$

$$\boldsymbol{y}_p \leqq \boldsymbol{y} \leqq \boldsymbol{y}_p \tilde{\lambda}_0 + \sum_{j=1}^{\bar{n}} d\bar{\boldsymbol{y}}_j \tilde{\lambda}_j,$$

$$\delta_1\left(\sum_{j=0}^{\bar{n}}\tilde{\lambda}_j + \delta_2(-1)^{\delta_3}\tilde{\lambda}_{\bar{n}+1}\right) = \delta_1,$$

且至少有一个不等式严格成立. 整理得

$$\boldsymbol{x}_p(1-\tilde{\lambda}_0) - \sum_{j=1}^{\bar{n}}\bar{\boldsymbol{x}}_j\tilde{\lambda}_j \geqq \boldsymbol{0},$$

$$\boldsymbol{y}_p(\tilde{\lambda}_0-1) + \sum_{j=1}^{\bar{n}}d\bar{\boldsymbol{y}}_j\tilde{\lambda}_j \geqq \boldsymbol{0},$$

$$\delta_1\left(\sum_{j=0}^{\bar{n}}\tilde{\lambda}_j + \delta_2(-1)^{\delta_3}\tilde{\lambda}_{\bar{n}+1}\right) = \delta_1,$$

且至少有一个不等式严格成立.

易验证 $\tilde{\lambda}_j \geqq 0, j = 0,1,2,\cdots,\bar{n}+1, \theta^0 = 1$ 是模型 (DG-DEA$'_I$) 的可行解, 由定理 2.4 可知, 决策单元 $(\boldsymbol{x}_p, \boldsymbol{y}_p)$ 不是 G-DEA$_d$ 有效.

同样易验证 $\tilde{\lambda}_j \geqq 0, j = 0,1,2,\cdots,\bar{n}+1, z^0 = 1$ 是模型 (DG-DEA$'_O$) 的可行解, 由定理 2.4 可知, 决策单元 $(\boldsymbol{x}_p, \boldsymbol{y}_p)$ 不是 G-DEA$_d$ 有效.

因此 $(\boldsymbol{x}_p, \boldsymbol{y}_p)$ 是规划 (VP) 的 Pareto 有效解. 考虑多目标规划问题 (SVP)

$$(\text{SVP})\begin{cases}\max\ (-x_1,-x_2,\cdots,-x_m,y_1,y_2,\cdots,y_s),\\ \text{s.t. } (\boldsymbol{x},\boldsymbol{y})\in T(d).\end{cases}$$

其中 $\boldsymbol{x}=(x_1,x_2,\cdots,x_m)^{\mathrm{T}}, \boldsymbol{y}=(y_1,y_2,\cdots,y_s)^{\mathrm{T}}$.

定义2.3　称多目标规划 (SVP) 的所有 Pareto 有效解构成的集合为伴随生产可能集的有效生产前沿面.

定理2.7　决策单元 $(\boldsymbol{x}_p,\boldsymbol{y}_p)$ 为 G-DEA$_d$ 无效当且仅当

$$(\boldsymbol{x}_p,\boldsymbol{y}_p)\in T(d)$$

且 $(\boldsymbol{x}_p,\boldsymbol{y}_p)$ 不是规划 (SVP) 的 Pareto 有效解.

证明　若决策单元 $(\boldsymbol{x}_p,\boldsymbol{y}_p)$ 为 G-DEA$_d$ 无效, 由定理 2.6 知 $(\boldsymbol{x}_p,\boldsymbol{y}_p)$ 不是 (VP) 的 Pareto 有效解. 则存在

$$(\boldsymbol{x},\boldsymbol{y})\in T'(d),$$

使得

$$(-\boldsymbol{x}_p,\boldsymbol{y}_p)\leqslant(-\boldsymbol{x},\boldsymbol{y}).$$

因为

$$(\boldsymbol{x},\boldsymbol{y})\in T'(d),$$

所以存在

$$\tilde{\lambda}_j \geqq 0, \ j = 0, 1, 2, \cdots, \bar{n} + 1,$$

使得

$$
\begin{cases}
\boldsymbol{x}_p \geqq \boldsymbol{x} \geqq \boldsymbol{x}_p \tilde{\lambda}_0 + \displaystyle\sum_{j=1}^{\bar{n}} \bar{\boldsymbol{x}}_j \tilde{\lambda}_j, \\[2mm]
\boldsymbol{y}_p \leqq \boldsymbol{y} \leqq \boldsymbol{y}_p \tilde{\lambda}_0 + \displaystyle\sum_{j=1}^{\bar{n}} d\bar{\boldsymbol{y}}_j \tilde{\lambda}_j, \\[2mm]
\delta_1 \left(\displaystyle\sum_{j=0}^{\bar{n}} \tilde{\lambda}_j + \delta_2(-1)^{\delta_3} \tilde{\lambda}_{\bar{n}+1} \right) = \delta_1,
\end{cases}
\tag{$*$}
$$

且至少有一个不等式严格成立.

若

$$\tilde{\lambda}_0 > 1,$$

因为

$$\boldsymbol{x}_p > \boldsymbol{0},$$

则有

$$\boldsymbol{0} > (1 - \tilde{\lambda}_0) \boldsymbol{x}_p \geqq \sum_{j=1}^{\bar{n}} \bar{\boldsymbol{x}}_j \tilde{\lambda}_j,$$

这与 $\displaystyle\sum_{j=1}^{\bar{n}} \bar{\boldsymbol{x}}_j \tilde{\lambda}_j \geqq \boldsymbol{0}$ 矛盾.

若

$$\tilde{\lambda}_0 = 1,$$

由

$$\bar{\boldsymbol{x}}_j > \boldsymbol{0},$$

$$\boldsymbol{x}_p \geqq \boldsymbol{x}_p \tilde{\lambda}_0 + \sum_{j=1}^{\bar{n}} \bar{\boldsymbol{x}}_j \tilde{\lambda}_j,$$

可知

$$\tilde{\lambda}_j = 0, \ j = 1, 2, \cdots, \bar{n},$$

从而

$$\boldsymbol{x}_p = \boldsymbol{x}_p \tilde{\lambda}_0 + \sum_{j=1}^{\bar{n}} \bar{\boldsymbol{x}}_j \tilde{\lambda}_j,$$

$$\boldsymbol{y}_p = \boldsymbol{y}_p \tilde{\lambda}_0 + \sum_{j=1}^{\bar{n}} d\bar{\boldsymbol{y}}_j \tilde{\lambda}_j,$$

这与式 $(*)$ 中至少有一个不等式严格成立矛盾.

综上

$$\tilde{\lambda}_0 < 1.$$

令

$$\bar{\lambda}_j = \frac{\tilde{\lambda}_j}{1 - \tilde{\lambda}_0},$$

则由式 $(*)$, 有

$$\boldsymbol{x}_p \geqq \sum_{j=1}^{\bar{n}} \bar{\boldsymbol{x}}_j \bar{\lambda}_j,$$

$$\boldsymbol{y}_p \leqq \sum_{j=1}^{\bar{n}} d\bar{\boldsymbol{y}}_j \bar{\lambda}_j,$$

$$\delta_1 \left(\sum_{j=1}^{\bar{n}} \bar{\lambda}_j + \delta_2 (-1)^{\delta_3} \bar{\lambda}_{\bar{n}+1} \right) = \delta_1,$$

且至少有一个不等式严格成立. 所以

$$(\boldsymbol{x}_p, \boldsymbol{y}_p) \in T(d)$$

且 $(\boldsymbol{x}_p, \boldsymbol{y}_p)$ 不是规划 (SVP) 的 Pareto 有效解.

反之, 若 $(\boldsymbol{x}_p, \boldsymbol{y}_p)$ 不是规划 (SVP) 的 Pareto 有效解, 则存在

$$(\boldsymbol{x}, \boldsymbol{y}) \in T(d),$$

使得

$$(-\boldsymbol{x}_p, \boldsymbol{y}_p) \leqslant (-\boldsymbol{x}, \boldsymbol{y}).$$

因为

$$(\boldsymbol{x}, \boldsymbol{y}) \in T(d),$$

所以存在

$$\tilde{\lambda}_j \geqq 0, \ j = 1, 2, \cdots, \bar{n}+1,$$

使得

$$\boldsymbol{x}_p \geqq \boldsymbol{x} \geqq \sum_{j=1}^{\bar{n}} \bar{\boldsymbol{x}}_j \tilde{\lambda}_j,$$

$$\boldsymbol{y}_p \leqq \boldsymbol{y} \leqq \sum_{j=1}^{\bar{n}} d\bar{\boldsymbol{y}}_j \tilde{\lambda}_j,$$

$$\delta_1 \left(\sum_{j=1}^{\bar{n}} \tilde{\lambda}_j + \delta_2 (-1)^{\delta_3} \tilde{\lambda}_{\bar{n}+1} \right) = \delta_1,$$

且至少有一个不等式严格成立.

令

$$\tilde{\lambda}_0 = 0,$$

则

$$\left(\sum_{j=1}^{\bar{n}} \bar{\boldsymbol{x}}_j \tilde{\lambda}_j, \sum_{j=1}^{\bar{n}} d\bar{\boldsymbol{y}}_j \tilde{\lambda}_j \right) = \left(\boldsymbol{x}_p \tilde{\lambda}_0 + \sum_{j=1}^{\bar{n}} d\bar{\boldsymbol{y}}_j \tilde{\lambda}_j, \boldsymbol{y}_p \tilde{\lambda}_0 + \sum_{j=1}^{\bar{n}} d\bar{\boldsymbol{y}}_j \tilde{\lambda}_j \right) \in T'(d),$$

所以 $(\boldsymbol{x}_p, \boldsymbol{y}_p)$ 不是规划 (VP) 的 Pareto 有效解. 由定理 2.6 可知, 决策单元 $(\boldsymbol{x}_p, \boldsymbol{y}_p)$ 为 G-DEA$_d$ 无效.

定理 2.7 的逆否命题如下.

推论2.8　决策单元 $(\boldsymbol{x}_p, \boldsymbol{y}_p)$ 为 G-DEA$_d$ 有效当且仅当

$$(\boldsymbol{x}_p, \boldsymbol{y}_p) \notin T(d)$$

或 $(\boldsymbol{x}_p, \boldsymbol{y}_p)$ 是规划 (SVP) 的 Pareto 有效解.

对模型 (DG-DEA$_I'$) 与 (DG-DEA$_O'$) 中加入松弛变量, 则得到模型 (D$_I$) 与 (D$_O$).

$$(\text{D}_I) \begin{cases} \min \theta, \\[1mm] \text{s.t. } \boldsymbol{x}_p(\theta - \lambda_0) - \displaystyle\sum_{j=1}^{\bar{n}} \bar{\boldsymbol{x}}_j \lambda_j - \boldsymbol{s}^+ = \boldsymbol{0}, \\[2mm] \boldsymbol{y}_p(\lambda_0 - 1) + \displaystyle\sum_{j=1}^{\bar{n}} d\bar{\boldsymbol{y}}_j \lambda_j - \boldsymbol{s}^- = \boldsymbol{0}, \\[2mm] \delta_1 \left(\displaystyle\sum_{j=0}^{\bar{n}} \lambda_j + \delta_2(-1)^{\delta_3} \lambda_{\bar{n}+1} \right) = \delta_1, \\[2mm] \boldsymbol{s}^+ \geqq \boldsymbol{0}, \boldsymbol{s}^- \geqq \boldsymbol{0}, \\[1mm] \lambda_j \geqq 0, j = 1, 2, \cdots, \bar{n} + 1, \end{cases}$$

$$(\text{D}_O) \begin{cases} \max z, \\[1mm] \text{s.t. } \boldsymbol{x}_p(1 - \lambda_0) - \displaystyle\sum_{j=1}^{\bar{n}} \bar{\boldsymbol{x}}_j \lambda_j - \boldsymbol{s}^+ = \boldsymbol{0}, \\[2mm] \boldsymbol{y}_p(\lambda_0 - z) + \displaystyle\sum_{j=1}^{\bar{n}} d\bar{\boldsymbol{y}}_j \lambda_j - \boldsymbol{s}^- = \boldsymbol{0}, \\[2mm] \delta_1 \left(\displaystyle\sum_{j=0}^{\bar{n}} \lambda_j + \delta_2(-1)^{\delta_3} \lambda_{\bar{n}+1} \right) = \delta_1, \\[2mm] \boldsymbol{s}^+ \geqq \boldsymbol{0}, \boldsymbol{s}^- \geqq \boldsymbol{0}, \\[1mm] \lambda_j \geqq 0, j = 1, 2, \cdots, \bar{n} + 1. \end{cases}$$

由定理 2.4 显然可以得到推论 2.9 成立.

推论2.9　以下三个条件两两等价:

(1) 决策单元 $(\boldsymbol{x}_p, \boldsymbol{y}_p)$ 为 G-DEA$_d$ 有效;

(2) 模型 (D$_\mathrm{I}$) 的最优值等于 1, 且对每个最优解

$$\lambda_j^0, \ j = 0, 1, 2, \cdots, \bar{n} + 1, \quad \theta^0, \quad \boldsymbol{s}^{+0}, \quad \boldsymbol{s}^{-0},$$

都有

$$\boldsymbol{s}^{+0} = \boldsymbol{0}, \quad \boldsymbol{s}^{-0} = \boldsymbol{0};$$

(3) 模型 (D$_\mathrm{O}$) 的最优值等于 1, 且对每个最优解

$$\lambda_j^0, \ j = 0, 1, 2, \cdots, \bar{n} + 1, \quad z^0, \quad \boldsymbol{s}^{+0}, \quad \boldsymbol{s}^{-0},$$

都有

$$\boldsymbol{s}^{+0} = \boldsymbol{0}, \quad \boldsymbol{s}^{-0} = \boldsymbol{0}.$$

可以利用模型 (D$_\mathrm{I}$) 与 (D$_\mathrm{O}$) 来判断决策单元的有效性.

2.4　决策单元在样本生产可能集中的投影性质

定理2.10　决策单元 $(\boldsymbol{x}_p, \boldsymbol{y}_p)$ 为 G-DEA$_d$ 有效当且仅当规划 (DG-DEA$'_\mathrm{A}$) 的最优值等于 0.

证明　由定理 2.6 可知决策单元 $(\boldsymbol{x}_p, \boldsymbol{y}_p)$ 为 G-DEA$_d$ 有效当且仅当 $(\boldsymbol{x}_p, \boldsymbol{y}_p)$ 为 (VP) 的 Pareto 有效解. 当且仅当不存在

$$(\boldsymbol{x}, \boldsymbol{y}) \in T'(d),$$

使得

$$\boldsymbol{x}_p \geqq \boldsymbol{x}, \quad \boldsymbol{y}_p \leqq \boldsymbol{y},$$

且至少有一个不等式严格成立. 当且仅当不存在

$$\lambda_j \geqq 0, \ j = 0, 1, 2, \cdots, \bar{n} + 1,$$

满足

$$\delta_1 \left(\sum_{j=0}^{\bar{n}} \lambda_j + \delta_2 (-1)^{\delta_3} \lambda_{\bar{n}+1} \right) = \delta_1,$$

使得

$$\boldsymbol{x}_p \geqq \boldsymbol{x} \geqq \boldsymbol{x}_p \lambda_0 + \sum_{j=1}^{\bar{n}} \bar{\boldsymbol{x}}_j \lambda_j,$$

$$\boldsymbol{y}_p \leqq \boldsymbol{y} \leqq \boldsymbol{y}_p \lambda_0 + \sum_{j=1}^{\bar{n}} d\bar{\boldsymbol{y}}_j \lambda_j,$$

且至少有一个不等式严格成立. 当且仅当不存在

$$\lambda_j \geqq 0, \ j = 0, 1, 2, \cdots, \bar{n} + 1,$$

满足

$$\delta_1 \left(\sum_{j=0}^{\bar{n}} \lambda_j + \delta_2 (-1)^{\delta_3} \lambda_{\bar{n}+1} \right) = \delta_1,$$

使得

$$\boldsymbol{x}_p (1 - \lambda_0) - \sum_{j=1}^{\bar{n}} \bar{\boldsymbol{x}}_j \lambda_j \geqq \boldsymbol{0},$$

$$\boldsymbol{y}_p (\lambda_0 - 1) + \sum_{j=1}^{\bar{n}} d\bar{\boldsymbol{y}}_j \lambda_j \geqq \boldsymbol{0},$$

且至少有一个不等式严格成立. 当且仅当不存在

$$\lambda_j \geqq 0, \ j = 0, 1, 2, \cdots, \bar{n} + 1, \quad \boldsymbol{s}^+ \geqslant \boldsymbol{0}$$

或

$$\boldsymbol{s}^- \geqslant \boldsymbol{0},$$

满足

$$\delta_1 \left(\sum_{j=0}^{\bar{n}} \lambda_j + \delta_2 (-1)^{\delta_3} \lambda_{\bar{n}+1} \right) = \delta_1,$$

使得

$$\boldsymbol{x}_p (1 - \lambda_0) - \sum_{j=1}^{\bar{n}} \bar{\boldsymbol{x}}_j \lambda_j - \boldsymbol{s}^+ = \boldsymbol{0},$$

$$\boldsymbol{y}_p (\lambda_0 - 1) + \sum_{j=1}^{\bar{n}} d\bar{\boldsymbol{y}}_j \lambda_j - \boldsymbol{s}^- = \boldsymbol{0},$$

当且仅当

$$\boldsymbol{s}^+ = \boldsymbol{0}, \quad \boldsymbol{s}^- = \boldsymbol{0}.$$

当且仅当规划 (DG-DEA$'_{\rm A}$) 的最优值等于 0.

定义2.4　设决策单元 $(\boldsymbol{x}_p, \boldsymbol{y}_p)$ 为 G-DEA$_d$ 无效, 规划 (DG-DEA$'_{\rm A}$) 的最优解为

$$\boldsymbol{s}^+, \quad \boldsymbol{s}^-, \quad \lambda_j, \quad j = 0, 1, 2, \cdots, \bar{n} + 1,$$

则称

$$(\hat{\boldsymbol{x}}, \hat{\boldsymbol{y}}) = (\boldsymbol{x}_p - \boldsymbol{s}^+, \boldsymbol{y}_p + \boldsymbol{s}^-)$$

为 $(\boldsymbol{x}_p, \boldsymbol{y}_p)$ 在伴随生产可能集的有效生产前沿面上的**投影**.

定理2.11　若决策单元 $(\boldsymbol{x}_p, \boldsymbol{y}_p)$ 为 G-DEA$_d$ 无效, 则其投影 $(\boldsymbol{x}_p - \boldsymbol{s}^+, \boldsymbol{y}_p + \boldsymbol{s}^-)$ 为 G-DEA$_d$ 有效.

证明　假设 $(\boldsymbol{x}_p, \boldsymbol{y}_p)$ 为 G-DEA$_d$ 无效, 由定义 2.2, 存在

$$(\boldsymbol{x}, \boldsymbol{y}) \in T(d),$$

使得

$$\boldsymbol{x}_p - \boldsymbol{s}^+ \geqq \boldsymbol{x},$$
$$\boldsymbol{y}_p + \boldsymbol{s}^- \leqq \boldsymbol{y},$$

且至少有一个不等式严格成立. 即存在

$$\lambda_j \geqq 0, \ j = 1, 2, \cdots, \bar{n} + 1,$$

满足

$$\boldsymbol{x}_p - \boldsymbol{s}^+ \geqq \boldsymbol{x} \geqq \sum_{j=1}^{\bar{n}} \bar{\boldsymbol{x}}_j \lambda_j,$$

$$\boldsymbol{y}_p + \boldsymbol{s}^- \leqq \boldsymbol{y} \leqq \sum_{j=1}^{\bar{n}} d\bar{\boldsymbol{y}}_j \lambda_j,$$

$$\delta_1 \left(\sum_{j=1}^{\bar{n}} \lambda_j + \delta_2 (-1)^{\delta_3} \lambda_{\bar{n}+1} \right) = \delta_1,$$

且至少有一个不等式严格成立.

取

$$\boldsymbol{s}^{+*} = \boldsymbol{x}_p - \sum_{j=1}^{\bar{n}} \bar{\boldsymbol{x}}_j \lambda_j \geqq \boldsymbol{s}^+,$$

$$\boldsymbol{s}^{-*} = \sum_{j=1}^{\bar{n}} d\bar{\boldsymbol{y}}_j \lambda_j - \boldsymbol{y}_p \geqq \boldsymbol{s}^-,$$

且至少有一个不等式严格成立.

令

$$\tilde{\lambda}_0 = 0, \quad \boldsymbol{s}^{+*}, \boldsymbol{s}^{-*}, \lambda_j \geqq 0, \ j = 1, 2, \cdots, \bar{n} + 1$$

为模型 (DG-DEA$'_A$) 的可行解, 且

$$(\boldsymbol{s}^{+*}, \boldsymbol{s}^{-*}) \geqslant (\boldsymbol{s}^+, \boldsymbol{s}^-),$$

即

$$e^{\mathrm{T}}s^{+*} + \hat{e}^{\mathrm{T}}s^{-*} > e^{\mathrm{T}}s^{+} + \hat{e}^{\mathrm{T}}s^{-},$$

这与 $s^{+}, s^{-}, \lambda_j, j = 0, 1, 2, \cdots, \bar{n}+1$ 为规划 (DG-DEA$'_{\mathrm{A}}$) 的最优解矛盾.

由于无效单元的投影是 DEA 有效的, 可以通过无效单元的投影指出决策单元无效的原因以及改进的方向.

无效单元的投影也可以通过规划 (D$_{\mathrm{I}}$) 和 (D$_{\mathrm{O}}$) 的带有非阿基米德无穷小的规划 (分别记为 (D$_{\mathrm{I}}^{\epsilon}$) 和 (D$_{\mathrm{O}}^{\epsilon}$)) 的最优解来进行定义.

定义2.5 设决策单元 $(\boldsymbol{x}_p, \boldsymbol{y}_p)$ 为 G-DEA$_d$ 无效, 规划 (D$_{\mathrm{I}}^{\epsilon}$) 的最优解为

$$\lambda_j^0, \ j = 0, 1, 2, \cdots, \bar{n}+1, \quad \theta^0, \quad s^{+0}, \quad s^{-0},$$

则称

$$(\hat{\boldsymbol{x}}, \hat{\boldsymbol{y}}) = (\theta^0 \boldsymbol{x}_p - s^{+0}, \boldsymbol{y}_p + s^{-0})$$

为 $(\boldsymbol{x}_p, \boldsymbol{y}_p)$ 在伴随生产可能集的有效生产前沿面上的投影.

定义2.6 设决策单元 $(\boldsymbol{x}_p, \boldsymbol{y}_p)$ 为 G-DEA$_d$ 无效, 规划 (D$_{\mathrm{O}}^{\epsilon}$) 的最优解为

$$\lambda_j^0, \ j = 0, 1, 2, \cdots, \bar{n}+1, \quad z^0, \quad s^{+0}, \quad s^{-0},$$

则称

$$(\hat{\boldsymbol{x}}, \hat{\boldsymbol{y}}) = (\boldsymbol{x}_p - s^{+0}, z^0 \boldsymbol{y}_p + s^{-0})$$

为 $(\boldsymbol{x}_p, \boldsymbol{y}_p)$ 在伴随生产可能集的有效生产前沿面上的投影.

定理2.12 若决策单元 $(\boldsymbol{x}_p, \boldsymbol{y}_p)$ 为 G-DEA$_d$ 无效, 则其投影

$$(\theta^0 \boldsymbol{x}_p - s^{+0}, \boldsymbol{y}_p + s^{-0})$$

或

$$(\boldsymbol{x}_p - s^{+0}, z^0 \boldsymbol{y}_p + s^{-0})$$

为 G-DEA$_d$ 有效.

由定理 2.11 与定理 2.12 可以看出, 无效单元的投影是不唯一的, 但是不同的投影都是有效的. 投影给出了无效单元的改进方式.

2.5 决策单元的广义 DEA 有效性排序方法

在图 2.1 中, A, B, C, D, E 表示 5 个样本单元, 1, 2, 3, 4 表示 4 个决策单元. 图 2.1 表示的是单输入单输出前提下, 当 $\delta_1 = 1, \delta_2 = 0$ 时, 即基于 BC^2 模型的广义 DEA 模型的生产可能集, 以及样本单元生产前沿的 d 移动.

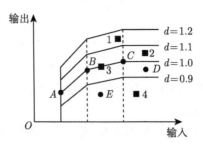

图 2.1　基于 BC^2 模型的广义 DEA 模型的伴随生产可能集及前沿面

由图 2.1 中可见, 当 $d = 1$ 时, DMU1, DMU2 与 DMU3 都是 G-DEA$_1$ 有效, DMU4 为 G-DEA$_1$ 无效. DMU3 恰好处在样本单元构成的生产前沿面上, DMU1 与 DMU2 不属于 $T(1)$.

通过参数值 d 的选择, 可以进一步比较各 G-DEA$_1$ 有效的决策单元之间的有效性强弱. 例如, 取步长 $d^+ = 0.1$, 则有 DMU1 为 G-DEA$_{1.1}$ 有效, 而 DMU2 与 DMU3 均为 G-DEA$_{1.1}$ 无效. 可以看出 DMU1 的有效性要强于 DMU2 与 DMU3 的有效性. 在步长 $d^+ = 0.1$ 的情形下, 无法进一步比较 DMU2 与 DMU3 之间的有效性强弱. 这时可以减小步长 d^+, 直到可以比较出二者之间的有效性强弱. 同样对无效单元也可以通过参数值 d 的选择来比较无效性的强弱.

如图 2.1 所示, 显然有效性排序为 DMU1>DMU2>DMU3>DMU4.

利用参数值 d 进行排序比在模型 (DG-DEA$_I'$) 和 (DG-DEA$_O'$) 中令 $d = 1$ 情形下比较最优值的大小进行排序要更加细致. 比如当 $\delta_1 = 1, \delta_2 = 0, d = 1$ 时, 利用 (DG-DEA$_O'$) 评价 DMU1 与 DMU2 的有效性, 二者的最优值都为 1, 均为 G-DEA$_1$ 有效, 二者有效性无差别. 如前所述, 引进参数值 d 则可进一步比较.

2.6　算　　例

选择参考文献 [103] 中的算例进行计算说明. 为了说明方法的优点和应用前景, 已知 3 家样本企业的相应指标数据, 应用上述方法对某 6 家决策企业进行了分析评价. 为了便于说明, 这里仅选取了资产总额和工业总产值两个决策指标.

3 家样本企业的相应输入输出指标数据在表 2.1 中给出.

表 2.1　样本企业输入输出指标数据　　　　　(单位: 亿元)

企业序号	1	2	3
资产总额	18.34	32.64	70.32
工业总产值	13.05	27.52	34.30

6 家决策企业的相应输入输出指标数据在表 2.2 中给出.

表 2.2 决策企业输入输出指标数据 (单位: 亿元)

企业序号	1	2	3	4	5	6
资产总额	64.00	55.10	43.00	45.60	31.00	43.40
工业总产值	48.80	39.70	31.80	27.70	13.00	21.70

当 $d=1$ 时, 通过规划 (D_O) 进行计算, 计算结果如表 2.3 所示.

表 2.3 决策企业最优值 $(d=1)$

基于模型	1	2	3	4	5	6
C^2R	1.10575	1.17020	1.14009	1.38798	2.01056	1.68627
BC^2	1	1	1	1.07769	1.98927	1.35742
FG	1	1	1	1.07769	2.01056	1.35742
ST	1.10575	1.17020	1.14009	1.38798	1.98927	1.68627

以基于 BC^2 模型时为例, 考虑 6 家决策企业的有效性排序, 步长取 $d^+ = 0.1$. 相对样本前沿面相应 d 移动的最优值在表 2.4 中给出.

表 2.4 相对 d 移动的决策企业最优值

d	0.7	0.8	0.9	1	1.1	1.2	1.3
1	—	—	—	1	1	1	1
2	—	—	—	1	1	1	1.01350
3	—	—	—	1	1.01643	—	—
4	—	—	1	1.07769	—	—	—
5	1.39249	1.59142	1.79034	1.98927	—	—	—
6	1	1.0894	1.22168	1.35742	—	—	—

通过计算可知, 有效性排序为 DMU1>DMU2>DMU3>DMU4>DMU6>DMU5.

以 $d=1, \delta_1=1, \delta_2=0$ 时, 利用模型 (D_O^ϵ) 计算为例, 分析 DMU4 为 G-DEA$_1$ 无效产生的原因及改进方向. 计算结果为

$$\max z = 1.07769, \quad s^{+0} = 11.95965, \quad s^{-0} = 0.$$

这表明与样本前沿面相比较, 在输出为 27.7 可扩大 1.07769 倍的情况下, 输入可减少 11.95965. 所以 DMU4 为 G-DEA$_1$ 无效, 同时相当于给出了改进方向.

2.7 结 束 语

传统的数据包络分析方法构造的生产可能集是由决策单元自身构成的, 而基本广义数据包络分析方法使用样本单元构造生产可能集, 实现了评价对象与比对标准的分离. 它把用于评价的参照对象从 "优秀单元集" 推广到 "任意指定的样本单元集", 突破了传统 DEA 方法不能依据决策者的需要来自主选择参考集的弱点, 因而, 具有更加广泛的应用前景.

第3章 基于 C^2W 模型的广义数据包络分析方法

本章给出了基于 C^2W 模型的面向输入和面向输出的广义 DEA 方法, 讨论了基于 C^2W 模型的面向输入和面向输出的广义 DEA 模型中决策单元的广义 DEA 有效性的判别条件, 广义 DEA 模型与传统 DEA 模型之间的关系, 广义 DEA 有效性与相应的多目标规划的 Pareto 有效之间的关系, 决策单元的投影性质, 利用样本前沿面的 d 移动对决策单元进行有效性排序.

3.1 基于 C^2W 模型的广义数据包络分析模型

3.1.1 样本生产可能集构造与样本有效性的定义

假设有若干个决策单元, 它们的特征可由 m 种输入和 s 种输出指标表示. 对某个决策单元 $\tau(\tau \in C)$, 它的输入输出指标值分别为

$$\boldsymbol{X}(\tau) = (X_1(\tau), X_2(\tau), \cdots, X_m(\tau))^{\mathrm{T}},$$

$$\boldsymbol{Y}(\tau) = (Y_1(\tau), Y_2(\tau), \cdots, Y_s(\tau))^{\mathrm{T}},$$

其中 C 为决策单元集的指标集, $(\boldsymbol{X}(\tau), \boldsymbol{Y}(\tau)) > \boldsymbol{0}$.

令

$$T_{\mathrm{DMU}} = \{(\boldsymbol{X}(\tau), \boldsymbol{Y}(\tau)) | \tau \in C\},$$

称 T_{DMU} 为决策单元集.

如果考察决策单元集之间的相对有效性, 则可用传统的 C^2W 模型来进行分析. 若考虑与决策单元集以外的对象 (比如某种标准, 这里称为样本单元) 相比较的信息, 则要应用以下给出的基于样本的广义数据包络分析方法.

假设有若干个样本单元, 它们具有和决策单元相同的特征, 属于同类单元. 对某个样本单元 $\bar{\tau}(\bar{\tau} \in \bar{C})$, 它的输入输出指标值分别为

$$\bar{\boldsymbol{X}}(\bar{\tau}) = (\bar{X}_1(\bar{\tau}), \bar{X}_2(\bar{\tau}), \cdots, \bar{X}_m(\bar{\tau}))^{\mathrm{T}},$$

$$\bar{\boldsymbol{Y}}(\bar{\tau}) = (\bar{Y}_1(\bar{\tau}), \bar{Y}_2(\bar{\tau}), \cdots, \bar{Y}_s(\bar{\tau}))^{\mathrm{T}},$$

其中 $\bar{C}$ 为样本单元集的指标集 (它为有界闭集, 有限或无限), $(\bar{\boldsymbol{X}}(\bar{\tau}), \bar{\boldsymbol{Y}}(\bar{\tau})) > \boldsymbol{0}$.

令

$$T_{\mathrm{SU}} = \{\bar{\boldsymbol{X}}(\bar{\tau}), \bar{\boldsymbol{Y}}(\bar{\tau})) | \bar{\tau} \in \bar{C}\},$$

称 T_{SU} 为样本单元集.

根据 DEA 方法构造生产可能集的思想, 样本单元确定的生产可能集

$$T = \left\{ (\boldsymbol{X}, \boldsymbol{Y}) \middle| \boldsymbol{X} \geqq \sum_{\bar{\tau} \in \bar{C}} \bar{\boldsymbol{X}}(\bar{\tau}) \lambda(\bar{\tau}), \boldsymbol{Y} \leqq \sum_{\bar{\tau} \in \bar{C}} \bar{\boldsymbol{Y}}(\bar{\tau}) \lambda(\bar{\tau}), \right.$$
$$\left. \delta_1 \left(\sum_{\bar{\tau} \in \bar{C}} \lambda(\bar{\tau}) - \delta_2 (-1)^{\delta_3} \tilde{\lambda} \right) = \delta_1, \lambda(\bar{\tau}) \geqq 0, \bar{\tau} \in \bar{C}, \tilde{\lambda} \geqq 0 \right\},$$

其中 $\delta_1, \delta_2, \delta_3$ 为取值为 $0, 1$ 的参数, $\boldsymbol{\lambda} = [\lambda(\bar{\tau}) : \bar{\tau} \in \bar{C}] \in S, \lambda(\bar{\tau}) \in E^1$, S 为广义有限序列空间, 其中向量 $\boldsymbol{\lambda}$ 只有有限个不为零的分量. 以下对 $\boldsymbol{\lambda}$ 均有此限制, 不再一一注释.

令

$$T(d) = \left\{ (\boldsymbol{X}, \boldsymbol{Y}) \middle| \boldsymbol{X} \geqq \sum_{\bar{\tau} \in \bar{C}} \bar{\boldsymbol{X}}(\bar{\tau}) \lambda(\bar{\tau}), \boldsymbol{Y} \leqq \sum_{\bar{\tau} \in \bar{C}} d \bar{\boldsymbol{Y}}(\bar{\tau}) \lambda(\bar{\tau}), \right.$$
$$\left. \delta_1 \left(\sum_{\bar{\tau} \in \bar{C}} \lambda(\bar{\tau}) - \delta_2 (-1)^{\delta_3} \tilde{\lambda} \right) = \delta_1, \lambda(\bar{\tau}) \geqq 0, \bar{\tau} \in \bar{C}, \tilde{\lambda} \geqq 0 \right\}$$

为样本单元确定的生产可能集的伴随生产可能集. 其中 d 为正数, 称为移动因子.

显然, $T(1) = T$.

定义3.1 如果不存在

$$(\boldsymbol{X}, \boldsymbol{Y}) \in T,$$

使得

$$\boldsymbol{X}(\tau) \geqq \boldsymbol{X}, \quad \boldsymbol{Y}(\tau) \leqq \boldsymbol{Y},$$

且至少有一个不等式严格成立, 则称决策单元 $(\boldsymbol{X}(\tau), \boldsymbol{Y}(\tau))$ 相对于样本生产前沿面有效, 简称**G-DEA 有效**. 反之, 称 $(\boldsymbol{X}(\tau), \boldsymbol{Y}(\tau))$ 为 G-DEA 无效.

定义3.2 如果不存在

$$(\boldsymbol{X}, \boldsymbol{Y}) \in T(d),$$

使得

$$\boldsymbol{X}(\tau) \geqq \boldsymbol{X}, \quad \boldsymbol{Y}(\tau) \leqq \boldsymbol{Y},$$

且至少有一个不等式严格成立, 则称决策单元 $(\boldsymbol{X}(\tau), \boldsymbol{Y}(\tau))$ 相对于样本生产前沿面的 d 移动有效, 简称**G-DEA$_d$ 有效**. 反之, 称 $(\boldsymbol{X}(\tau), \boldsymbol{Y}(\tau))$ 为 G-DEA$_d$ 无效.

定义 3.1 相当于定义 3.2 中 $d = 1$ 时的情形.

3.1.2　基于 C²W 模型的广义数据包络分析模型及其性质

根据 G-DEA 有效与 G-DEA$_d$ 有效的概念, 可构造基于 C²W 模型的面向输入和面向输出的广义 DEA 模型 (Sam-C²W$_I$)及其对偶模型 (DSam-C²W$_I$), (Sam-C²W$_O$)及其对偶模型 (DSam-C²W$_O$).

模型 (Sam-C²W$_I$), (DSam-C²W$_I$), (Sam-C²W$_O$) 与 (DSam-C²W$_O$) 如下所示:

$$(\text{Sam-C}^2\text{W}_I)\begin{cases} \max \boldsymbol{\mu}^{\mathrm{T}}\boldsymbol{Y}(\tau)+\delta_1\mu_0, \\ \text{s.t. } \boldsymbol{\omega}^{\mathrm{T}}\bar{\boldsymbol{X}}(\bar{\tau})-\boldsymbol{\mu}^{\mathrm{T}}d\bar{\boldsymbol{Y}}(\bar{\tau})-\delta_1\mu_0 \geqq 0, \bar{\tau}\in\bar{C}, \\ \boldsymbol{\omega}^{\mathrm{T}}\boldsymbol{X}(\tau)=1, \\ \boldsymbol{\omega}\geqq\boldsymbol{0},\boldsymbol{\mu}\geqq\boldsymbol{0}, \\ \delta_1\delta_2(-1)^{\delta_3}\mu_0\geqq 0, \end{cases}$$

$$(\text{DSam-C}^2\text{W}_I)\begin{cases} \min \theta, \\ \text{s.t. } \theta\boldsymbol{X}(\tau)-\sum_{\bar{\tau}\in\bar{C}}\bar{\boldsymbol{X}}(\bar{\tau})\lambda(\bar{\tau})\geqq\boldsymbol{0}, \\ -\boldsymbol{Y}(\tau)+\sum_{\bar{\tau}\in\bar{C}}d\bar{\boldsymbol{Y}}(\bar{\tau})\lambda(\bar{\tau})\geqq\boldsymbol{0}, \\ \delta_1\left(\sum_{\bar{\tau}\in\bar{C}}\lambda(\bar{\tau})-\delta_2(-1)^{\delta_3}\tilde{\lambda}\right)=\delta_1, \\ \lambda(\bar{\tau})\geqq 0, \bar{\tau}\in\bar{C},\tilde{\lambda}\geqq 0,\theta\in E^1. \end{cases}$$

$$(\text{Sam-C}^2\text{W}_O)\begin{cases} \min \boldsymbol{\omega}^{\mathrm{T}}\boldsymbol{X}(\tau)-\delta_1\mu_0, \\ \text{s.t. } \boldsymbol{\omega}^{\mathrm{T}}\bar{\boldsymbol{X}}(\bar{\tau})-\boldsymbol{\mu}^{\mathrm{T}}d\bar{\boldsymbol{Y}}(\bar{\tau})-\delta_1\mu_0 \geqq 0, \bar{\tau}\in\bar{C}, \\ \boldsymbol{\mu}^{\mathrm{T}}\boldsymbol{Y}(\tau)=1, \\ \boldsymbol{\omega}\geqq\boldsymbol{0},\boldsymbol{\mu}\geqq\boldsymbol{0}, \\ \delta_1\delta_2(-1)^{\delta_3}\mu_0\geqq 0, \end{cases}$$

$$(\text{DSam-C}^2\text{W}_O)\begin{cases} \max z, \\ \text{s.t. } \boldsymbol{X}(\tau)-\sum_{\bar{\tau}\in\bar{C}}\bar{\boldsymbol{X}}(\bar{\tau})\lambda(\bar{\tau})\geqq\boldsymbol{0}, \\ -z\boldsymbol{Y}(\tau)+\sum_{\bar{\tau}\in\bar{C}}d\bar{\boldsymbol{Y}}(\bar{\tau})\lambda(\bar{\tau})\geqq\boldsymbol{0}, \\ \delta_1\left(\sum_{\bar{\tau}\in\bar{C}}\lambda(\bar{\tau})-\delta_2(-1)^{\delta_3}\tilde{\lambda}\right)=\delta_1, \\ \lambda(\bar{\tau})\geqq 0, \bar{\tau}\in\bar{C},\tilde{\lambda}\geqq 0,\theta\in E^1. \end{cases}$$

若 $\bar{C}$ 为有限集, 则有以下 4 种情形.

(1) 当

$$\delta_1 = 0$$

时, (Sam-C²W$_I$), (DSam-C²W$_I$), (Sam-C²W$_O$) 与 (DSam-C²W$_O$) 分别为基于 C²R 模型的面向输入和面向输出的广义 DEA 模型.

(2) 当

$$\delta_1 = 1, \quad \delta_2 = 0$$

时, (Sam-C²W$_I$) , (DSam-C²W$_I$), (Sam-C²W$_O$) 与 (DSam-C²W$_O$) 分别为基于 BC² 模型的面向输入和面向输出的广义 DEA 模型.

(3) 当

$$\delta_1 = 1, \quad \delta_2 = 1, \quad \delta_3 = 0$$

时, (Sam-C²W$_I$), (DSam-C²W$_I$), (Sam-C²W$_O$) 与 (DSam-C²W$_O$) 分别为基于 ST 模型的面向输入和面向输出的广义 DEA 模型.

(4) 当

$$\delta_1 = 1, \quad \delta_2 = 1, \quad \delta_3 = 1$$

时, (Sam-C²W$_I$), (DSam-C²W$_I$), (Sam-C²W$_O$) 与 (DSam-C²W$_O$) 分别为基于 FG 模型的面向输入和面向输出的广义 DEA 模型.

在图 3.1 和图 3.2 中分别给出了基于 BC² 模型的单输入单输出情形下的面向输出和面向输入的广义 DEA 模型中决策单元相对于样本前沿面的效率评价情况.

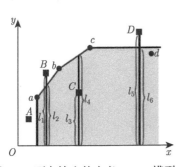
图 3.1 面向输出的广义 DEA 模型

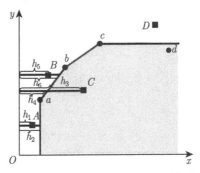
图 3.2 面向输入的广义 DEA 模型

在图 3.1 和图 3.2 中, a, b, c, d 代表样本单元, A, B, C, D 代表决策单元, a, b, c 构成了样本生产前沿面.

如图 3.1 所示, 面向输出的广义 DEA 模型中的决策单元 B 的效率值为 l_2/l_1, 决策单元 C 的效率值为 l_4/l_3, 决策单元 D 的效率值为 l_6/l_5, 决策单元 A 无可行解.

如图 3.2 所示, 面向输入的广义 DEA 模型中的决策单元 A 的效率值为 h_2/h_1, 决策单元 B 的效率值为 h_6/h_5, 决策单元 C 的效率值为 h_4/h_3, 决策单元 D 无可行解.

在面向输入和面向输出两种广义 DEA 模型中, 决策单元 A, B, D 为广义 DEA 有效, 决策单元 C 为广义 DEA 无效.

定理3.1　设 $(\bar{X}(\bar{\tau}), \bar{Y}(\bar{\tau})), \bar{\tau} \in \bar{C}$ 为连续的向量函数, $\bar{C}$ 为有界闭集, 则以下三个命题两两等价:

(I) 决策单元 $(\boldsymbol{X}(\tau), \boldsymbol{Y}(\tau))$ 为 G-DEA$_d$ 无效;

(II) (DSam-C²W$_\mathrm{I}$) 存在可行解

$$\theta, \lambda(\bar{\tau}) \geqq 0, \ \bar{\tau} \in \bar{C}, \quad \tilde{\lambda} \geqq 0,$$

使得

$$\boldsymbol{X}(\tau) - \sum_{\bar{\tau} \in \bar{C}} \bar{\boldsymbol{X}}(\bar{\tau})\lambda(\bar{\tau}) \geqq \boldsymbol{0},$$

$$-\boldsymbol{Y}(\tau) + \sum_{\bar{\tau} \in \bar{C}} d\bar{\boldsymbol{Y}}(\bar{\tau})\lambda(\bar{\tau}) \geqq \boldsymbol{0},$$

$$\delta_1\left(\sum_{\bar{\tau} \in \bar{C}} \lambda(\bar{\tau}) - \delta_2(-1)^{\delta_3}\tilde{\lambda}\right) = \delta_1,$$

且至少有一个不等式严格成立;

(III) (DSam-C²W$_\mathrm{O}$) 存在可行解

$$z, \lambda(\bar{\tau}) \geqq 0, \quad \bar{\tau} \in \bar{C}, \quad \tilde{\lambda} \geqq 0,$$

使得

$$\boldsymbol{X}(\tau) - \sum_{\bar{\tau} \in \bar{C}} \bar{\boldsymbol{X}}(\bar{\tau})\lambda(\bar{\tau}) \geqq \boldsymbol{0},$$

$$-\boldsymbol{Y}(\tau) + \sum_{\bar{\tau} \in \bar{C}} d\bar{\boldsymbol{Y}}(\bar{\tau})\lambda(\bar{\tau}) \geqq \boldsymbol{0},$$

$$\delta_1\left(\sum_{\bar{\tau} \in \bar{C}} \lambda(\bar{\tau}) - \delta_2(-1)^{\delta_3}\tilde{\lambda}\right) = \delta_1,$$

且至少有一个不等式严格成立.

证明　((I)⇒(II),(I)⇒(III)) 若 $(\boldsymbol{X}(\tau), \boldsymbol{Y}(\tau))$ 为 G-DEA$_d$ 无效, 由定义 3.2 可知, 存在

$$(\boldsymbol{X}, \boldsymbol{Y}) \in T(d),$$

使得

$$\boldsymbol{X}(\tau) \geqq \boldsymbol{X}, \quad \boldsymbol{Y}(\tau) \leqq \boldsymbol{Y},$$

且至少有一个不等式严格成立. 即存在

$$\lambda(\bar{\tau}) \geqq 0, \ \bar{\tau} \in \bar{C}, \quad \tilde{\lambda} \geqq 0,$$

使得

$$\boldsymbol{X}(\tau) \geqq \sum_{\bar{\tau} \in \bar{C}} \bar{\boldsymbol{X}}(\bar{\tau})\lambda(\bar{\tau}),$$

$$\boldsymbol{Y}(\tau) \leqq \sum_{\bar{\tau} \in \bar{C}} d\bar{\boldsymbol{Y}}(\bar{\tau})\lambda(\bar{\tau}),$$

$$\delta_1\bigg(\sum_{\bar{\tau} \in \bar{C}} \lambda(\bar{\tau}) - \delta_2(-1)^{\delta_3}\tilde{\lambda}\bigg) = \delta_1,$$

且至少有一个不等式严格成立. 移项即得

$$\boldsymbol{X}(\tau) - \sum_{\bar{\tau} \in \bar{C}} \bar{\boldsymbol{X}}(\bar{\tau})\lambda(\bar{\tau}) \geqq \boldsymbol{0},$$

$$-\boldsymbol{Y}(\tau) + \sum_{\bar{\tau} \in \bar{C}} d\bar{\boldsymbol{Y}}(\bar{\tau})\lambda(\bar{\tau}) \geqq \boldsymbol{0},$$

$$\delta_1\bigg(\sum_{\bar{\tau} \in \bar{C}} \lambda(\bar{\tau}) - \delta_2(-1)^{\delta_3}\tilde{\lambda}\bigg) = \delta_1,$$

且至少有一个不等式严格成立.

令 $\theta = 1$, 则可知 $\theta, \lambda(\bar{\tau}) \geqq 0, \bar{\tau} \in \bar{C}, \tilde{\lambda} \geqq 0$ 为 (DSam-C²W$_{\mathrm{I}}$) 的可行解.

令 $z = 1$, 则可知 $z, \lambda(\bar{\tau}) \geqq 0, \bar{\tau} \in \bar{C}, \tilde{\lambda} \geqq 0$ 为 (DSam-C²W$_{\mathrm{O}}$) 的可行解.

((II)⇒(I),(III)⇒(I)) 假设 (DSam-C²W$_{\mathrm{I}}$) 存在可行解

$$\theta, \lambda(\bar{\tau}) \geqq 0, \quad \bar{\tau} \in \bar{C}, \quad \tilde{\lambda} \geqq 0,$$

或假设 (DSam-C²W$_{\mathrm{O}}$) 存在可行解

$$z, \lambda(\bar{\tau}) \geqq 0, \quad \bar{\tau} \in \bar{C}, \quad \tilde{\lambda} \geqq 0,$$

使得

$$\boldsymbol{X}(\tau) - \sum_{\bar{\tau} \in \bar{C}} \bar{\boldsymbol{X}}(\bar{\tau})\lambda(\bar{\tau}) \geqq \boldsymbol{0},$$

$$-\boldsymbol{Y}(\tau) + \sum_{\bar{\tau} \in \bar{C}} d\bar{\boldsymbol{Y}}(\bar{\tau})\lambda(\bar{\tau}) \geqq \boldsymbol{0},$$

$$\delta_1\left(\sum_{\bar{\tau}\in\bar{C}}\lambda(\bar{\tau}) - \delta_2(-1)^{\delta_3}\tilde{\lambda}\right) = \delta_1,$$

且至少有一个不等式严格成立. 移项可得

$$\boldsymbol{X}(\tau) \geqq \sum_{\bar{\tau}\in\bar{C}}\bar{\boldsymbol{X}}(\bar{\tau})\lambda(\bar{\tau}),$$

$$\boldsymbol{Y}(\tau) \leqq \sum_{\bar{\tau}\in\bar{C}}d\bar{\boldsymbol{Y}}(\bar{\tau})\lambda(\bar{\tau}),$$

$$\delta_1\left(\sum_{\bar{\tau}\in\bar{C}}\lambda(\bar{\tau}) - \delta_2(-1)^{\delta_3}\tilde{\lambda}\right) = \delta_1,$$

且至少有一个不等式严格成立.

由于

$$\left(\sum_{\bar{\tau}\in\bar{C}}\bar{\boldsymbol{X}}(\bar{\tau})\lambda(\bar{\tau}), \sum_{\bar{\tau}\in\bar{C}}d\bar{\boldsymbol{Y}}(\bar{\tau})\lambda(\bar{\tau})\right) \in T(d),$$

所以由定义 3.2, $(\boldsymbol{X}(\tau),\boldsymbol{Y}(\tau))$ 为 G-DEA$_d$ 无效.

考虑定理 3.1 的逆否命题, 可得推论 3.2.

推论3.2　设 $(\bar{\boldsymbol{X}}(\bar{\tau}),\bar{\boldsymbol{Y}}(\bar{\tau})), \bar{\tau}\in\bar{C}$ 为连续的向量函数, $\bar{C}$ 为有界闭集, 则以下三个命题两两等价:

(I) 决策单元 $(\boldsymbol{X}(\tau),\boldsymbol{Y}(\tau))$ 为 G-DEA$_d$ 有效;

(II) (DSam-C²W$_\text{I}$) 不存在可行解

$$\theta,\lambda(\bar{\tau}) \geqq 0, \quad \bar{\tau}\in\bar{C}, \quad \tilde{\lambda} \geqq 0,$$

使得

$$\boldsymbol{X}(\tau) - \sum_{\bar{\tau}\in\bar{C}}\bar{\boldsymbol{X}}(\bar{\tau})\lambda(\bar{\tau}) \geqslant \boldsymbol{0},$$

或

$$-\boldsymbol{Y}(\tau) + \sum_{\bar{\tau}\in\bar{C}}d\bar{\boldsymbol{Y}}(\bar{\tau})\lambda(\bar{\tau}) \geqslant \boldsymbol{0};$$

(III) (DSam-C²W$_\text{O}$) 存在可行解

$$z,\lambda(\bar{\tau}) \geqq 0, \quad \bar{\tau}\in\bar{C}, \quad \tilde{\lambda} \geqq 0,$$

使得

$$\boldsymbol{X}(\tau) - \sum_{\bar{\tau}\in\bar{C}}\bar{\boldsymbol{X}}(\bar{\tau})\lambda(\bar{\tau}) \geqslant \boldsymbol{0},$$

或

$$-\boldsymbol{Y}(\tau) + \sum_{\bar{\tau}\in\bar{C}}d\bar{\boldsymbol{Y}}(\bar{\tau})\lambda(\bar{\tau}) \geqslant \boldsymbol{0}.$$

由于 (DSam-C²W$_\mathrm{I}$) 与 (DSam-C²W$_\mathrm{O}$) 可能存在无可行解情形, 同时为了讨论广义 DEA 方法与传统 DEA 方法的关系, 构造以下两对对偶模型 (S-C²W$_\mathrm{I}$) 与 (DS-C²W$_\mathrm{I}$), (S-C²W$_\mathrm{O}$) 与 (DS-C²W$_\mathrm{O}$).

$$(\text{S-C}^2\text{W}_\mathrm{I}) \begin{cases} \max \ \boldsymbol{\mu}^\mathrm{T}\boldsymbol{Y}(\tau) + \delta_1\mu_0, \\ \text{s.t.} \ \boldsymbol{\omega}^\mathrm{T}\boldsymbol{X}(\tau) - \boldsymbol{\mu}^\mathrm{T}\boldsymbol{Y}(\tau) - \delta_1\mu_0 \geqq 0, \\ \quad \boldsymbol{\omega}^\mathrm{T}\bar{\boldsymbol{X}}(\bar{\tau}) - \boldsymbol{\mu}^\mathrm{T}d\bar{\boldsymbol{Y}}(\bar{\tau}) - \delta_1\mu_0 \geqq 0, \bar{\tau} \in \bar{C}, \\ \quad \boldsymbol{\omega}^\mathrm{T}\boldsymbol{X}(\tau) = 1, \\ \quad \boldsymbol{\omega} \geqq \boldsymbol{0}, \boldsymbol{\mu} \geqq \boldsymbol{0}, \\ \quad \delta_1\delta_2(-1)^{\delta_3}\mu_0 \geqq 0, \end{cases}$$

$$(\text{DS-C}^2\text{W}_\mathrm{I}) \begin{cases} \min \ \theta, \\ \text{s.t.} \ \boldsymbol{X}(\tau)(\theta - \lambda(\tau)) - \sum_{\bar{\tau}\in\bar{C}} \bar{\boldsymbol{X}}(\bar{\tau})\lambda(\bar{\tau}) \geqq \boldsymbol{0}, \\ \quad \boldsymbol{Y}(\tau)(\lambda(\tau) - 1) + \sum_{\bar{\tau}\in\bar{C}} d\bar{\boldsymbol{Y}}(\bar{\tau})\lambda(\bar{\tau}) \geqq \boldsymbol{0}, \\ \quad \delta_1\left(\sum_{\bar{\tau}\in\bar{C}} \lambda(\bar{\tau}) + \lambda(\tau) - \delta_2(-1)^{\delta_3}\tilde{\lambda}\right) = \delta_1, \\ \quad \lambda(\bar{\tau}) \geqq 0, \bar{\tau} \in \bar{C}, \lambda(\tau) \geqq 0, \tilde{\lambda} \geqq 0, \theta \in E^1. \end{cases}$$

$$(\text{S-C}^2\text{W}_\mathrm{O}) \begin{cases} \min \ \boldsymbol{\omega}^\mathrm{T}\boldsymbol{X}(\tau) - \delta_1\mu_0, \\ \text{s.t.} \ \boldsymbol{\omega}^\mathrm{T}\boldsymbol{X}(\tau) - \boldsymbol{\mu}^\mathrm{T}\boldsymbol{Y}(\tau) - \delta_1\mu_0 \geqq 0, \\ \quad \boldsymbol{\omega}^\mathrm{T}\bar{\boldsymbol{X}}(\bar{\tau}) - \boldsymbol{\mu}^\mathrm{T}d\bar{\boldsymbol{Y}}(\bar{\tau}) - \delta_1\mu_0 \geqq 0, \bar{\tau} \in \bar{C}, \\ \quad \boldsymbol{\mu}^\mathrm{T}\boldsymbol{Y}(\tau) = 1, \\ \quad \boldsymbol{\omega} \geqq \boldsymbol{0}, \boldsymbol{\mu} \geqq \boldsymbol{0}, \\ \quad \delta_1\delta_2(-1)^{\delta_3}\mu_0 \geqq 0, \end{cases}$$

$$(\text{DS-C}^2\text{W}_\mathrm{O}) \begin{cases} \max \ z, \\ \text{s.t.} \ \boldsymbol{X}(\tau)(1 - \lambda(\tau)) - \sum_{\bar{\tau}\in\bar{C}} \bar{\boldsymbol{X}}(\bar{\tau})\lambda(\bar{\tau}) \geqq \boldsymbol{0}, \\ \quad \boldsymbol{Y}(\tau)(\lambda(\tau) - z) + \sum_{\bar{\tau}\in\bar{C}} d\bar{\boldsymbol{Y}}(\bar{\tau})\lambda(\bar{\tau}) \geqq \boldsymbol{0}, \\ \quad \delta_1\left(\sum_{\bar{\tau}\in\bar{C}} \lambda(\bar{\tau}) + \lambda(\tau) - \delta_2(-1)^{\delta_3}\tilde{\lambda}\right) = \delta_1, \\ \quad \lambda(\bar{\tau}) \geqq 0, \bar{\tau} \in \bar{C}, \lambda(\tau) \geqq 0, \tilde{\lambda} \geqq 0, \theta \in E^1. \end{cases}$$

令

$$T'(d) = \left\{ (\boldsymbol{X}, \boldsymbol{Y}) \middle| \boldsymbol{X} \geqq \boldsymbol{X}(\tau)\lambda(\tau) + \sum_{\bar{\tau} \in \bar{C}} \bar{\boldsymbol{X}}(\bar{\tau})\lambda(\bar{\tau}), \boldsymbol{Y} \leqq \boldsymbol{Y}(\tau)\lambda(\tau) + \sum_{\bar{\tau} \in \bar{C}} d\bar{\boldsymbol{Y}}(\bar{\tau})\lambda(\bar{\tau}), \right.$$

$$\left. \delta_1 \left(\sum_{\bar{\tau} \in \bar{C}} \lambda(\bar{\tau}) + \lambda(\tau) - \delta_2(-1)^{\delta_3}\tilde{\lambda} \right) = \delta_1, \lambda(\bar{\tau}) \geqq 0, \bar{\tau} \in \bar{C}, \lambda(\tau) \geqq 0, \tilde{\lambda} \geqq 0 \right\}.$$

如图 3.3 至图 3.6 分别表示在单输入单输出情形下, 当 $\delta_1 = 1, \delta_2 = 0, \bar{C}$ 为有限集且 $d = 1$ 时, 在 (DS-C^2W_I) 和 (DS-C^2W_O) 模型中相应的 $T'(1)$ 以及有效生产前沿面相对于 (DSam-C^2W_I) 和 (DSam-C^2W_O) 中 $T(1)$ 以及样本生产前沿面的变化情况.

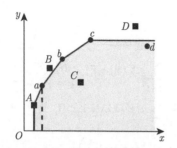

图 3.3　评价决策单元 A 时的 $T'(1)$

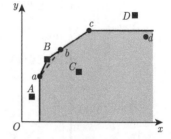

图 3.4　评价决策单元 B 时的 $T'(1)$

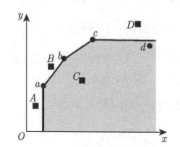

图 3.5　评价决策单元 C 时的 $T'(1)$

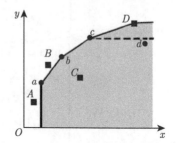

图 3.6　评价决策单元 D 时的 $T'(1)$

决策单元 A, B, D 均为广义 DEA 有效, 所以它们参与构成了新的有效生产前沿面, 并且, 新的有效生产前沿面与原来的样本生产前沿面不同. 其中决策单元 A 在 (DSam-C^2W_I) 中无可行解, 决策单元 D 在 (DSam-C^2W_O) 中无可行解, 在 (DS-C^2W_I) 和 (DS-C^2W_O) 中, 决策单元 A 和 D 均存在可行解. 决策单元 C 为广义 DEA 无效, 在 (DS-C^2W_I) 与 (DS-C^2W_O) 中, 新的有效生产前沿面与原来的样本生产前沿面相同.

在 $T_{SU} = T_{DMU}$, $\bar{C}$ 为有限集且 $d = 1$ 时考虑以下四种情形.

(1) 当

$$\delta_1 = 0$$

时, (S-C²W$_I$), (DS-C²W$_I$), (S-C²W$_O$) 与 (DS-C²W$_O$) 分别为面向输入和面向输出的 C²R 模型.

(2) 当

$$\delta_1 = 1, \quad \delta_2 = 0$$

时, (S-C²W$_I$), (DS-C²W$_I$), (S-C²W$_O$) 与 (DS-C²W$_O$) 分别为面向输入和面向输出的 BC² 模型.

(3) 当

$$\delta_1 = 1, \quad \delta_2 = 1, \quad \delta_3 = 0$$

时, (S-C²W$_I$), (DS-C²W$_I$), (S-C²W$_O$) 与 (DS-C²W$_O$) 分别为面向输入和面向输出的 ST 模型.

(4) 当

$$\delta_1 = 1, \quad \delta_2 = 1, \quad \delta_3 = 1$$

时, (S-C²W$_I$),(DS-C²W$_I$), (S-C²W$_O$) 与 (DS-C²W$_O$) 分别为面向输入和面向输出的 FG 模型.

定理3.3 (S-C²W$_I$), (DS-C²W$_I$), (S-C²W$_O$) 与 (DS-C²W$_O$) 都存在可行解.

证明 $\tilde{\theta} = 1, \tilde{\lambda}(\tau) = 1, \tilde{\lambda} = 0, \tilde{\lambda}(\bar{\tau}) = 0, \bar{\tau} \in \bar{C}$ 为 (DS-C²W$_I$) 的可行解.

$\tilde{\boldsymbol{\omega}} = \dfrac{\boldsymbol{X}(\tau)}{\|\boldsymbol{X}(\tau)\|^2}, \tilde{\boldsymbol{\mu}} = (0, 0, \cdots, 0)^{\mathrm{T}}, \tilde{\mu}_0 = 0$ 为 (S-C²W$_I$) 的可行解.

$\tilde{z} = 1, \tilde{\lambda}(\tau) = 1, \tilde{\lambda} = 0, \tilde{\lambda}(\bar{\tau}) = 0, \bar{\tau} \in \bar{C}$ 为 (DS-C²W$_O$) 的可行解.

$\tilde{\boldsymbol{\omega}} = \dfrac{\boldsymbol{X}(\tau)}{\|\boldsymbol{X}(\tau)\|^2} + \sum\limits_{\bar{\tau} \in \bar{C}} \dfrac{d\bar{\boldsymbol{X}}(\bar{\tau})\bar{\boldsymbol{Y}}(\bar{\tau})^{\mathrm{T}}\boldsymbol{Y}(\tau)}{\|\boldsymbol{Y}(\tau)\|^2\|\bar{\boldsymbol{X}}(\bar{\tau})\|^2}, \tilde{\boldsymbol{\mu}} = \dfrac{\boldsymbol{Y}(\tau)}{\|\boldsymbol{Y}(\tau)\|^2}, \tilde{\mu}_0 = 0$ 为 (S-C²W$_O$) 的

可行解.

由定理 3.3 的证明过程可以看出, (S-C²W$_I$) 和 (DS-C²W$_I$) 的最优值小于等于 1, (S-C²W$_O$) 和 (DS-C²W$_O$) 的最优值大于等于 1.

定理3.4 设 $(\bar{\boldsymbol{X}}(\bar{\tau}), \bar{\boldsymbol{Y}}(\bar{\tau})), \bar{\tau} \in \bar{C}$ 为连续的向量函数, $\bar{C}$ 为有界闭集, 则以下三个命题两两等价:

(I) 决策单元 $(\boldsymbol{X}(\tau), \boldsymbol{Y}(\tau))$ 为 G-DEA$_d$ 有效;

(II) (DS-C²W$_I$) 的最优值

$$\min \theta = 1,$$

且对每个最优解都有

$$\boldsymbol{X}(\tau)(1 - \lambda(\tau)) - \sum_{\bar{\tau} \in \bar{C}} \bar{\boldsymbol{X}}(\bar{\tau})\lambda(\bar{\tau}) = \boldsymbol{0},$$

$$\boldsymbol{Y}(\tau)(\lambda(\tau) - 1) + \sum_{\bar{\tau} \in \bar{C}} d\bar{\boldsymbol{Y}}(\bar{\tau})\lambda(\bar{\tau}) = \boldsymbol{0};$$

(III) (DS-C²W_O) 的最优值

$$\max z = 1,$$

且对每个最优解都有

$$\boldsymbol{X}(\tau)(1 - \lambda(\tau)) - \sum_{\bar{\tau} \in \bar{C}} \bar{\boldsymbol{X}}(\bar{\tau})\lambda(\bar{\tau}) = \boldsymbol{0},$$

$$\boldsymbol{Y}(\tau)(\lambda(\tau) - 1) + \sum_{\bar{\tau} \in \bar{C}} d\bar{\boldsymbol{Y}}(\bar{\tau})\lambda(\bar{\tau}) = \boldsymbol{0}.$$

证明　((I)⇒(II)) (1) 若 (DS-C²W_I) 的最优值

$$\min \theta \neq 1,$$

由定理 3.3 可知, 存在

$$\theta < 1, \quad \lambda(\tau) \geqq 0, \quad \tilde{\lambda} \geqq 0, \quad \lambda(\bar{\tau}) \geqq 0, \bar{\tau} \in \bar{C},$$

满足

$$\boldsymbol{X}(\tau)(\theta - \lambda(\tau)) - \sum_{\bar{\tau} \in \bar{C}} \bar{\boldsymbol{X}}(\bar{\tau})\lambda(\bar{\tau}) \geqq \boldsymbol{0},$$

$$\boldsymbol{Y}(\tau)(\lambda(\tau) - 1) + \sum_{\bar{\tau} \in \bar{C}} d\bar{\boldsymbol{Y}}(\bar{\tau})\lambda(\bar{\tau}) \geqq \boldsymbol{0}.$$

因为

$$\theta < 1,$$

所以

$$\boldsymbol{X}(\tau)(1 - \lambda(\tau)) - \sum_{\bar{\tau} \in \bar{C}} \bar{\boldsymbol{X}}(\bar{\tau})\lambda(\bar{\tau}) \geqslant \boldsymbol{0},$$

$$\boldsymbol{Y}(\tau)(\lambda(\tau) - 1) + \sum_{\bar{\tau} \in \bar{C}} d\bar{\boldsymbol{Y}}(\bar{\tau})\lambda(\bar{\tau}) \geqq \boldsymbol{0}.$$

若

$$\lambda(\tau) > 1,$$

则

$$\boldsymbol{X}(\tau)(1 - \lambda(\tau)) - \sum_{\bar{\tau} \in \bar{C}} \bar{\boldsymbol{X}}(\bar{\tau})\lambda(\bar{\tau}) < \boldsymbol{0},$$

矛盾. 若

$$\lambda(\tau) = 1,$$

则有

$$-\sum_{\bar{\tau}\in\bar{C}}\bar{X}(\bar{\tau})\lambda(\bar{\tau})\geqslant \mathbf{0},$$

这与 $\sum_{\bar{\tau}\in\bar{C}}\bar{X}(\bar{\tau})\lambda(\bar{\tau})\geqq \mathbf{0}$ 矛盾. 综上,

$$\lambda(\tau)<1.$$

因此

$$1-\lambda(\tau)>0,$$

所以

$$\mathbf{X}(\tau)\geqslant\sum_{\bar{\tau}\in\bar{C}}\bar{X}(\bar{\tau})\frac{\lambda(\bar{\tau})}{1-\lambda(\tau)},$$

$$\mathbf{Y}(\tau)\leqq\sum_{\bar{\tau}\in\bar{C}}d\bar{Y}(\bar{\tau})\frac{\lambda(\bar{\tau})}{1-\lambda(\tau)}.$$

因为

$$\delta_1\bigg(\sum_{\bar{\tau}\in\bar{C}}\lambda(\bar{\tau})+\lambda(\tau)-\delta_2(-1)^{\delta_3}\tilde{\lambda}\bigg)=\delta_1,$$

所以

$$\delta_1\bigg(\sum_{\bar{\tau}\in\bar{C}}\frac{\lambda(\bar{\tau})}{1-\lambda(\tau)}+\frac{\lambda(\tau)}{1-\lambda(\tau)}-\delta_2(-1)^{\delta_3}\frac{\tilde{\lambda}}{1-\lambda(\tau)}\bigg)=\frac{\delta_1}{1-\lambda(\tau)}.$$

整理即为

$$\delta_1\bigg(\sum_{\bar{\tau}\in\bar{C}}\frac{\lambda(\bar{\tau})}{1-\lambda(\tau)}-\delta_2(-1)^{\delta_3}\frac{\tilde{\lambda}}{1-\lambda(\tau)}\bigg)=\delta_1,$$

所以

$$\bigg(\sum_{\bar{\tau}\in\bar{C}}\bar{X}(\bar{\tau})\frac{\lambda(\bar{\tau})}{1-\lambda(\tau)},\sum_{\bar{\tau}\in\bar{C}}d\bar{Y}(\bar{\tau})\frac{\lambda(\bar{\tau})}{1-\lambda(\tau)}\bigg)\in T(d).$$

由定义 3.2, $(\mathbf{X}(\tau),\mathbf{Y}(\tau))$ 为 G-DEA$_d$ 无效, 矛盾. 故

$$\min\theta=1.$$

(2) 若 (DS-C²W$_I$) 存在最优解

$$\theta=1,\quad \lambda(\tau)\geqq 0,\quad \tilde{\lambda}\geqq 0,\quad \lambda(\bar{\tau})\geqq 0,\ \bar{\tau}\in\bar{C},$$

满足

$$\mathbf{X}(\tau)(1-\lambda(\tau))-\sum_{\bar{\tau}\in\bar{C}}\bar{X}(\bar{\tau})\lambda(\bar{\tau})\geqq \mathbf{0},$$

$$\boldsymbol{Y}(\tau)(\lambda(\tau) - 1) + \sum_{\bar{\tau} \in \bar{C}} d\bar{\boldsymbol{Y}}(\bar{\tau})\lambda(\bar{\tau}) \geqq \boldsymbol{0},$$

且至少有一个不等式严格成立.

类似 (1) 的证明, $(\boldsymbol{X}(\tau), \boldsymbol{Y}(\tau))$ 为 G-DEA$_d$ 无效, 矛盾. 即

$$\boldsymbol{X}(\tau)(1 - \lambda(\tau)) - \sum_{\bar{\tau} \in \bar{C}} \bar{\boldsymbol{X}}(\bar{\tau})\lambda(\bar{\tau}) = \boldsymbol{0},$$

$$\boldsymbol{Y}(\tau)(\lambda(\tau) - 1) + \sum_{\bar{\tau} \in \bar{C}} d\bar{\boldsymbol{Y}}(\bar{\tau})\lambda(\bar{\tau}) = \boldsymbol{0}.$$

((I)$\Rightarrow$(III)) (1) 若 (DS-C^2W_O) 的最优值

$$\max z \neq 1,$$

由定理 3.3 可知, 存在

$$z > 1, \quad \lambda(\tau) \geqq 0, \quad \tilde{\lambda} \geqq 0, \quad \lambda(\bar{\tau}) \geqq 0, \ \bar{\tau} \in \bar{C},$$

满足

$$\boldsymbol{X}(\tau)(1 - \lambda(\tau)) - \sum_{\bar{\tau} \in \bar{C}} \bar{\boldsymbol{X}}(\bar{\tau})\lambda(\bar{\tau}) \geqq \boldsymbol{0},$$

$$\boldsymbol{Y}(\tau)(\lambda(\tau) - z) + \sum_{\bar{\tau} \in \bar{C}} d\bar{\boldsymbol{Y}}(\bar{\tau})\lambda(\bar{\tau}) \geqq \boldsymbol{0}.$$

因为

$$z > 1,$$

所以

$$\boldsymbol{X}(\tau)(1 - \lambda(\tau)) - \sum_{\bar{\tau} \in \bar{C}} \bar{\boldsymbol{X}}(\bar{\tau})\lambda(\bar{\tau}) \geqq \boldsymbol{0},$$

$$\boldsymbol{Y}(\tau)(\lambda(\tau) - 1) + \sum_{\bar{\tau} \in \bar{C}} d\bar{\boldsymbol{Y}}(\bar{\tau})\lambda(\bar{\tau}) \geqslant \boldsymbol{0}.$$

在上式中, 若

$$\lambda(\tau) > 1,$$

则

$$\boldsymbol{X}(\tau)(1 - \lambda(\tau)) - \sum_{\bar{\tau} \in \bar{C}} \bar{\boldsymbol{X}}(\bar{\tau})\lambda(\bar{\tau}) < \boldsymbol{0},$$

矛盾. 若

$$\lambda(\tau) = 1,$$

则有

$$-\sum_{\bar{\tau} \in \bar{C}} \bar{\boldsymbol{X}}(\bar{\tau})\lambda(\bar{\tau}) \geqq \boldsymbol{0},$$

即

$$\lambda(\bar{\tau}) = 0, \ \bar{\tau} \in \bar{C},$$

从而

$$\boldsymbol{Y}(\tau)(\lambda(\tau) - 1) + \sum_{\bar{\tau} \in \bar{C}} d\bar{\boldsymbol{Y}}(\bar{\tau})\lambda(\bar{\tau}) = \boldsymbol{0},$$

矛盾. 综上,

$$\lambda(\tau) < 1.$$

因此

$$1 - \lambda(\tau) > 0,$$

所以

$$\boldsymbol{X}(\tau) \geqq \sum_{\bar{\tau} \in \bar{C}} \bar{\boldsymbol{X}}(\bar{\tau}) \frac{\lambda(\bar{\tau})}{1 - \lambda(\tau)},$$

$$\boldsymbol{Y}(\tau) \leqq \sum_{\bar{\tau} \in \bar{C}} d\bar{\boldsymbol{Y}}(\bar{\tau}) \frac{\lambda(\bar{\tau})}{1 - \lambda(\tau)}.$$

因为

$$\delta_1 \bigg(\sum_{\bar{\tau} \in \bar{C}} \lambda(\bar{\tau}) + \lambda(\tau) - \delta_2(-1)^{\delta_3}\tilde{\lambda} \bigg) = \delta_1,$$

所以

$$\delta_1 \bigg(\sum_{\bar{\tau} \in \bar{C}} \frac{\lambda(\bar{\tau})}{1 - \lambda(\tau)} + \frac{\lambda(\tau)}{1 - \lambda(\tau)} - \delta_2(-1)^{\delta_3} \frac{\tilde{\lambda}}{1 - \lambda(\tau)} \bigg) = \frac{\delta_1}{1 - \lambda(\tau)}.$$

整理即为

$$\delta_1 \bigg(\sum_{\bar{\tau} \in \bar{C}} \frac{\lambda(\bar{\tau})}{1 - \lambda(\tau)} - \delta_2(-1)^{\delta_3} \frac{\tilde{\lambda}}{1 - \lambda(\tau)} \bigg) = \delta_1,$$

所以

$$\bigg(\sum_{\bar{\tau} \in \bar{C}} \bar{\boldsymbol{X}}(\bar{\tau}) \frac{\lambda(\bar{\tau})}{1 - \lambda(\tau)}, \sum_{\bar{\tau} \in \bar{C}} d\bar{\boldsymbol{Y}}(\bar{\tau}) \frac{\lambda(\bar{\tau})}{1 - \lambda(\tau)} \bigg) \in T(d).$$

由定义 3.2, $(\boldsymbol{X}(\tau), \boldsymbol{Y}(\tau))$ 为 G-DEA$_d$ 无效, 矛盾. 故

$$\max z = 1.$$

(2) 若 (DS-C^2W_O) 存在最优解

$$z = 1, \quad \lambda(\tau) \geqq 0, \quad \tilde{\lambda} \geqq 0, \quad \lambda(\bar{\tau}) \geqq 0, \ \bar{\tau} \in \bar{C},$$

满足

$$\boldsymbol{X}(\tau)(1 - \lambda(\tau)) - \sum_{\bar{\tau} \in \bar{C}} \bar{\boldsymbol{X}}(\bar{\tau})\lambda(\bar{\tau}) \geqq \boldsymbol{0},$$

$$\boldsymbol{Y}(\tau)(\lambda(\tau) - 1) + \sum_{\bar{\tau} \in \bar{C}} d\bar{\boldsymbol{Y}}(\bar{\tau})\lambda(\bar{\tau}) \geqq \boldsymbol{0},$$

且至少有一个不等式严格成立. 类似 (1) 的证明, $(\boldsymbol{X}(\tau), \boldsymbol{Y}(\tau))$ 为 G-DEA$_d$ 无效,
矛盾. 即

$$\boldsymbol{X}(\tau)(1 - \lambda(\tau)) - \sum_{\bar{\tau} \in \bar{C}} \bar{\boldsymbol{X}}(\bar{\tau})\lambda(\bar{\tau}) = \boldsymbol{0},$$

$$\boldsymbol{Y}(\tau)(\lambda(\tau) - 1) + \sum_{\bar{\tau} \in \bar{C}} d\bar{\boldsymbol{Y}}(\bar{\tau})\lambda(\bar{\tau}) = \boldsymbol{0}.$$

((II)⇒(I),(III)⇒(I))　假设 $(\boldsymbol{X}(\tau), \boldsymbol{Y}(\tau))$ 为 G-DEA$_d$ 无效, 即存在

$$(\boldsymbol{X}, \boldsymbol{Y}) \in T(d),$$

使得

$$\boldsymbol{X}(\tau) \geqq \boldsymbol{X}, \quad \boldsymbol{Y}(\tau) \leqq \boldsymbol{Y},$$

且至少有一个不等式严格成立.
　　因为

$$(\boldsymbol{X}, \boldsymbol{Y}) \in T(d),$$

所以存在

$$\lambda(\bar{\tau}) \geqq 0,\ \bar{\tau} \in \bar{C}, \quad \tilde{\lambda} \geqq 0,$$

满足

$$\boldsymbol{X} \geqq \sum_{\bar{\tau} \in \bar{C}} \bar{\boldsymbol{X}}(\bar{\tau})\lambda(\bar{\tau}),$$

$$\boldsymbol{Y} \leqq \sum_{\bar{\tau} \in \bar{C}} d\bar{\boldsymbol{Y}}(\bar{\tau})\lambda(\bar{\tau}),$$

$$\delta_1 \left(\sum_{\bar{\tau} \in \bar{C}} \lambda(\bar{\tau}) - \delta_2(-1)^{\delta_3}\tilde{\lambda} \right) = \delta_1.$$

所以

$$\boldsymbol{X}(\tau) \geqq \boldsymbol{X} \geqq \sum_{\bar{\tau} \in \bar{C}} \bar{\boldsymbol{X}}(\bar{\tau})\lambda(\bar{\tau}),$$

$$\boldsymbol{Y}(\tau) \leqq \boldsymbol{Y} \leqq \sum_{\bar{\tau} \in \bar{C}} d\bar{\boldsymbol{Y}}(\bar{\tau})\lambda(\bar{\tau}),$$

$$\delta_1 \left(\sum_{\bar{\tau} \in \bar{C}} \lambda(\bar{\tau}) - \delta_2(-1)^{\delta_3}\tilde{\lambda} \right) = \delta_1,$$

且至少有一个不等式严格成立.

令

$$\lambda(\tau) = 0,$$

即存在

$$\lambda(\bar{\tau}) \geqq 0, \ \bar{\tau} \in \bar{C}, \quad \tilde{\lambda} \geqq 0, \quad \lambda(\tau) = 0,$$

满足

$$\boldsymbol{X}(\tau)(1 - \lambda(\tau)) - \sum_{\bar{\tau} \in \bar{C}} \bar{\boldsymbol{X}}(\bar{\tau})\lambda(\bar{\tau}) \geqq \boldsymbol{0},$$

$$\boldsymbol{Y}(\tau)(\lambda(\tau) - 1) + \sum_{\bar{\tau} \in \bar{C}} d\bar{\boldsymbol{Y}}(\bar{\tau})\lambda(\bar{\tau}) \geqq \boldsymbol{0},$$

$$\delta_1 \bigg(\sum_{\bar{\tau} \in \bar{C}} \lambda(\bar{\tau}) + \lambda(\tau) - \delta_2(-1)^{\delta_3}\tilde{\lambda} \bigg) = \delta_1,$$

且至少有一个不等式严格成立.

令

$$\hat{\theta} = 1,$$

显然

$$\hat{\theta}, \lambda(\bar{\tau}) \geqq 0, \ \bar{\tau} \in \bar{C}, \quad \tilde{\lambda} \geqq 0, \quad \lambda(\tau) = 0$$

为 $(\text{DS-}C^2W_I)$ 的一个可行解. 又由于 $(\text{DS-}C^2W_I)$ 的最优值为 1, 所以

$$\hat{\theta}, \lambda(\bar{\tau}) \geqq 0, \ \bar{\tau} \in \bar{C}, \quad \tilde{\lambda} \geqq 0, \quad \lambda(\tau) = 0$$

也是 $(\text{DS-}C^2W_I)$ 的一个最优解, 这与已知矛盾.

令

$$\hat{z} = 1,$$

显然

$$\hat{z}, \lambda(\bar{\tau}) \geqq 0, \ \bar{\tau} \in \bar{C}, \quad \tilde{\lambda} \geqq 0, \quad \lambda(\tau) = 0$$

为 $(\text{DS-}C^2W_O)$ 的一个可行解. 又由于 $(\text{DS-}C^2W_O)$ 的最优值为 1, 所以

$$\hat{z}, \lambda(\bar{\tau}) \geqq 0, \ \bar{\tau} \in \bar{C}, \quad \tilde{\lambda} \geqq 0, \quad \lambda(\tau) = 0$$

也是 $(\text{DS-}C^2W_O)$ 的一个最优解, 这与已知矛盾.

由定理 3.4 可知, $(\boldsymbol{X}(\tau), \boldsymbol{Y}(\tau))$ 的 G-DEA_d 有效性可以由规划 $(\text{DS-}C^2W_I)$ 和 $(\text{DS-}C^2W_O)$ 来判断.

定理3.5 $(\text{S-}C^2W_I)$ 或 $(\text{S-}C^2W_O)$ 中决策单元的 G-DEA_d 有效性与评价指标的量纲选择无关.

证明　设同一指标在不同的量纲下存在的倍数变化为

$$a_i > 0, \quad b_r > 0, \quad i = 1, 2, \cdots, m, \quad r = 1, 2, \cdots, s,$$

通过量纲变化使得

$$X_i(\tau), \quad Y_r(\tau), \quad \bar{X}_i(\bar{\tau}), \quad \bar{Y}_r(\bar{\tau})$$

分别变为

$$a_i X_i(\tau), \quad b_r Y_r(\tau), \quad a_i \bar{X}_i(\bar{\tau}), \quad b_r \bar{Y}_r(\bar{\tau}).$$

(1) 量纲变化前, 若规划 (S-C^2W_I) 或 (S-C^2W_O) 最优解中有

$$\boldsymbol{\omega}^0 = (\omega_1^0, \omega_2^0, \cdots, \omega_m^0) > \boldsymbol{0}, \quad \boldsymbol{\mu}^0 = (\mu_1^0, \mu_2^0, \cdots, \mu_s^0) > \boldsymbol{0}, \quad \mu_0^0$$

使得最优值为 1, 则

$$\left(\frac{\omega_1^0}{a_1}, \frac{\omega_2^0}{a_2}, \cdots, \frac{\omega_m^0}{a_m}\right) > \boldsymbol{0}, \quad \left(\frac{\mu_1^0}{b_1}, \frac{\mu_2^0}{b_2}, \cdots, \frac{\mu_s^0}{b_s}\right) > \boldsymbol{0}, \quad \mu_0^0$$

为量纲变化后规划 (S-C^2W_I) 或 (S-C^2W_O) 的最优解且最优值为 1.

(2) 量纲变化后, 若规划 (S-C^2W_I) 或 (S-C^2W_O) 最优解中有

$$\boldsymbol{\omega}^0 = (\omega_1^0, \omega_2^0, \cdots, \omega_m^0) > \boldsymbol{0}, \quad \boldsymbol{\mu}^0 = (\mu_1^0, \mu_2^0, \cdots, \mu_s^0) > \boldsymbol{0}, \quad \mu_0^0$$

使得最优值为 1, 则

$$(a_1 \omega_1^0, a_2 \omega_2^0, \cdots, a_m \omega_m^0) > \boldsymbol{0}, \quad (b_1 \mu_1^0, b_2 \mu_2^0, \cdots, b_s \mu_s^0) > \boldsymbol{0}, \quad \mu_0^0$$

为量纲变化前规划 (S-C^2W_I) 或 (S-C^2W_O) 的最优解且最优值为 1.

所以 (S-C^2W_I) 或 (S-C^2W_O) 中决策单元的 G-DEA$_d$ 有效性与评价指标的量纲选择无关.

考虑多目标规划问题 (VP)

$$(\text{VP}) \begin{cases} \max \ (-X_1, -X_2, \cdots, -X_m, Y_1, Y_2, \cdots, Y_s), \\ \text{s.t.} \ (\boldsymbol{X}, \boldsymbol{Y}) \in T'(d). \end{cases}$$

其中 $\boldsymbol{X} = (X_1, X_2, \cdots, X_m)^{\mathrm{T}}, \boldsymbol{Y} = (Y_1, Y_2, \cdots, Y_s)^{\mathrm{T}}$.

定理3.6　决策单元 $(\boldsymbol{X}(\tau), \boldsymbol{Y}(\tau))$ 为 G-DEA$_d$ 有效当且仅当 $(\boldsymbol{X}(\tau), \boldsymbol{Y}(\tau))$ 为 (VP) 的 Pareto 有效解.

证明　若决策单元 $(\boldsymbol{X}(\tau), \boldsymbol{Y}(\tau))$ 不是 G-DEA$_d$ 有效, 则由定理 3.4 可知存在以下四种情形.

(1) 模型 (DS-C^2W_I) 的最优值小于 1.

(2) 模型 (DS-C^2W_I) 的最优值等于 1, 且对其每个最优解

$$\theta^0, \quad \lambda(\tau) \geqq 0, \quad \tilde{\lambda} \geqq 0, \quad \lambda(\bar{\tau}) \geqq 0, \ \bar{\tau} \in \bar{C}$$

有

$$\boldsymbol{X}(\tau)(1 - \lambda(\tau)) - \sum_{\bar{\tau} \in \bar{C}} \bar{\boldsymbol{X}}(\bar{\tau})\lambda(\bar{\tau}) \geqslant \boldsymbol{0}$$

或

$$\boldsymbol{Y}(\tau)(\lambda(\tau) - 1) + \sum_{\bar{\tau} \in \bar{C}} d\bar{\boldsymbol{Y}}(\bar{\tau})\lambda(\bar{\tau}) \geqslant \boldsymbol{0}.$$

(3) 模型 (DS-C^2W_O) 的最优值大于 1.

(4) 模型 (DS-C^2W_O) 的最优值等于 1, 且对其每个最优解

$$z^0, \lambda(\tau) \geqq 0, \quad \tilde{\lambda} \geqq 0, \quad \lambda(\bar{\tau}) \geqq 0, \ \bar{\tau} \in \bar{C}$$

有

$$\boldsymbol{X}(\tau)(1 - \lambda(\tau)) - \sum_{\bar{\tau} \in \bar{C}} \bar{\boldsymbol{X}}(\bar{\tau})\lambda(\bar{\tau}) \geqslant \boldsymbol{0}$$

或

$$\boldsymbol{Y}(\tau)(\lambda(\tau) - 1) + \sum_{\bar{\tau} \in \bar{C}} d\bar{\boldsymbol{Y}}(\bar{\tau})\lambda(\bar{\tau}) \geqslant \boldsymbol{0}.$$

情形 (1) 中, 最优值

$$\theta^0 = \min \theta < 1,$$

因为

$$\boldsymbol{X}(\tau) > \boldsymbol{0}, \quad \theta^0 < 1,$$

由

$$\boldsymbol{X}(\tau)(\theta - \lambda(\tau)) - \sum_{\bar{\tau} \in \bar{C}} \bar{\boldsymbol{X}}(\bar{\tau})\lambda(\bar{\tau}) \geqq \boldsymbol{0},$$

故

$$\boldsymbol{X}(\tau)(1 - \lambda(\tau)) - \sum_{\bar{\tau} \in \bar{C}} \bar{\boldsymbol{X}}(\bar{\tau})\lambda(\bar{\tau}) \geqslant \boldsymbol{0},$$

因此讨论情形 (2) 即可.

情形 (3) 中, 最优值

$$z^0 = \max z > 1,$$

因为

$$\boldsymbol{Y}(\tau) > \boldsymbol{0}, \quad z^0 > 1,$$

由

$$\boldsymbol{Y}(\tau)(\lambda(\tau) - z) + \sum_{\bar{\tau} \in \bar{C}} d\bar{\boldsymbol{Y}}(\bar{\tau})\lambda(\bar{\tau}) \geqq \boldsymbol{0},$$

故

$$\boldsymbol{Y}(\tau)(\lambda(\tau) - 1) + \sum_{\bar{\tau} \in \bar{C}} d\bar{\boldsymbol{Y}}(\bar{\tau})\lambda(\bar{\tau}) \geqslant \boldsymbol{0},$$

因此讨论情形 (4) 即可.

　　若

$$\boldsymbol{Y}(\tau)(\lambda(\tau) - 1) + \sum_{\bar{\tau} \in \bar{C}} d\bar{\boldsymbol{Y}}(\bar{\tau})\lambda(\bar{\tau}) \geqslant \boldsymbol{0}$$

或

$$\boldsymbol{X}(\tau)(1 - \lambda(\tau)) - \sum_{\bar{\tau} \in \bar{C}} \bar{\boldsymbol{X}}(\bar{\tau})\lambda(\bar{\tau}) \geqslant \boldsymbol{0},$$

可得

$$(-\boldsymbol{X}(\tau), \boldsymbol{Y}(\tau)) \leqslant \left(-\boldsymbol{X}(\tau)\lambda(\tau) - \sum_{\bar{\tau} \in \bar{C}} \bar{\boldsymbol{X}}(\bar{\tau})\lambda(\bar{\tau}), \boldsymbol{Y}(\tau)\lambda(\tau) + \sum_{\bar{\tau} \in \bar{C}} d\bar{\boldsymbol{Y}}(\bar{\tau})\lambda(\bar{\tau}) \right).$$

因为

$$\left(\boldsymbol{X}(\tau)\lambda(\tau) + \sum_{\bar{\tau} \in \bar{C}} \bar{\boldsymbol{X}}(\bar{\tau})\lambda(\bar{\tau}), \boldsymbol{Y}(\tau)\lambda(\tau) + \sum_{\bar{\tau} \in \bar{C}} d\bar{\boldsymbol{Y}}(\bar{\tau})\lambda(\bar{\tau}) \right) \in T'(d),$$

所以 $(\boldsymbol{X}(\tau), \boldsymbol{Y}(\tau))$ 不是规划 (VP) 的 Pareto 有效解.

　　反之, 若 $(\boldsymbol{X}(\tau), \boldsymbol{Y}(\tau))$ 不是规划 (VP) 的 Pareto 有效解, 则存在

$$(\boldsymbol{X}, \boldsymbol{Y}) \in T'(d),$$

使得

$$(-\boldsymbol{X}(\tau), \boldsymbol{Y}(\tau)) \leqslant (-\boldsymbol{X}, \boldsymbol{Y}).$$

因为

$$(\boldsymbol{X}, \boldsymbol{Y}) \in T'(d),$$

所以存在

$$\lambda(\bar{\tau}) \geqq 0, \ \bar{\tau} \in \bar{C}, \quad \lambda(\tau) \geqq 0, \quad \tilde{\lambda} \geqq 0,$$

使得

$$\boldsymbol{X} \geqq \boldsymbol{X}(\tau)\lambda(\tau) + \sum_{\bar{\tau} \in \bar{C}} \bar{\boldsymbol{X}}(\bar{\tau})\lambda(\bar{\tau}),$$

$$\boldsymbol{Y} \leqq \boldsymbol{Y}(\tau)\lambda(\tau) + \sum_{\bar{\tau}\in\bar{C}} d\bar{\boldsymbol{Y}}(\bar{\tau})\lambda(\bar{\tau}),$$

$$\delta_1\bigg(\sum_{\bar{\tau}\in\bar{C}}\lambda(\bar{\tau}) + \lambda(\tau) - \delta_2(-1)^{\delta_3}\tilde{\lambda}\bigg) = \delta_1,$$

从而

$$\boldsymbol{X}(\tau) \geqq \boldsymbol{X} \geqq \boldsymbol{X}(\tau)\lambda(\tau) + \sum_{\bar{\tau}\in\bar{C}} \bar{\boldsymbol{X}}(\bar{\tau})\lambda(\bar{\tau}),$$

$$\boldsymbol{Y}(\tau) \leqq \boldsymbol{Y} \leqq \boldsymbol{Y}(\tau)\lambda(\tau) + \sum_{\bar{\tau}\in\bar{C}} d\bar{\boldsymbol{Y}}(\bar{\tau})\lambda(\bar{\tau}),$$

并且至少有一个不等式严格成立. 整理得

$$\boldsymbol{X}(\tau)(1-\lambda(\tau)) - \sum_{\bar{\tau}\in\bar{C}} \bar{\boldsymbol{X}}(\bar{\tau})\lambda(\bar{\tau}) \geqq \boldsymbol{0}$$

或

$$\boldsymbol{Y}(\tau)(\lambda(\tau)-1) + \sum_{\bar{\tau}\in\bar{C}} d\bar{\boldsymbol{Y}}(\bar{\tau})\lambda(\bar{\tau}) \geqq \boldsymbol{0},$$

并且至少有一个不等式严格成立.

易验证

$$\lambda(\bar{\tau}) \geqq 0,\ \bar{\tau}\in\bar{C}, \quad \lambda(\tau)\geqq 0, \quad \tilde{\lambda}\geqq 0, \quad \theta^0=1$$

是规划 (DS-C²W_I) 的可行解, 由定理 3.4 可知, 决策单元 $(\boldsymbol{X}(\tau),\boldsymbol{Y}(\tau))$ 不是 G-DEA$_d$ 有效.

同样, 易验证

$$\lambda(\bar{\tau}) \geqq 0,\ \bar{\tau}\in\bar{C}, \quad \lambda(\tau)\geqq 0, \quad \tilde{\lambda}\geqq 0, \quad z^0=1$$

是规划 (DS-C²W_O) 的可行解, 由定理 3.4 可知, 决策单元 $(\boldsymbol{X}(\tau),\boldsymbol{Y}(\tau))$ 不是 G-DEA$_d$ 有效.

考虑多目标规划问题 (SVP)

$$(\text{SVP})\begin{cases} \max\ (-X_1,-X_2,\cdots,-X_m,Y_1,Y_2,\cdots,Y_s), \\ \text{s.t.}\ (\boldsymbol{X},\boldsymbol{Y})\in T(d). \end{cases}$$

其中 $\boldsymbol{X}=(X_1,X_2,\cdots,X_m)^{\mathrm{T}}, \boldsymbol{Y}=(Y_1,Y_2,\cdots,Y_s)^{\mathrm{T}}$.

定理3.7 决策单元 $(\boldsymbol{X}(\tau),\boldsymbol{Y}(\tau))$ 为 G-DEA$_d$ 无效当且仅当 $(\boldsymbol{X}(\tau),\boldsymbol{Y}(\tau))\in T(d)$ 且 $(\boldsymbol{X}(\tau),\boldsymbol{Y}(\tau))$ 不是规划 (SVP) 的 Pareto 有效解.

证明　若决策单元 $(\boldsymbol{X}(\tau), \boldsymbol{Y}(\tau))$ 为 G-DEA$_d$ 无效, 由定理 3.6 知 $(\boldsymbol{X}(\tau), \boldsymbol{Y}(\tau))$ 不是 (VP) 的 Pareto 有效解. 则存在

$$(\boldsymbol{X}, \boldsymbol{Y}) \in T'(d),$$

使得

$$(-\boldsymbol{X}(\tau), \boldsymbol{Y}(\tau)) \leqslant (-\boldsymbol{X}, \boldsymbol{Y}).$$

因为

$$(\boldsymbol{X}, \boldsymbol{Y}) \in T'(d),$$

所以存在

$$\lambda(\bar{\tau}) \geqq 0, \quad \bar{\tau} \in \bar{C}, \quad \lambda(\tau) \geqq 0, \quad \tilde{\lambda} \geqq 0,$$

使得

$$\boldsymbol{X} \geqq \boldsymbol{X}(\tau)\lambda(\tau) + \sum_{\bar{\tau} \in \bar{C}} \bar{\boldsymbol{X}}(\bar{\tau})\lambda(\bar{\tau}),$$

$$\boldsymbol{Y} \leqq \boldsymbol{Y}(\tau)\lambda(\tau) + \sum_{\bar{\tau} \in \bar{C}} d\bar{\boldsymbol{Y}}(\bar{\tau})\lambda(\bar{\tau}),$$

$$\delta_1\left(\sum_{\bar{\tau} \in \bar{C}} \lambda(\bar{\tau}) + \lambda(\tau) - \delta_2(-1)^{\delta_3}\tilde{\lambda} \right) = \delta_1,$$

从而

$$\begin{cases} \boldsymbol{X}(\tau) \geqq \boldsymbol{X}(\tau)\lambda(\tau) + \displaystyle\sum_{\bar{\tau} \in \bar{C}} \bar{\boldsymbol{X}}(\bar{\tau})\lambda(\bar{\tau}), \\[2mm] \boldsymbol{Y}(\tau) \leqq \boldsymbol{Y}(\tau)\lambda(\tau) + \displaystyle\sum_{\bar{\tau} \in \bar{C}} d\bar{\boldsymbol{Y}}(\bar{\tau})\lambda(\bar{\tau}), \\[2mm] \delta_1\left(\displaystyle\sum_{\bar{\tau} \in \bar{C}} \lambda(\bar{\tau}) + \lambda(\tau) - \delta_2(-1)^{\delta_3}\tilde{\lambda} \right) = \delta_1, \end{cases} \qquad (*)$$

且至少有一个不等式严格成立.

　　若

$$\lambda(\tau) > 1,$$

因为

$$\boldsymbol{X}(\tau) > \boldsymbol{0},$$

则有

$$\boldsymbol{0} > \boldsymbol{X}(\tau)(1 - \lambda(\tau)) \geqq \sum_{\bar{\tau} \in \bar{C}} \bar{\boldsymbol{X}}(\bar{\tau})\lambda(\bar{\tau}),$$

这与 $\displaystyle\sum_{\bar{\tau} \in \bar{C}} \bar{\boldsymbol{X}}(\bar{\tau})\lambda(\bar{\tau}) \geqq \boldsymbol{0}$ 矛盾.

若
$$\lambda(\tau) = 1,$$

由 $\bar{\boldsymbol{X}}(\bar{\tau}) > \boldsymbol{0}$ 及式 $(*)$ 可知
$$\lambda(\bar{\tau}) = 0, \ \bar{\tau} \in \bar{C},$$

从而有
$$\boldsymbol{X}(\tau) = \boldsymbol{X}(\tau)\lambda(\tau) + \sum_{\bar{\tau} \in \bar{C}} \bar{\boldsymbol{X}}(\bar{\tau})\lambda(\bar{\tau}),$$

$$\boldsymbol{Y}(\tau) = \boldsymbol{Y}(\tau)\lambda(\tau) + \sum_{\bar{\tau} \in \bar{C}} d\bar{\boldsymbol{Y}}(\bar{\tau})\lambda(\bar{\tau}),$$

这与式 $(*)$ 中至少有一个不等式严格成立矛盾.

综上,
$$\lambda(\tau) < 1.$$

令
$$\bar{\lambda}(\bar{\tau}) = \frac{\lambda(\bar{\tau})}{1 - \lambda(\tau)},$$

$$\bar{\tilde{\lambda}} = \frac{\tilde{\lambda}}{1 - \lambda(\tau)},$$

则由式 $(*)$ 有
$$\boldsymbol{X}(\tau) \geqq \sum_{\bar{\tau} \in \bar{C}} \bar{\boldsymbol{X}}(\bar{\tau})\bar{\lambda}(\bar{\tau}),$$

$$\boldsymbol{Y}(\tau) \leqq \sum_{\bar{\tau} \in \bar{C}} d\bar{\boldsymbol{Y}}(\bar{\tau})\bar{\lambda}(\bar{\tau}),$$

$$\delta_1 \left(\sum_{\bar{\tau} \in \bar{C}} \bar{\lambda}(\bar{\tau}) - \delta_2(-1)^{\delta_3}\bar{\tilde{\lambda}} \right) = \delta_1,$$

且至少有一个不等式严格成立. 所以
$$(\boldsymbol{X}(\tau), \boldsymbol{Y}(\tau)) \in T(d)$$

且 $(\boldsymbol{X}(\tau), \boldsymbol{Y}(\tau))$ 不是规划 (SVP) 的 Pareto 有效解.

反之, 若 $(\boldsymbol{X}(\tau), \boldsymbol{Y}(\tau))$ 不是规划 (SVP) 的 Pareto 有效解, 则存在
$$(\boldsymbol{X}, \boldsymbol{Y}) \in T(d),$$

使得
$$(-\boldsymbol{X}(\tau), \boldsymbol{Y}(\tau)) \leqslant (-\boldsymbol{X}, \boldsymbol{Y}).$$

因为
$$(\boldsymbol{X}, \boldsymbol{Y}) \in T(d),$$

所以存在

$$\lambda(\bar{\tau}) \geqq 0, \quad \bar{\tau} \in \bar{C}, \quad \lambda(\tau) \geqq 0, \quad \tilde{\lambda} \geqq 0,$$

使得

$$\boldsymbol{X}(\tau) \geqq \boldsymbol{X} \geqq \sum_{\bar{\tau} \in \bar{C}} \bar{\boldsymbol{X}}(\bar{\tau})\lambda(\bar{\tau}),$$

$$\boldsymbol{Y}(\tau) \leqq \boldsymbol{Y} \leqq \sum_{\bar{\tau} \in \bar{C}} d\bar{\boldsymbol{Y}}(\bar{\tau})\lambda(\bar{\tau}),$$

$$\delta_1\left(\sum_{\bar{\tau} \in \bar{C}} \lambda(\bar{\tau}) - \delta_2(-1)^{\delta_3}\tilde{\lambda}\right) = \delta_1,$$

且至少有一个不等式严格成立.

令

$$\lambda(\tau) = 0,$$

则

$$\left(\sum_{\bar{\tau} \in \bar{C}} \bar{\boldsymbol{X}}(\bar{\tau})\lambda(\bar{\tau}), \sum_{\bar{\tau} \in \bar{C}} d\bar{\boldsymbol{Y}}(\bar{\tau})\lambda(\bar{\tau})\right)$$

$$= \left(\boldsymbol{X}(\tau)\lambda(\tau) + \sum_{\bar{\tau} \in \bar{C}} \bar{\boldsymbol{X}}(\bar{\tau})\lambda(\bar{\tau}), \boldsymbol{Y}(\tau)\lambda(\tau) + \sum_{\bar{\tau} \in \bar{C}} d\bar{\boldsymbol{Y}}(\bar{\tau})\lambda(\bar{\tau})\right) \in T'(d),$$

所以 $(\boldsymbol{X}(\tau), \boldsymbol{Y}(\tau))$ 不是规划 (VP) 的 Pareto 有效解.

由定理 3.6 可知, 决策单元 $(\boldsymbol{X}(\tau), \boldsymbol{Y}(\tau))$ 为 G-DEA$_d$ 无效.

推论3.8　决策单元 $(\boldsymbol{X}(\tau), \boldsymbol{Y}(\tau))$ 为 G-DEA$_d$ 有效当且仅当

$$(\boldsymbol{X}(\tau), \boldsymbol{Y}(\tau)) \notin T(d)$$

或 $(\boldsymbol{X}(\tau), \boldsymbol{Y}(\tau))$ 是规划 (SVP) 的 Pareto 有效解.

3.2　无效决策单元的投影

下面给出加性广义 DEA 模型 (S-C²W$_A$) 与 (DS-C²W$_A$):

$$(\text{S-C}^2\text{W}_A)\begin{cases} \min \boldsymbol{\omega}^{\mathrm{T}}\boldsymbol{X}(\tau) - \boldsymbol{\mu}^{\mathrm{T}}\boldsymbol{Y}(\tau) - \delta_1\mu_0, \\ \text{s.t. } \boldsymbol{\omega}^{\mathrm{T}}\boldsymbol{X}(\tau) - \boldsymbol{\mu}^{\mathrm{T}}\boldsymbol{Y}(\tau) - \delta_1\mu_0 \geqq 0, \\ \quad \boldsymbol{\omega}^{\mathrm{T}}\bar{\boldsymbol{X}}(\bar{\tau}) - \boldsymbol{\mu}^{\mathrm{T}}d\bar{\boldsymbol{Y}}(\bar{\tau}) - \delta_1\mu_0 \geqq 0, \bar{\tau} \in \bar{C}, \\ \quad \boldsymbol{\omega} \geqq \boldsymbol{e}, \boldsymbol{\mu} \geqq \hat{\boldsymbol{e}}, \\ \quad \delta_1\delta_2(-1)^{\delta_3}\mu_0 \geqq 0, \end{cases}$$

$$(\text{DS-C}^2\text{W}_\text{A}) \begin{cases} \max \boldsymbol{e}^\text{T}\boldsymbol{s}^+ + \hat{\boldsymbol{e}}^\text{T}\boldsymbol{s}^-, \\ \text{s.t. } \boldsymbol{X}(\tau)(1-\lambda(\tau)) - \sum_{\bar{\tau}\in\bar{C}} \bar{\boldsymbol{X}}(\bar{\tau})\lambda(\bar{\tau}) - \boldsymbol{s}^+ = \boldsymbol{0}, \\ \boldsymbol{Y}(\tau)(\lambda(\tau)-1) + \sum_{\bar{\tau}\in\bar{C}} d\bar{\boldsymbol{Y}}(\bar{\tau})\lambda(\bar{\tau}) - \boldsymbol{s}^- = \boldsymbol{0}, \\ \delta_1\bigg(\sum_{\bar{\tau}\in\bar{C}} \lambda(\bar{\tau}) + \lambda(\tau) - \delta_2(-1)^{\delta_3}\tilde{\lambda}\bigg) = \delta_1, \\ \boldsymbol{s}^+ \geqq \boldsymbol{0}, \boldsymbol{s}^- \geqq \boldsymbol{0}, \lambda(\bar{\tau}) \geqq 0, \bar{\tau}\in\bar{C}, \tilde{\lambda} \geqq 0, \theta \in E^1, \end{cases}$$

其中

$$\boldsymbol{s}^- = (s_1^-, s_2^-, \cdots, s_m^-)^\text{T},$$
$$\boldsymbol{s}^+ = (s_1^+, s_2^+, \cdots, s_s^+)^\text{T},$$
$$\boldsymbol{e} = (1,1,\cdots,1)^\text{T} \in E^m,$$
$$\hat{\boldsymbol{e}} = (1,1,\cdots,1)^\text{T} \in E^s.$$

定理3.9 决策单元 $(\boldsymbol{X}(\tau), \boldsymbol{Y}(\tau))$ 为 G-DEA$_d$ 有效当且仅当 $(\text{DS-C}^2\text{W}_\text{A})$ 的最优值等于 0.

证明 决策单元 $(\boldsymbol{X}(\tau), \boldsymbol{Y}(\tau))$ 为 G-DEA$_d$ 有效当且仅当 $(\boldsymbol{X}(\tau), \boldsymbol{Y}(\tau))$ 是 (VP) 的 Pareto 有效解. 当且仅当不存在

$$(\boldsymbol{X}, \boldsymbol{Y}) \in T'(d),$$

有

$$\boldsymbol{X} \leqq \boldsymbol{X}(\tau), \quad \boldsymbol{Y} \geqq \boldsymbol{Y}(\tau),$$

且至少有一个不等式严格成立. 当且仅当不存在

$$\lambda(\bar{\tau}) \geqq 0, \ \bar{\tau}\in\bar{C}, \quad \lambda(\tau) \geqq 0, \quad \tilde{\lambda} \geqq 0,$$

满足

$$\boldsymbol{X}(\tau) \geqq \boldsymbol{X} \geqq \boldsymbol{X}(\tau)\lambda(\tau) + \sum_{\bar{\tau}\in\bar{C}} \bar{\boldsymbol{X}}(\bar{\tau})\lambda(\bar{\tau}),$$
$$\boldsymbol{Y}(\tau) \leqq \boldsymbol{Y} \leqq \boldsymbol{Y}(\tau)\lambda(\tau) + \sum_{\bar{\tau}\in\bar{C}} d\bar{\boldsymbol{Y}}(\bar{\tau})\lambda(\bar{\tau}),$$
$$\delta_1\bigg(\sum_{\bar{\tau}\in\bar{C}} \lambda(\bar{\tau}) + \lambda(\tau) - \delta_2(-1)^{\delta_3}\tilde{\lambda}\bigg) = \delta_1,$$

且至少有一个不等式严格成立. 当且仅当不存在

$$\lambda(\bar{\tau}) \geqq 0, \ \bar{\tau}\in\bar{C}, \quad \lambda(\tau) \geqq 0, \quad \tilde{\lambda} \geqq 0, \quad (\boldsymbol{s}^-, \boldsymbol{s}^+) \geqq \boldsymbol{0}$$

满足

$$\boldsymbol{X}(\tau)\lambda(\tau) + \sum_{\bar{\tau}\in\bar{C}} \bar{\boldsymbol{X}}(\bar{\tau})\lambda(\bar{\tau}) + \boldsymbol{s}^+ = \boldsymbol{X}(\tau),$$

$$\boldsymbol{Y}(\tau)\lambda(\tau) + \sum_{\bar{\tau}\in\bar{C}} d\bar{\boldsymbol{Y}}(\bar{\tau})\lambda(\bar{\tau}) - \boldsymbol{s}^- = \boldsymbol{Y}(\tau),$$

$$\delta_1\left(\sum_{\bar{\tau}\in\bar{C}}\lambda(\bar{\tau}) + \lambda(\tau) - \delta_2(-1)^{\delta_3}\tilde{\lambda}\right) = \delta_1$$

成立, 当且仅当 $(\text{DS-C}^2\text{W}_\text{A})$ 的最优值等于 0.

定义3.3　设决策单元 $(\boldsymbol{X}(\tau),\boldsymbol{Y}(\tau))$ 为 G-DEA$_d$ 无效, 规划 $(\text{DS-C}^2\text{W}_\text{A})$ 的最优解为

$$\lambda(\bar{\tau}),\ \bar{\tau}\in\bar{C},\quad \lambda(\tau),\quad \tilde{\lambda},\quad \boldsymbol{s}^-,\quad \boldsymbol{s}^+,$$

则称

$$(\boldsymbol{X}(\tau)-\boldsymbol{s}^+,\boldsymbol{Y}(\tau)+\boldsymbol{s}^-)$$

为 $(\boldsymbol{X}(\tau),\boldsymbol{Y}(\tau))$ 在伴随生产可能集的有效生产前沿面上的**投影**.

定理3.10　若决策单元 $(\boldsymbol{X}(\tau),\boldsymbol{Y}(\tau))$ 为 G-DEA$_d$ 无效, 则其投影

$$(\boldsymbol{X}(\tau)-\boldsymbol{s}^+,\boldsymbol{Y}(\tau)+\boldsymbol{s}^-)$$

为 G-DEA$_d$ 有效.

证明　令

$$\hat{\boldsymbol{X}} = \boldsymbol{X}(\tau)-\boldsymbol{s}^+,$$

$$\hat{\boldsymbol{Y}} = \boldsymbol{Y}(\tau)+\boldsymbol{s}^-.$$

假设 $(\hat{\boldsymbol{X}},\hat{\boldsymbol{Y}})$ 为 G-DEA$_d$ 无效, 则由定义 3.2 可知存在

$$(\boldsymbol{X},\boldsymbol{Y})\in T(d),$$

使得

$$\hat{\boldsymbol{X}} \geqq \boldsymbol{X},\quad \hat{\boldsymbol{Y}} \leqq \boldsymbol{Y},$$

且至少有一个不等式严格成立. 即存在

$$\lambda'(\bar{\tau}) \geqq 0,\ \bar{\tau}\in\bar{C},\quad \tilde{\lambda}' \geqq 0,$$

$$\delta_1\left(\sum_{\bar{\tau}\in\bar{C}}\lambda'(\bar{\tau}) - \delta_2(-1)^{\delta_3}\tilde{\lambda}'\right) = \delta_1,$$

使得

$$\boldsymbol{X}(\tau) - \boldsymbol{s}^+ = \hat{\boldsymbol{X}} \geqq \boldsymbol{X} \geqq \sum_{\bar{\tau} \in \bar{C}} \bar{\boldsymbol{X}}(\bar{\tau}) \lambda'(\bar{\tau}),$$

$$\boldsymbol{Y}(\tau) + \boldsymbol{s}^- = \hat{\boldsymbol{Y}} \leqq \boldsymbol{Y} \leqq \sum_{\bar{\tau} \in \bar{C}} d\bar{\boldsymbol{Y}}(\bar{\tau}) \lambda'(\bar{\tau}),$$

且至少有一个不等式严格成立.

取

$$\boldsymbol{s}^{+*} = \boldsymbol{X}(\tau) - \boldsymbol{X}(\tau)\lambda'(\tau) - \sum_{\bar{\tau} \in \bar{C}} \bar{\boldsymbol{X}}(\bar{\tau})\lambda'(\bar{\tau}),$$

$$\boldsymbol{s}^{-*} = -\boldsymbol{Y}(\tau) + \boldsymbol{Y}(\tau)\lambda'(\tau) + \sum_{\bar{\tau} \in \bar{C}} d\bar{\boldsymbol{Y}}(\bar{\tau})\lambda'(\bar{\tau}),$$

$$\lambda'(\tau) = 0,$$

可知

$$\boldsymbol{s}^{-*}, \quad \boldsymbol{s}^{+*}, \quad \lambda'(\bar{\tau}), \bar{\tau} \in \bar{C}, \quad \lambda'(\tau), \quad \tilde{\lambda}'$$

为 (DS-C^{2}W$_A$) 的可行解, 且

$$\boldsymbol{s}^- \leqq \boldsymbol{s}^{-*}, \quad \boldsymbol{s}^+ \leqq \boldsymbol{s}^{+*},$$

且至少有一个不等式严格成立, 从而

$$\hat{\boldsymbol{e}}^{\mathrm{T}} \boldsymbol{s}^- + \boldsymbol{e}^{\mathrm{T}} \boldsymbol{s}^+ < \hat{\boldsymbol{e}}^{\mathrm{T}} \boldsymbol{s}^{-*} + \boldsymbol{e}^{\mathrm{T}} \boldsymbol{s}^{+*},$$

这与

$$\lambda(\bar{\tau}), \bar{\tau} \in \bar{C}, \quad \lambda(\tau), \quad \tilde{\lambda}, \quad \boldsymbol{s}^-, \quad \boldsymbol{s}^+$$

为 (DS-C^{2}W$_A$) 的最优解矛盾.

通过无效单元的投影可以给出决策单元无效的原因和改进方向.

3.3 利用广义数据包络分析的排序方法

在图 3.7 中, "•" 表示样本单元, "■" 表示决策单元. 图 3.7 表示的是单输入单输出前提下, 当 $\delta_1 = 1, \delta_2 = 0, \bar{C}$ 为有限集时, 即基于 BC^2 模型的广义 DEA 模型的生产可能集, 以及样本单元生产前沿面的 d 移动. 在图 3.7 中, a, b, c, d, e 表示五个样本单元, A, B, C, D, E 表示五个决策单元. 图 3.7 表示的是单输入单输出前提下, 当 $\delta_1 = 1, \delta_2 = 0$ 时, 即基于 BC^2 模型的广义 DEA 模型的生产可能集, 以及样本单元生产前沿面的 d 移动.

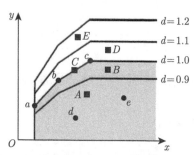

图 3.7　相对于输出的样本前沿面的 d 移动 (当 $\delta_1 = 1, \delta_2 = 0$ 时)

在图 3.7 中可见当 $d = 1$ 时, 样本单元 a, b, c 构成了样本生产前沿面, 决策单元 C, D, E 都为 G-DEA$_1$ 有效, 决策单元 A, B 为 G-DEA$_1$ 无效. 决策单元 C 恰好处在样本单元构成的生产前沿面上, 决策单元 D, E 不属于 $T(1)$.

通过参数值 d 的选择, 可以进一步比较各 G-DEA$_1$ 有效的决策单元之间的有效性强弱. 例如, 取步长 $d^+ = 0.1$, 则有决策单元 E 为 G-DEA$_{1.1}$ 有效, 而决策单元 C, D 均为 G-DEA$_{1.1}$ 无效. 可以看出决策单元 E 的有效性要强于决策单元 C, D 的有效性. 在步长 $d^+ = 0.1$ 情形下, 无法进一步比较决策单元 C, D 之间的有效性强弱. 这时可以减小步长 d^+, 直到可以比较出二者之间的有效性强弱, 决策单元 D 的有效性要强于决策单元 C.

同样对无效单元也可以通过参数值 d 的选择来比较无效性的强弱. 决策单元 B 为 G-DEA$_{0.9}$ 有效, 决策单元 A 为 G-DEA$_{0.9}$ 无效, 所以决策单元 B 的有效性要强于决策单元 A.

可知这五个决策单元的有效性排序为 $A < B < C < D < E$.

利用参数值 d 进行排序比在模型 (DS-C^2W_I) 和 (DS-C^2W_O) 中令 $d = 1$ 情形下比较最优值的大小进行排序要更加细致. 比如当 $\delta_1 = 1, \delta_2 = 0, d = 1$ 时, 利用 (DS-C^2W_I) 或 (DS-C^2W_O) 评价决策单元 C, D 的有效性, 二者的最优值都为 1, 均为 G-DEA$_1$ 有效, 二者有效性无差别. 如前所述, 引进参数值 d 则可进一步比较.

3.4　算　　例

对第 2 章算例进行计算说明. 相对于 3 家样本企业的相应指标数据 (表 2.1 和表 2.2), 应用 (DS-C^2W_I) 和 (DS-C^2W_O) 对某 6 家决策企业进行评价和排序.

以基于 BC^2 模型时为例, 考虑 6 个决策单元的有效性排序, 步长取 $d^+ = 0.1$. 表 3.1 给出了面向输入的决策单元相对于样本前沿面 d 移动评价的最优值.

表 3.2 给出了面向输出的决策单元相对于样本前沿面 d 移动评价的最优值.

通过计算可知, 不论利用 (DS-C^2W_I) 还是 (DS-C^2W_O) 所得排序结果是一致的, 有效性排序均为 DMU1>DMU2>DMU3>DMU4>DMU6>DMU5.

表 3.1 相对 d 移动的决策企业最优值 (DS-C^{2}W$_I$)

d	0.7	0.8	0.9	1	1.1	1.2	1.3
1	—	—	—	1	1	1	1
2	—	—	—	1	1	1	0.896827
3	—	—	—	1	0.938602	—	—
4	—	—	1	0.737727	—	—	—
5	0.767631	0.693626	0.636067	0.591613	—	—	—
6	1	0.743079	0.674451	0.619548	—	—	—

表 3.2 相对 d 移动的决策企业最优值 (DS-C^{2}W$_O$)

d	0.7	0.8	0.9	1	1.1	1.2	1.3
1	—	—	—	1	1	1	1
2	—	—	—	1	1	1	1.01350
3	—	—	—	1	1.01643	—	—
4	—	—	1	1.07769	—	—	—
5	1.39249	1.59142	1.79034	1.98927	—	—	—
6	1	1.0894	1.22168	1.35742	—	—	—

3.5 结 束 语

本章给出了基于 C^{2}W 模型的面向输出的广义 DEA 模型, 从面向输入和面向输出两个角度完善了基于 C^{2}W 模型的广义 DEA 模型, 解决了广义 DEA 有效的判定, 探讨了基于 C^{2}W 模型的广义 DEA 模型与传统 C^{2}W 模型之间的关系, 广义 DEA 有效与相应多目标规划的 Pareto 有效之间的关系, 决策单元的投影性质, 以及决策单元的有效性排序问题.

第 4 章 基于 C^2WY 模型的广义数据包络分析方法

如果将评价的参照集分成决策单元集和非决策单元集两类, 那么传统的 DEA 方法只能给出相对于决策单元集的信息, 而无法依据任何非决策单元集进行评价, 这使得 DEA 方法在众多评价问题中的应用受到限制. 本章针对传统 DEA 方法无法依据指定参考集提供评价信息的弱点, 给出了基于 C^2WY 模型的面向输入和面向输出的综合广义 DEA 模型 (Sam-C^2WY_I) 和 (Sam-C^2WY_O) 及其相应的广义 DEA 有效性概念, 分析了 (Sam-C^2WY_I) 模型和 (Sam-C^2WY_O) 模型的性质以及它们与传统 DEA 模型之间的关系, 探讨了 (Sam-C^2WY_I) 模型和 (Sam-C^2WY_O) 模型刻画的广义 DEA 有效性与相应的多目标规划非支配解之间的关系, 进而, 分析了决策单元在样本可能集中的分布特征、投影性质等问题. (Sam-C^2WY_I) 模型和 (Sam-C^2WY_O) 模型不仅具有传统 C^2WY 模型的全部性质, 而且还能依据任意指定的参考单元集进行评价.

4.1 综合的广义数据包络分析模型

根据评价的参照系的不同, 可以将评价问题分成两类: ① 群体内部比较; ② 与群体外部比较. 应用传统的 DEA 方法可以评价第一类问题, 却不能评价第二类问题. 由于和第一类问题相比, 第二类问题在整个综合评价体系中具有同样重要地位. 因此, 探讨能够评价第二类问题的 DEA 方法是十分必要的. 比如, (a) 几个参与国际竞争的企业, 除了需要知道这几个企业之间的比较信息外, 还需要知道和国际企业或标准的差距; (b) 在由计划经济向市场经济转型时, 比较的目的不是看哪个企业有效, 而是要寻找按市场经济配置的改革样板; (c) 和每个单元都进行比较不仅浪费时间和资源, 还可能是没有意义的, 比如某个高考考生没必要把自己的成绩和全国每个考生都比较一遍, 只需要和特定的人群和标准比较即可, 这不仅可以获得更有针对性的决策信息, 还可以从参考对象本身获得更多的信息. 为了解决 DEA 方法在评价第二类问题中遇到的困难, 以下给出了一种综合的广义数据包络分析方法. 该方法不仅包含了几乎全部经典的 DEA 模型, 更重要的是它能同时评价上述两类问题.

假设决策单元的特征可由 m 种输入和 s 种输出指标表示, 对某个决策单元

$\tau(\tau \in C)$, 它的输入指标值为

$$\boldsymbol{X}(\tau) = (X_1(\tau), X_2(\tau), \cdots, X_m(\tau))^{\mathrm{T}},$$

输出指标值为

$$\boldsymbol{Y}(\tau) = (Y_1(\tau), Y_2(\tau), \cdots, Y_s(\tau))^{\mathrm{T}},$$

其中 C 为决策单元的指标集, 是一个有界闭集.

令

$$T_{\mathrm{DMU}} = \{(\boldsymbol{X}(\tau), \boldsymbol{Y}(\tau)) | \tau \in C\},$$

称 T_{DMU} 为决策单元集.

以下把用于决策的参照对象统一称为样本单元. 显然, 根据决策者的评价目标不同, 样本单元可能是全部或部分决策单元, 也可能是决策单元之外的单元. 对于某个样本单元 $\bar{\tau}(\bar{\tau} \in \bar{C})$, 假设它的输入指标值为

$$\bar{\boldsymbol{X}}(\bar{\tau}) = (\bar{X}_1(\bar{\tau}), \bar{X}_2(\bar{\tau}), \cdots, \bar{X}_m(\bar{\tau}))^{\mathrm{T}},$$

输出指标值为

$$\bar{\boldsymbol{Y}}(\bar{\tau}) = (\bar{Y}_1(\bar{\tau}), \bar{Y}_2(\bar{\tau}), \cdots, \bar{Y}_s(\bar{\tau}))^{\mathrm{T}},$$

其中 $\bar{C}$ 为样本单元的指标集, 是一有界闭集 (有限或无限).

令

$$T_{\mathrm{SU}} = \{(\bar{\boldsymbol{X}}(\bar{\tau}), \bar{\boldsymbol{Y}}(\bar{\tau})) | \bar{\tau} \in \bar{C}\},$$

称 T_{SU} 为样本单元集.

4.1.1　样本生产可能集的构造与广义 DEA 有效性

根据 DEA 方法构造生产可能集的思想, 由样本单元确定的生产可能集可表示为

$$T = \left\{ (\boldsymbol{X}, \boldsymbol{Y}) \middle| \sum_{\bar{\tau} \in \bar{C}} \bar{\boldsymbol{X}}(\bar{\tau})\lambda(\bar{\tau}) - \boldsymbol{X} \in V^*, \boldsymbol{Y} - \sum_{\bar{\tau} \in \bar{C}} \bar{\boldsymbol{Y}}(\bar{\tau})\lambda(\bar{\tau}) \in U^*, \right.$$
$$\left. \delta_1\left(\sum_{\bar{\tau} \in \bar{C}} \lambda(\bar{\tau}) - \delta_2(-1)^{\delta_3}\tilde{\lambda} \right) = \delta_1, \lambda(\bar{\tau}) \geqq 0, \forall \bar{\tau} \in \bar{C}, \tilde{\lambda} \geqq 0 \right\}.$$

其中

$$\lambda(\bar{\tau}) \in E^1, \quad \boldsymbol{\lambda} = [\lambda(\bar{\tau}) : \bar{\tau} \in \bar{C}] \in S,$$

S 为广义有限序列空间, 向量 λ 只有有限多个不为零的分量. 并且 $\delta_1, \delta_2, \delta_3$ 是取值为 0,1 的参数.

$$\bar{\boldsymbol{X}}(\bar{\tau}), \boldsymbol{X}(\tau) \in \mathrm{int}(-V^*),$$

$$\bar{\boldsymbol{Y}}(\bar{\tau}), \boldsymbol{Y}(\tau) \in \text{int}(-U^*),$$

$$V \subseteq E_+^m, \quad U \subseteq E_+^s,$$

V, U 均为闭凸锥, 并且

$$\text{int} V \neq \varnothing, \quad \text{int} U \neq \varnothing.$$

$(\boldsymbol{X}(\tau), \boldsymbol{Y}(\tau)), (\bar{\boldsymbol{X}}(\bar{\tau}), \bar{\boldsymbol{Y}}(\bar{\tau})), \tau \in C, \bar{\tau} \in \bar{C}$ 为连续的向量函数.

E^1, E^m, E^s 分别表示一维、m 维和 s 维欧氏空间, 即

$$E_+^m = \{\boldsymbol{x} | \boldsymbol{x} \geqq \boldsymbol{0}\} \subset E^m,$$

$$E_+^s = \{\boldsymbol{y} | \boldsymbol{y} \geqq \boldsymbol{0}\} \subset E^s,$$

$$V^* = \{\boldsymbol{x} | \boldsymbol{x}^{\mathrm{T}} \boldsymbol{v} \leqq 0, \forall \boldsymbol{v} \in V\},$$

$$U^* = \{\boldsymbol{y} | \boldsymbol{y}^{\mathrm{T}} \boldsymbol{u} \leqq 0, \forall \boldsymbol{u} \in U\}.$$

由文献 [72,73] 可知一个决策单元为 DEA 有效的充分必要条件是被评价单元的偏好在参考集上达到极大. 由此可以推得: 如果被评价单元的偏好在样本单元集上达到极大, 则认为被评价单元相对于样本单元是有效的. 因此, 可以给出下面的定义.

定义4.1　若不存在

$$(\boldsymbol{X}, \boldsymbol{Y}) \in T,$$

使得

$$(\boldsymbol{X}(\tau), \boldsymbol{Y}(\tau)) \neq (\boldsymbol{X}, \boldsymbol{Y}),$$

$$(\boldsymbol{X}, -\boldsymbol{Y}) \in (\boldsymbol{X}(\tau), -\boldsymbol{Y}(\tau)) + (V^*, U^*),$$

则称 $(\boldsymbol{X}(\tau), \boldsymbol{Y}(\tau))$ 相对于样本生产前沿面有效, 简称**G-DEA 有效**. 反之, 称 $(\boldsymbol{X}(\tau), \boldsymbol{Y}(\tau))$ 为 G-DEA 无效.

为了研究样本生产前沿面的移动对 G-DEA 有效性的影响, 以下给出另一个有效性的概念.

令

$$T(d) = \left\{ (\boldsymbol{X}, \boldsymbol{Y}) \middle| \sum_{\bar{\tau} \in \bar{C}} \bar{\boldsymbol{X}}(\bar{\tau})\lambda(\bar{\tau}) - \boldsymbol{X} \in V^*, \boldsymbol{Y} - \sum_{\bar{\tau} \in \bar{C}} d\bar{\boldsymbol{Y}}(\bar{\tau})\lambda(\bar{\tau}) \in U^*, \right.$$

$$\left. \delta_1 \left(\sum_{\bar{\tau} \in \bar{C}} \lambda(\bar{\tau}) - \delta_2(-1)^{\delta_3}\tilde{\lambda} \right) = \delta_1, \lambda(\bar{\tau}) \geqq 0, \forall \bar{\tau} \in \bar{C}, \tilde{\lambda} \geqq 0 \right\},$$

称 $T(d)$ 为样本单元确定的生产可能集 T 的伴随生产可能集.

这里 d 为正数, 称为移动因子. 通过该因子的变化可以移动 "样本数据包络面", 进而可以对决策单元排序, 划分风险区域, 评价组合效率等.

定义4.2 如果不存在

$$(\boldsymbol{X}, \boldsymbol{Y}) \in T(d),$$

使得

$$(\boldsymbol{X}(\tau), \boldsymbol{Y}(\tau)) \neq (\boldsymbol{X}, \boldsymbol{Y}),$$

$$(\boldsymbol{X}, -\boldsymbol{Y}) \in (\boldsymbol{X}(\tau), -\boldsymbol{Y}(\tau)) + (V^*, U^*),$$

则称 $(\boldsymbol{X}(\tau), \boldsymbol{X}(\tau))$ 相对于样本生产前沿面的 d 移动有效, 简称**G-DEA$_d$ 有效**. 反之, 称 $(\boldsymbol{X}(\tau), \boldsymbol{X}(\tau))$ 为 G-DEA$_d$ 无效.

G-DEA 有效表明被评价单元不劣于 "样本数据包络面" 上的单元, 而 G-DEA$_d$ 有效表明被评价单元不劣于 "被移动后的样本数据包络面" 上的单元.

当 $d = 1$ 时, G-DEA$_d$ 有效即为 G-DEA 有效.

4.1.2 广义数据包络分析模型

根据 G-DEA 有效与 G-DEA$_d$ 有效的概念, 构造基于 C^{2}WY 模型的面向输入和面向输出的广义 DEA 模型**(Sam-C^{2}WY$_I$)**, (DSam-C^{2}WY$_I$), **(Sam-C^{2}WY$_O$)**和 (DSam-C^{2}WY$_O$) 如下所示:

$$(\text{Sam-C}^2\text{WY}_I) \begin{cases} \max \ \boldsymbol{\mu}^{\mathrm{T}}\boldsymbol{Y}(\tau) + \delta_1\mu_0, \\ \text{s.t.} \ \boldsymbol{\omega}^{\mathrm{T}}\bar{\boldsymbol{X}}(\bar{\tau}) - \boldsymbol{\mu}^{\mathrm{T}}d\bar{\boldsymbol{Y}}(\bar{\tau}) - \delta_1\mu_0 \geqq 0, \bar{\tau} \in \bar{C}, \\ \quad \delta_1\delta_2(-1)^{\delta_3}\mu_0 \geqq 0, \\ \quad \boldsymbol{\omega}^{\mathrm{T}}\boldsymbol{X}(\tau) = 1, \\ \quad \boldsymbol{\omega} \in V, \boldsymbol{\mu} \in U, \end{cases}$$

$$(\text{DSam-C}^2\text{WY}_I) \begin{cases} \min \ \theta, \\ \text{s.t.} \ \displaystyle\sum_{\bar{\tau}\in\bar{C}} \bar{\boldsymbol{X}}(\bar{\tau})\lambda(\bar{\tau}) - \theta\boldsymbol{X}(\tau) \in V^*, \\ \quad -\displaystyle\sum_{\bar{\tau}\in\bar{C}} d\bar{\boldsymbol{Y}}(\bar{\tau})\lambda(\bar{\tau}) + \boldsymbol{Y}(\tau) \in U^*, \\ \quad \delta_1\left(\displaystyle\sum_{\bar{\tau}\in\bar{C}} \lambda(\bar{\tau}) - \delta_2(-1)^{\delta_3}\tilde{\lambda}\right) = \delta_1, \\ \quad \lambda(\bar{\tau}) \geqq 0, \bar{\tau} \in \bar{C}, \tilde{\lambda} \geqq 0. \end{cases}$$

$$(\text{Sam-C}^2\text{WY}_\text{O})\begin{cases} \min \ \boldsymbol{\omega}^\text{T}\boldsymbol{X}(\tau) - \delta_1\mu_0, \\ \text{s.t.} \ \boldsymbol{\omega}^\text{T}\bar{\boldsymbol{X}}(\bar{\tau}) - \boldsymbol{\mu}^\text{T}d\bar{\boldsymbol{Y}}(\bar{\tau}) - \delta_1\mu_0 \geqq 0, \bar{\tau} \in \bar{C}, \\ \delta_1\delta_2(-1)^{\delta_3}\mu_0 \geqq 0, \\ \boldsymbol{\mu}^\text{T}\boldsymbol{Y}(\tau) = 1, \\ \boldsymbol{\omega} \in V, \boldsymbol{\mu} \in U, \end{cases}$$

$$(\text{DSam-C}^2\text{WY}_\text{O})\begin{cases} \max \ z, \\ \text{s.t.} \ \sum_{\bar{\tau}\in\bar{C}} \bar{\boldsymbol{X}}(\bar{\tau})\lambda(\bar{\tau}) - \boldsymbol{X}(\tau) \in V^*, \\ -\sum_{\bar{\tau}\in\bar{C}} d\bar{\boldsymbol{Y}}(\bar{\tau})\lambda(\bar{\tau}) + z\boldsymbol{Y}(\tau) \in U^*, \\ \delta_1\Big(\sum_{\bar{\tau}\in\bar{C}} \lambda(\bar{\tau}) - \delta_2(-1)^{\delta_3}\tilde{\lambda} \Big) = \delta_1, \\ \lambda(\bar{\tau}) \geqq 0, \bar{\tau} \in \bar{C}, \tilde{\lambda} \geqq 0, \end{cases}$$

其中 $\delta_1, \delta_2, \delta_3$ 为可以取值为 0, 1 的参数.

引理4.1 [4]　若 S 为凸锥, $\boldsymbol{x} \in \text{int}S, a > 0$, 则

$$\boldsymbol{x} + S \subset \text{int}S, \quad a\boldsymbol{x} \in \text{int}S.$$

引理4.2 [4]　若 S 为闭凸锥, $\text{int}S \neq \varnothing, S^*$ 为 S 的负极锥, $\boldsymbol{x}$ 和 $\boldsymbol{y}$ 是一个向量, 则

$$\text{int}S = \{\boldsymbol{x}|\boldsymbol{x}^\text{T}\boldsymbol{y} < 0, \forall \boldsymbol{y} \in S^* \setminus \{\boldsymbol{0}\}\}.$$

引理4.3 [4]　若 S 为闭凸锥, $\text{int}S \neq \varnothing$, 则

(1) S^* 为凸锥;

(2) $S^* \cap (-S^*) = \{\boldsymbol{0}\}$;

(3) 若 $\boldsymbol{x} \in S^* \setminus \{\boldsymbol{0}\}, \boldsymbol{y} \in S^*$, 则 $\boldsymbol{x} + \boldsymbol{y} \in S^* \setminus \{\boldsymbol{0}\}$.

定理4.4　以下三个命题两两等价:

(1) $(\boldsymbol{X}(\tau), \boldsymbol{Y}(\tau))$ 为 G-DEA$_d$ 无效;

(2) $(\text{DSam-C}^2\text{WY}_\text{I})$ 存在可行解

$$\bar{\lambda}(\bar{\tau}), \ \bar{\tau} \in \bar{C}, \quad \bar{\bar{\lambda}}, \quad \theta,$$

使得

$$\sum_{\bar{\tau}\in\bar{C}} \bar{\boldsymbol{X}}(\bar{\tau})\bar{\lambda}(\bar{\tau}) - \boldsymbol{X}(\tau) \in V^*,$$

$$-\sum_{\bar{\tau}\in\bar{C}} d\bar{\boldsymbol{Y}}(\bar{\tau})\bar{\lambda}(\bar{\tau}) + \boldsymbol{Y}(\tau) \in U^*,$$

且

$$\sum_{\bar{\tau} \in \bar{C}} \bar{\boldsymbol{X}}(\bar{\tau})\bar{\lambda}(\bar{\tau}) - \boldsymbol{X}(\tau) \neq \boldsymbol{0}$$

或

$$\sum_{\bar{\tau} \in \bar{C}} d\bar{\boldsymbol{Y}}(\bar{\tau})\bar{\lambda}(\bar{\tau}) - \boldsymbol{Y}(\tau) \neq \boldsymbol{0}.$$

(3) $(\mathrm{DSam\text{-}C^2WY_O})$ 存在可行解

$$\bar{\lambda}(\bar{\tau}), \ \bar{\tau} \in \bar{C}, \quad \bar{\bar{\lambda}}, \quad z,$$

使得

$$\sum_{\bar{\tau} \in \bar{C}} \bar{\boldsymbol{X}}(\bar{\tau})\bar{\lambda}(\bar{\tau}) - \boldsymbol{X}(\tau) \in V^*,$$

$$-\sum_{\bar{\tau} \in \bar{C}} d\bar{\boldsymbol{Y}}(\bar{\tau})\bar{\lambda}(\bar{\tau}) + \boldsymbol{Y}(\tau) \in U^*,$$

且

$$\sum_{\bar{\tau} \in \bar{C}} \bar{\boldsymbol{X}}(\bar{\tau})\bar{\lambda}(\bar{\tau}) - \boldsymbol{X}(\tau) \neq \boldsymbol{0}$$

或

$$\sum_{\bar{\tau} \in \bar{C}} d\bar{\boldsymbol{Y}}(\bar{\tau})\bar{\lambda}(\bar{\tau}) - \boldsymbol{Y}(\tau) \neq \boldsymbol{0}.$$

证明 $((1) \Rightarrow (2), (1) \Rightarrow (3))$ 若 $(\boldsymbol{X}(\tau), \boldsymbol{Y}(\tau))$ 为 G-DEA$_d$ 无效, 则由定义 4.2 可知存在

$$(\boldsymbol{X}, \boldsymbol{Y}) \in T(d),$$

使得

$$(\boldsymbol{X}(\tau), \boldsymbol{Y}(\tau)) \neq (\boldsymbol{X}, \boldsymbol{Y}),$$

$$(\boldsymbol{X}, -\boldsymbol{Y}) \in (\boldsymbol{X}(\tau), -\boldsymbol{Y}(\tau)) + (V^*, U^*).$$

由于

$$(\boldsymbol{X}, \boldsymbol{Y}) \in T(d),$$

故存在

$$\lambda(\bar{\tau}) \geqq 0, \ \bar{\tau} \in \bar{C}, \quad \tilde{\lambda} \geqq 0,$$

满足

$$\sum_{\bar{\tau} \in \bar{C}} \bar{\boldsymbol{X}}(\bar{\tau})\lambda(\bar{\tau}) - \boldsymbol{X} \in V^*,$$

$$Y - \sum_{\bar{\tau} \in \bar{C}} d\bar{Y}(\bar{\tau})\lambda(\bar{\tau}) \in U^*,$$

$$\delta_1 \left(\sum_{\bar{\tau} \in \bar{C}} \lambda(\bar{\tau}) - \delta_2(-1)^{\delta_3} \tilde{\lambda} \right) = \delta_1.$$

由引理 4.3 可知

$$\sum_{\bar{\tau} \in \bar{C}} \bar{X}(\bar{\tau})\lambda(\bar{\tau}) - X(\tau) = \left(\sum_{\bar{\tau} \in \bar{C}} \bar{X}(\bar{\tau})\lambda(\bar{\tau}) - X \right) + (X - X(\tau)) \in V^*,$$

$$Y(\tau) - \sum_{\bar{\tau} \in \bar{C}} d\bar{Y}(\bar{\tau})\lambda(\bar{\tau}) = \left(- \sum_{\bar{\tau} \in \bar{C}} d\bar{Y}(\bar{\tau})\lambda(\bar{\tau}) + Y \right) + (Y(\tau) - Y) \in U^*,$$

且

$$\sum_{\bar{\tau} \in \bar{C}} \bar{X}(\bar{\tau})\lambda(\bar{\tau}) - X(\tau) \neq \mathbf{0}$$

或

$$\sum_{\bar{\tau} \in \bar{C}} d\bar{Y}(\bar{\tau})\lambda(\bar{\tau}) - Y(\tau) \neq \mathbf{0}.$$

故规划 (DSam-C²WY$_I$) 存在 $\theta = 1$ 的可行解, 规划 (DSam-C²WY$_O$) 存在 $z = 1$ 的可行解.

((2) $\Rightarrow$ (1), (3) $\Rightarrow$ (1)) 假设规划 (DSam-C²WY$_I$) 存在可行解

$$\bar{\lambda}(\bar{\tau}), \ \bar{\tau} \in \bar{C}, \quad \bar{\bar{\lambda}}, \quad \theta,$$

或规划 (DSam-C²WY$_O$) 存在可行解

$$\bar{\lambda}(\bar{\tau}), \ \bar{\tau} \in \bar{C}, \quad \bar{\bar{\lambda}}, \quad z,$$

使得

$$\sum_{\bar{\tau} \in \bar{C}} \bar{X}(\bar{\tau})\bar{\lambda}(\bar{\tau}) - X(\tau) \in V^*,$$

$$- \sum_{\bar{\tau} \in \bar{C}} d\bar{Y}(\bar{\tau})\bar{\lambda}(\bar{\tau}) + Y(\tau) \in U^*,$$

并且

$$\sum_{\bar{\tau} \in \bar{C}} \bar{X}(\bar{\tau})\bar{\lambda}(\bar{\tau}) - X(\tau) \neq \mathbf{0}$$

或

$$\sum_{\bar{\tau} \in \bar{C}} d\bar{Y}(\bar{\tau})\bar{\lambda}(\bar{\tau}) - Y(\tau) \neq \mathbf{0}.$$

令

$$(\boldsymbol{X}, \boldsymbol{Y}) = \left(\sum_{\bar{\tau} \in \tilde{C}} \bar{\boldsymbol{X}}(\bar{\tau}) \bar{\lambda}(\bar{\tau}), \sum_{\bar{\tau} \in \tilde{C}} d\bar{\boldsymbol{Y}}(\bar{\tau}) \bar{\lambda}(\bar{\tau}) \right),$$

由引理 4.3 可知

$$\boldsymbol{0} \in V^*, \quad \boldsymbol{0} \in U^*,$$

由 $T(d)$ 的定义可知

$$(\boldsymbol{X}, \boldsymbol{Y}) \in T(d).$$

由于

$$(\boldsymbol{X}, \boldsymbol{Y}) \neq (\boldsymbol{X}(\tau), \boldsymbol{Y}(\tau)),$$

$$(\boldsymbol{X}, -\boldsymbol{Y}) \in (\boldsymbol{X}(\tau), -\boldsymbol{Y}(\tau)) + (V^*, U^*),$$

故由定义 4.2 可知 $(\boldsymbol{X}(\tau), \boldsymbol{Y}(\tau))$ 是 G-DEA$_d$ 无效的.

考虑定理 4.4 的逆否命题, 即得推论 4.5.

推论4.5 以下三个命题两两等价:

(1) $(\boldsymbol{X}(\tau), \boldsymbol{Y}(\tau))$ 为 G-DEA$_d$ 有效;

(2) (DSam-C^{2}WY$_\mathrm{I}$) 不存在可行解

$$\bar{\lambda}(\bar{\tau}), \ \bar{\tau} \in \bar{C}, \quad \bar{\bar{\lambda}}, \quad \theta,$$

满足

$$\sum_{\bar{\tau} \in \bar{C}} \bar{\boldsymbol{X}}(\bar{\tau}) \bar{\lambda}(\bar{\tau}) - \boldsymbol{X}(\tau) \in V^*,$$

$$-\sum_{\bar{\tau} \in \bar{C}} d\bar{\boldsymbol{Y}}(\bar{\tau}) \bar{\lambda}(\bar{\tau}) + \boldsymbol{Y}(\tau) \in U^*,$$

且

$$\sum_{\bar{\tau} \in \bar{C}} \bar{\boldsymbol{X}}(\bar{\tau}) \bar{\lambda}(\bar{\tau}) - \boldsymbol{X}(\tau) \neq \boldsymbol{0}$$

或

$$-\sum_{\bar{\tau} \in \bar{C}} d\bar{\boldsymbol{Y}}(\bar{\tau}) \bar{\lambda}(\bar{\tau}) + \boldsymbol{Y}(\tau) \neq \boldsymbol{0};$$

(3) (DSam-C^{2}WY$_\mathrm{O}$) 不存在可行解

$$\bar{\lambda}(\bar{\tau}), \ \bar{\tau} \in \bar{C}, \quad \bar{\bar{\lambda}}, \quad z,$$

满足

$$\sum_{\bar{\tau} \in \bar{C}} \bar{\boldsymbol{X}}(\bar{\tau}) \bar{\lambda}(\bar{\tau}) - \boldsymbol{X}(\tau) \in V^*,$$

$$-\sum_{\bar{\tau}\in\bar{C}} d\bar{Y}(\bar{\tau})\bar{\lambda}(\bar{\tau}) + Y(\tau) \in U^*$$

且

$$\sum_{\bar{\tau}\in\bar{C}} \bar{X}(\bar{\tau})\bar{\lambda}(\bar{\tau}) - X(\tau) \neq \mathbf{0}$$

或

$$-\sum_{\bar{\tau}\in\bar{C}} d\bar{Y}(\bar{\tau})\bar{\lambda}(\bar{\tau}) + Y(\tau) \neq \mathbf{0}.$$

4.2　综合的广义 DEA 模型与传统 DEA 模型之间的关系

综合的广义 DEA 模型 (Sam-C²WY$_\mathrm{I}$) 和 (Sam-C²WY$_\mathrm{O}$) 具有很好的包容性. 可以证明经典的 DEA 模型 C²R, BC², FG, ST, C²W 和 C²WY 都是这两个模型的特例.

(1) 当

$$T_\mathrm{DMU} = T_\mathrm{SU}, \quad \bar{C} = \{j|j=1,2,\cdots,n\},$$
$$\delta_1 = 0, \quad V = E_+^m, \quad U = E_+^s, \quad d = 1$$

时, (Sam-C²WY$_\mathrm{I}$) 和 (Sam-C²WY$_\mathrm{O}$) 模型分别为面向输入和面向输出的 C²R 模型.

(2) 当

$$T_\mathrm{DMU} = T_\mathrm{SU}, \quad \bar{C} = \{j|j=1,2,\cdots,n\},$$
$$\delta_1 = 1, \quad \delta_2 = 0, \quad V = E_+^m, \quad U = E_+^s, \quad d = 1$$

时, (Sam-C²WY$_\mathrm{I}$) 和 (Sam-C²WY$_\mathrm{O}$) 模型分别为面向输入和面向输出的 BC² 模型.

(3) 当

$$T_\mathrm{DMU} = T_\mathrm{SU}, \quad \bar{C} = \{j|j=1,2,\cdots,n\},$$
$$\delta_1 = 1, \quad \delta_2 = 1, \quad \delta_3 = 1, \quad V = E_+^m, \quad U = E_+^s, \quad d = 1$$

时, (Sam-C²WY$_\mathrm{I}$) 和 (Sam-C²WY$_\mathrm{O}$) 模型分别为面向输入和面向输出的 FG 模型.

(4) 当

$$T_\mathrm{DMU} = T_\mathrm{SU}, \quad \bar{C} = \{j|j=1,2,\cdots,n\},$$
$$\delta_1 = 1, \quad \delta_2 = 1, \quad \delta_3 = 0, \quad V = E_+^m, \quad U = E_+^s, \quad d = 1$$

时, (Sam-C²WY$_\mathrm{I}$) 和 (Sam-C²WY$_\mathrm{O}$) 模型分别为面向输入和面向输出的 ST 模型.

(5) 当

$$T_\mathrm{DMU} = T_\mathrm{SU}, \quad \delta_1 = 0, \quad V = E_+^m, \quad U = E_+^s, \quad d = 1$$

时, $(\text{Sam-C}^2\text{WY}_{\text{I}})$ 和 $(\text{Sam-C}^2\text{WY}_{\text{O}})$ 模型分别为面向输入和面向输出的 C^2W 模型.

(6) 当

$$T_{\text{DMU}} = T_{\text{SU}}, \quad \delta_2 = 0, \quad d = 1$$

时, $(\text{Sam-C}^2\text{WY}_{\text{I}})$ 和 $(\text{Sam-C}^2\text{WY}_{\text{O}})$ 模型分别为面向输入和面向输出的 C^2WY 模型.

还有一些模型也是 $(\text{Sam-C}^2\text{WY}_{\text{I}})$ 与 $(\text{Sam-C}^2\text{WY}_{\text{O}})$ 模型的特殊形式, 比如权重属于一定区间的 DEA 模型、权重之间存在偏序关系或一定数量关系的模型等.

4.3 广义数据包络前沿面与决策单元的投影性质

为进一步研究广义数据包络前沿面与决策单元的投影性质, 首先讨论以下两个多目标规划问题.

$$(\text{SVP}) \begin{cases} \min(X_1, \cdots, X_m, -Y_1, \cdots, -Y_s)^{\text{T}}, \\ \text{s.t.} (\boldsymbol{X}, \boldsymbol{Y}) \in T(d). \end{cases}$$

$$(\text{VP}) \begin{cases} \min(X_1, \cdots, X_m, -Y_1, \cdots, -Y_s)^{\text{T}}, \\ \text{s.t.} (\boldsymbol{X}, \boldsymbol{Y}) \in T'(d). \end{cases}$$

其中

$$
\begin{aligned}
T'(d) = \Bigg\{ (\boldsymbol{X}, \boldsymbol{Y}) \ \Big| \ & \sum_{\bar{\tau} \in \bar{C}} \bar{\boldsymbol{X}}(\bar{\tau})\lambda(\bar{\tau}) + \boldsymbol{X}(\tau)\lambda(\tau) - \boldsymbol{X} \in V^*, \\
& \boldsymbol{Y} - \sum_{\bar{\tau} \in \bar{C}} d\bar{\boldsymbol{Y}}(\bar{\tau})\lambda(\bar{\tau}) - \boldsymbol{Y}(\tau)\lambda(\tau) \in U^*, \\
& \delta_1 \Bigg(\sum_{\bar{\tau} \in \bar{C}} \lambda(\bar{\tau}) + \lambda(\tau) - \delta_2(-1)^{\delta_3}\tilde{\lambda} \Bigg) = \delta_1, \\
& \lambda(\bar{\tau}) \geqq 0, \forall \bar{\tau} \in \bar{C}, \lambda(\tau) \geqq 0, \tilde{\lambda} \geqq 0 \Bigg\}.
\end{aligned}
$$

$$\boldsymbol{X} = (X_1, X_2, \cdots, X_m)^{\text{T}}, \quad \boldsymbol{Y} = (Y_1, Y_2, \cdots, Y_s)^{\text{T}}.$$

定义4.3 称 $(\boldsymbol{X}(\tau), \boldsymbol{Y}(\tau)) \in T(d)$ 为多目标规划 (SVP) **关于 $\boldsymbol{V}^* \times \boldsymbol{U}^*$ 的非支配解**, 如果不存在

$$(\boldsymbol{X}, \boldsymbol{Y}) \in T(d),$$

使得

$$F(\boldsymbol{X}, \boldsymbol{Y}) \in F(\boldsymbol{X}(\tau), \boldsymbol{Y}(\tau)) + (V^*, U^*),$$

$$F(\boldsymbol{X}, \boldsymbol{Y}) \neq F(\boldsymbol{X}(\tau), \boldsymbol{Y}(\tau)).$$

其中 $F(\boldsymbol{X}, \boldsymbol{Y}) = (X_1, \cdots, X_m, -Y_1, \cdots, -Y_s)$.

定义4.4　称 $(\boldsymbol{X}(\tau), \boldsymbol{Y}(\tau)) \in T'(d)$ 为多目标规划 (VP) **关于 $\boldsymbol{V}^* \times \boldsymbol{U}^*$ 的非支配解**, 如果不存在

$$(\boldsymbol{X}, \boldsymbol{Y}) \in T'(d),$$

使得

$$F(\boldsymbol{X}, \boldsymbol{Y}) \in F(\boldsymbol{X}(\tau), \boldsymbol{Y}(\tau)) + (V^*, U^*),$$

$$F(\boldsymbol{X}, \boldsymbol{Y}) \neq F(\boldsymbol{X}(\tau), \boldsymbol{Y}(\tau)).$$

其中 $F(\boldsymbol{X}, \boldsymbol{Y}) = (X_1, \cdots, X_m, -Y_1, \cdots, -Y_s)$.

定理4.6　若 $(\boldsymbol{X}(\tau), \boldsymbol{Y}(\tau)), \tau \in C$ 为 G-DEA$_d$ 无效, 则

$$(\boldsymbol{X}(\tau), \boldsymbol{Y}(\tau)) \in T(d).$$

证明　若 $(\boldsymbol{X}(\tau), \boldsymbol{Y}(\tau))$ 为 G-DEA$_d$ 无效, 即存在

$$(\boldsymbol{X}, \boldsymbol{Y}) \in T(d),$$

使得

$$(\boldsymbol{X}(\tau), \boldsymbol{Y}(\tau)) \neq (\boldsymbol{X}, \boldsymbol{Y}),$$

$$(\boldsymbol{X}, -\boldsymbol{Y}) \in (\boldsymbol{X}(\tau), -\boldsymbol{Y}(\tau)) + (V^*, U^*).$$

故存在

$$\boldsymbol{s}_1^- \in V^*, \quad \boldsymbol{s}_1^+ \in U^*, \quad (\boldsymbol{s}_1^-, \boldsymbol{s}_1^+) \neq \boldsymbol{0},$$

使得

$$(\boldsymbol{X}, -\boldsymbol{Y}) = (\boldsymbol{X}(\tau), -\boldsymbol{Y}(\tau)) + (\boldsymbol{s}_1^-, \boldsymbol{s}_1^+).$$

由于

$$(\boldsymbol{X}, \boldsymbol{Y}) \in T(d),$$

故存在

$$\lambda(\bar{\tau}) \geqq 0, \ \forall \bar{\tau} \in \bar{C}, \quad \tilde{\lambda} \geqq 0,$$

使得

$$\sum_{\bar{\tau} \in \bar{C}} \bar{\boldsymbol{X}}(\bar{\tau})\lambda(\bar{\tau}) - \boldsymbol{X} \in V^*,$$

$$\boldsymbol{Y} - \sum_{\bar{\tau} \in \bar{C}} d\bar{\boldsymbol{Y}}(\bar{\tau})\lambda(\bar{\tau}) \in U^*,$$

$$\delta_1\left(\sum_{\bar{\tau}\in\bar{C}}\lambda(\bar{\tau})-\delta_2(-1)^{\delta_3}\tilde{\lambda}\right)=\delta_1.$$

故存在

$$\boldsymbol{s}_2^-\in V^*,\quad \boldsymbol{s}_2^+\in U^*,$$

使得

$$\sum_{\bar{\tau}\in\bar{C}}\bar{\boldsymbol{X}}(\bar{\tau})\lambda(\bar{\tau})-\boldsymbol{X}=\boldsymbol{s}_2^-,$$

$$\boldsymbol{Y}-\sum_{\bar{\tau}\in\bar{C}}d\bar{\boldsymbol{Y}}(\bar{\tau})\lambda(\bar{\tau})=\boldsymbol{s}_2^+.$$

由上述结论可得

$$\begin{cases}\displaystyle\sum_{\bar{\tau}\in\bar{C}}\bar{\boldsymbol{X}}(\bar{\tau})\lambda(\bar{\tau})-\boldsymbol{X}(\tau)=\boldsymbol{s}_1^-+\boldsymbol{s}_2^-,\\[2mm]\displaystyle\boldsymbol{Y}(\tau)-\sum_{\bar{\tau}\in\bar{C}}d\bar{\boldsymbol{Y}}(\bar{\tau})\lambda(\bar{\tau})=\boldsymbol{s}_1^++\boldsymbol{s}_2^+,\end{cases}\tag{$*$}$$

由于

$$\boldsymbol{s}_1^-\in V^*,\quad \boldsymbol{s}_1^+\in U^*,\quad \boldsymbol{s}_2^-\in V^*,\quad \boldsymbol{s}_2^+\in U^*,\quad (\boldsymbol{s}_1^-,\boldsymbol{s}_1^+)\neq\boldsymbol{0},$$

又因为 $V\subseteq E_+^m,U\subseteq E_+^s$ 均为闭凸锥, 并且

$$\mathrm{int}V\neq\varnothing,\quad \mathrm{int}U\neq\varnothing.$$

根据引理 4.3 可知

$$(\boldsymbol{s}_1^-+\boldsymbol{s}_2^-,\boldsymbol{s}_1^++\boldsymbol{s}_2^+)\in(V^*,U^*)\backslash\{\boldsymbol{0}\},$$

根据 $T(d)$ 的定义可知 $(\boldsymbol{X}(\tau),\boldsymbol{Y}(\tau))\in T(d)$.

根据定理 4.6 和 G-DEA$_d$ 有效的定义直接可以得到定理 4.7 和定理 4.8.

定理4.7 $(\boldsymbol{X}(\tau),\boldsymbol{Y}(\tau))$ 为 G-DEA$_d$ 无效当且仅当 $(\boldsymbol{X}(\tau),\boldsymbol{Y}(\tau))\in T(d)$ 且不是 (SVP) 关于 $V^*\times U^*$ 的非支配解.

定理4.8 若 $(\boldsymbol{X}(\tau),\boldsymbol{Y}(\tau))\in T(d)$, 则 $(\boldsymbol{X}(\tau),\boldsymbol{Y}(\tau))$ 为 G-DEA$_d$ 有效当且仅当 $(\boldsymbol{X}(\tau),\boldsymbol{Y}(\tau))$ 为 (SVP) 的关于 $V^*\times U^*$ 的非支配解.

定义4.5 当 $d=1$ 时, 称 (SVP) 关于 $V^*\times U^*$ 的非支配解构成的集合为广义数据包络前沿面.

为了进一步探讨决策单元在广义数据包络前沿面的投影问题, 首先给出下面几个结论.

定理4.9 $T(d)\subseteq T'(d)$.

证明 若

$$(\boldsymbol{X}, \boldsymbol{Y}) \in T(d),$$

则存在

$$\lambda(\bar{\tau}) \geqq 0, \ \forall \bar{\tau} \in \bar{C}, \quad \tilde{\lambda} \geqq 0,$$

使得

$$\sum_{\bar{\tau} \in \bar{C}} \bar{\boldsymbol{X}}(\bar{\tau}) \lambda(\bar{\tau}) - \boldsymbol{X} \in V^*,$$

$$\boldsymbol{Y} - \sum_{\bar{\tau} \in \bar{C}} \bar{\boldsymbol{Y}}(\bar{\tau}) \lambda(\bar{\tau}) \in U^*,$$

$$\delta_1 \left(\sum_{\bar{\tau} \in \bar{C}} \lambda(\bar{\tau}) - \delta_2 (-1)^{\delta_3} \tilde{\lambda} \right) = \delta_1.$$

令

$$\lambda(\tau) = 0,$$

显然

$$\sum_{\bar{\tau} \in \bar{C}} \bar{\boldsymbol{X}}(\bar{\tau}) \lambda(\bar{\tau}) + \boldsymbol{X}(\tau) \lambda(\tau) - \boldsymbol{X} \in V^*,$$

$$\boldsymbol{Y} - \sum_{\bar{\tau} \in \bar{C}} d\bar{\boldsymbol{Y}}(\bar{\tau}) \lambda(\bar{\tau}) - \boldsymbol{Y}(\tau) \lambda(\tau) \in U^*,$$

$$\delta_1 \left(\sum_{\bar{\tau} \in \bar{C}} \lambda(\bar{\tau}) + \lambda(\tau) - \delta_2 (-1)^{\delta_3} \tilde{\lambda} \right) = \delta_1,$$

故

$$(\boldsymbol{X}, \boldsymbol{Y}) \in T'(d).$$

即

$$T(d) \subseteq T'(d).$$

定理4.10 决策单元 $(\boldsymbol{X}(\tau), \boldsymbol{Y}(\tau))$ 为 G-DEA$_d$ 有效当且仅当 $(\boldsymbol{X}(\tau), \boldsymbol{Y}(\tau))$ 为多目标规划 (VP) 相对于锥 $V^* \times U^*$ 的非支配解.

证明 (充分性) 若决策单元 $(\boldsymbol{X}(\tau), \boldsymbol{Y}(\tau))$ 不为 G-DEA$_d$ 有效, 由定理 4.6 和定理 4.9 可知

$$(\boldsymbol{X}(\tau), \boldsymbol{Y}(\tau)) \in T'(d),$$

并且存在

$$(\boldsymbol{X}, \boldsymbol{Y}) \in T(d) \subseteq T'(d),$$

使得
$$(\boldsymbol{X}(\tau), \boldsymbol{Y}(\tau)) \neq (\boldsymbol{X}, \boldsymbol{Y}),$$
$$(\boldsymbol{X}, -\boldsymbol{Y}) \in (\boldsymbol{X}(\tau), -\boldsymbol{Y}(\tau)) + (V^*, U^*),$$

即
$$F(\boldsymbol{X}, \boldsymbol{Y}) \neq F(\boldsymbol{X}(\tau), \boldsymbol{Y}(\tau)),$$
$$F(\boldsymbol{X}, \boldsymbol{Y}) \in F(\boldsymbol{X}(\tau), \boldsymbol{Y}(\tau)) + (V^*, U^*).$$

因此, $(\boldsymbol{X}(\tau), \boldsymbol{Y}(\tau))$ 不为多目标规划 (VP) 相对于锥 $V^* \times U^*$ 的非支配解.

(必要性) 若 $(\boldsymbol{X}(\tau), \boldsymbol{Y}(\tau))$ 不是多目标规划 (VP) 的相对于锥 $V^* \times U^*$ 的非支配解, 则存在
$$(\boldsymbol{X}, \boldsymbol{Y}) \in T'(d),$$

使得
$$(\boldsymbol{X}, -\boldsymbol{Y}) \in (\boldsymbol{X}(\tau), -\boldsymbol{Y}(\tau)) + (V^*, U^*),$$
$$(\boldsymbol{X}, \boldsymbol{Y}) \neq (\boldsymbol{X}(\tau), \boldsymbol{Y}(\tau)),$$

故存在
$$s_1^- \in V^*, \quad s_1^+ \in U^*, \quad (s_1^-, s_1^+) \neq \boldsymbol{0},$$

使得
$$(\boldsymbol{X}, -\boldsymbol{Y}) = (\boldsymbol{X}(\tau), -\boldsymbol{Y}(\tau)) + (s_1^-, s_1^+).$$

由于
$$(\boldsymbol{X}, \boldsymbol{Y}) \in T'(d),$$

所以存在
$$\lambda(\bar\tau) \geqq 0, \ \forall \bar\tau \in \bar{C}, \quad \lambda(\tau) \geqq 0, \quad \tilde\lambda \geqq 0,$$

使得
$$\sum_{\bar\tau \in \bar{C}} \bar{\boldsymbol{X}}(\bar\tau)\lambda(\bar\tau) + \boldsymbol{X}(\tau)\lambda(\tau) - \boldsymbol{X} \in V^*,$$
$$\boldsymbol{Y} - \sum_{\bar\tau \in \bar{C}} d\bar{\boldsymbol{Y}}(\bar\tau)\lambda(\bar\tau) - \boldsymbol{Y}(\tau)\lambda(\tau) \in U^*,$$
$$\delta_1\left(\sum_{\bar\tau \in \bar{C}} \lambda(\bar\tau) + \lambda(\tau) - \delta_2(-1)^{\delta_3}\tilde\lambda\right) = \delta_1.$$

故存在
$$s_2^- \in V^*, \quad s_2^+ \in U^*,$$

使得

$$\sum_{\bar{\tau} \in \bar{C}} \bar{\boldsymbol{X}}(\bar{\tau})\lambda(\bar{\tau}) + \boldsymbol{X}(\tau)\lambda(\tau) - \boldsymbol{X} = \boldsymbol{s}_2^-,$$

$$\boldsymbol{Y} - \sum_{\bar{\tau} \in \bar{C}} d\bar{\boldsymbol{Y}}(\bar{\tau})\lambda(\bar{\tau}) - \boldsymbol{Y}(\tau)\lambda(\tau) = \boldsymbol{s}_2^+.$$

因此可得

$$\begin{cases} \displaystyle\sum_{\bar{\tau} \in \bar{C}} \bar{\boldsymbol{X}}(\bar{\tau})\lambda(\bar{\tau}) - \boldsymbol{X}(\tau)(1 - \lambda(\tau)) = \boldsymbol{s}_1^- + \boldsymbol{s}_2^-, \\ \displaystyle\boldsymbol{Y}(\tau)(1 - \lambda(\tau)) - \sum_{\bar{\tau} \in \bar{C}} d\bar{\boldsymbol{Y}}(\bar{\tau})\lambda(\bar{\tau}) = \boldsymbol{s}_1^+ + \boldsymbol{s}_2^+. \end{cases} \quad (**)$$

下证

$$\lambda(\tau) < 1.$$

假设

$$\lambda(\tau) \geqq 1,$$

由于

$$\boldsymbol{s}_1^-, \ \boldsymbol{s}_2^- \in V^*, \quad \boldsymbol{s}_1^+, \boldsymbol{s}_2^+ \in U^*, \quad (\boldsymbol{s}_1^-, \boldsymbol{s}_1^+) \neq \boldsymbol{0},$$

又因为 $V \subseteq E_+^m, U \subseteq E_+^s$ 均为闭凸锥, 并且

$$\mathrm{int} V \neq \varnothing, \quad \mathrm{int} U \neq \varnothing,$$

根据引理 4.3 可知

$$(\boldsymbol{s}_1^- + \boldsymbol{s}_2^-, \boldsymbol{s}_1^+ + \boldsymbol{s}_2^+) \in (V^*, U^*) \backslash \{\boldsymbol{0}\}.$$

由于

$$\lambda(\tau) \geqq 1$$

且 $\bar{\boldsymbol{X}}(\bar{\tau}), \boldsymbol{X}(\tau) \in \mathrm{int}(-V^*), V \subseteq E_+^m$ 为闭凸锥, 因此

$$\boldsymbol{s}_1^- + \boldsymbol{s}_2^- = \sum_{\bar{\tau} \in \bar{C}} \bar{\boldsymbol{X}}(\bar{\tau})\lambda(\bar{\tau}) - \boldsymbol{X}(\tau)(1 - \lambda(\tau)) \in \mathrm{int}(-V^*).$$

根据引理 4.3 可知

$$V^* \cap (-V^*) = \{\boldsymbol{0}\},$$

因此

$$\boldsymbol{s}_1^- + \boldsymbol{s}_2^- = \boldsymbol{0},$$

即

$$\sum_{\bar{\tau} \in \bar{C}} \bar{\boldsymbol{X}}(\bar{\tau})\lambda(\bar{\tau}) - \boldsymbol{X}(\tau)(1 - \lambda(\tau)) = \boldsymbol{0}.$$

由于

$$\sum_{\bar{\tau} \in \bar{C}} \bar{\boldsymbol{X}}(\bar{\tau})\lambda(\bar{\tau}) = \boldsymbol{X}(\tau)(1 - \lambda(\tau)),$$

$$\sum_{\bar{\tau} \in \bar{C}} \bar{\boldsymbol{X}}(\bar{\tau})\lambda(\bar{\tau}) \in -V^*,$$

$$\boldsymbol{X}(\tau)(1 - \lambda(\tau)) \in V^*,$$

故

$$\sum_{\bar{\tau} \in \bar{C}} \bar{\boldsymbol{X}}(\bar{\tau})\lambda(\bar{\tau}) = \boldsymbol{0},$$

$$\boldsymbol{X}(\tau)(1 - \lambda(\tau)) = \boldsymbol{0}.$$

由于

$$V \subseteq E_+^m, \quad \mathrm{int}V \neq \varnothing,$$

可知存在

$$\boldsymbol{v} \in V \setminus \{\boldsymbol{0}\}.$$

因为

$$\bar{\boldsymbol{X}}(\bar{\tau}), \boldsymbol{X}(\tau) \in \mathrm{int}(-V^*),$$

故有

$$\boldsymbol{v}^{\mathrm{T}} \bar{\boldsymbol{X}}(\bar{\tau}) > 0,$$

$$\boldsymbol{v}^{\mathrm{T}} \boldsymbol{X}(\tau) > 0.$$

由于

$$\sum_{\bar{\tau} \in \bar{C}} (\boldsymbol{v}^{\mathrm{T}} \bar{\boldsymbol{X}}(\bar{\tau}))\lambda(\bar{\tau}) = 0,$$

$$\boldsymbol{v}^{\mathrm{T}} \boldsymbol{X}(\tau)(1 - \lambda(\tau)) = 0,$$

因此

$$\lambda(\bar{\tau}) = 0, 1 - \lambda(\tau) = 0,$$

由式 (**) 可知

$$\boldsymbol{s}_1^+ + \boldsymbol{s}_2^+ = \boldsymbol{0},$$

$$\boldsymbol{s}_1^- + \boldsymbol{s}_2^- = \boldsymbol{0},$$

这与

$$(\boldsymbol{s}_1^- + \boldsymbol{s}_2^-, \boldsymbol{s}_1^+ + \boldsymbol{s}_2^+) \in (V^*, U^*) \setminus \{\boldsymbol{0}\}$$

矛盾. 故假设不成立, 可得

$$\lambda(\tau) < 1.$$

由于

$$\lambda(\tau) < 1,$$

故得

$$1 - \lambda(\tau) > 0.$$

由式 (∗∗) 可知

$$\boldsymbol{X}(\tau) = \sum_{\bar{\tau} \in \bar{C}} \bar{\boldsymbol{X}}(\bar{\tau}) \frac{\lambda(\bar{\tau})}{1 - \lambda(\tau)} - \frac{\boldsymbol{s}_1^- + \boldsymbol{s}_2^-}{1 - \lambda(\tau)},$$

$$\boldsymbol{Y}(\tau) = \sum_{\bar{\tau} \in \bar{C}} d\bar{\boldsymbol{Y}}(\bar{\tau}) \frac{\lambda(\bar{\tau})}{1 - \lambda(\tau)} + \frac{\boldsymbol{s}_1^+ + \boldsymbol{s}_2^+}{1 - \lambda(\tau)}.$$

由于 V^*, U^* 均为闭凸锥, 因此

$$\left(\frac{\boldsymbol{s}_1^- + \boldsymbol{s}_2^-}{1 - \lambda(\tau)}, \frac{\boldsymbol{s}_1^+ + \boldsymbol{s}_2^+}{1 - \lambda(\tau)} \right) \in (V^*, U^*) \backslash \{\boldsymbol{0}\}.$$

由

$$\delta_1 \left(\sum_{\bar{\tau} \in \bar{C}} \lambda(\bar{\tau}) + \lambda(\tau) - \delta_2 (-1)^{\delta_3} \tilde{\lambda} \right) = \delta_1,$$

可知

$$\delta_1 \left(\sum_{\bar{\tau} \in \bar{C}} \frac{\lambda(\bar{\tau})}{1 - \lambda(\tau)} + \frac{\lambda(\tau)}{1 - \lambda(\tau)} - \delta_2 (-1)^{\delta_3} \frac{\tilde{\lambda}}{1 - \lambda(\tau)} \right) = \frac{1}{1 - \lambda(\tau)} \delta_1,$$

化简后得

$$\delta_1 \left(\sum_{\bar{\tau} \in \bar{C}} \frac{\lambda(\bar{\tau})}{1 - \lambda(\tau)} - \delta_2 (-1)^{\delta_3} \frac{\tilde{\lambda}}{1 - \lambda(\tau)} \right) = \delta_1,$$

由此可知

$$\left(\sum_{\bar{\tau} \in \bar{C}} \bar{\boldsymbol{X}}(\bar{\tau}) \frac{\lambda(\bar{\tau})}{1 - \lambda(\tau)}, \sum_{\bar{\tau} \in \bar{C}} d\bar{\boldsymbol{Y}}(\bar{\tau}) \frac{\lambda(\bar{\tau})}{1 - \lambda(\tau)} \right) \in T(d).$$

由定义 4.2 可知 $(\boldsymbol{X}(\tau), \boldsymbol{Y}(\tau))$ 不为 G-DEA$_d$ 有效.

定理 4.10 的结论表明检验决策单元 $(\boldsymbol{X}(\tau), \boldsymbol{Y}(\tau))$ 的 G-DEA$_d$ 有效性, 实际只需检验 $(\boldsymbol{X}(\tau), \boldsymbol{Y}(\tau))$ 是否为多目标规划 (VP) 相对于锥 $V^* \times U^*$ 的非支配解即可. 该结论一方面可以避开讨论 (DSam-C²WY$_I$) 和 (DSam-C²WY$_O$) 模型无解的情况, 更重要的是它在形式上可以转化成某种 DEA 模型的形式, 进而对 (DSam-C²WY$_I$) 和 (DSam-C²WY$_O$) 模型的许多性质借助传统 DEA 模型即可获得, 不必再进一步推导.

定理4.11 若决策单元 $(\boldsymbol{X}(\tau), \boldsymbol{Y}(\tau))$ 为 G-DEA$_d$ 无效, 则

$$T(d) = T'(d).$$

证明 由定理 4.9, 只需证 $T'(d) \subseteq T(d)$.
若

$$(\boldsymbol{X}, \boldsymbol{Y}) \in T'(d),$$

则存在

$$\lambda(\bar{\tau}) \geqq 0, \ \forall \bar{\tau} \in \bar{C}, \quad \lambda(\tau) \geqq 0, \quad \tilde{\lambda} \geqq 0,$$

使得

$$\sum_{\bar{\tau} \in \bar{C}} \bar{\boldsymbol{X}}(\bar{\tau})\lambda(\bar{\tau}) + \boldsymbol{X}(\tau)\lambda(\tau) - \boldsymbol{X} \in V^*,$$

$$\boldsymbol{Y} - \sum_{\bar{\tau} \in \bar{C}} d\bar{\boldsymbol{Y}}(\bar{\tau})\lambda(\bar{\tau}) - \boldsymbol{Y}(\tau)\lambda(\tau) \in U^*,$$

$$\delta_1 \left(\sum_{\bar{\tau} \in \bar{C}} \lambda(\bar{\tau}) + \lambda(\tau) - \delta_2(-1)^{\delta_3}\tilde{\lambda} \right) = \delta_1.$$

故存在

$$\boldsymbol{s}_1^- \in V^*, \quad \boldsymbol{s}_1^+ \in U^*,$$

使得

$$\sum_{\bar{\tau} \in \bar{C}} \bar{\boldsymbol{X}}(\bar{\tau})\lambda(\bar{\tau}) + \boldsymbol{X}(\tau)\lambda(\tau) - \boldsymbol{X} = \boldsymbol{s}_1^-,$$

$$\boldsymbol{Y} - \sum_{\bar{\tau} \in \bar{C}} d\bar{\boldsymbol{Y}}(\bar{\tau})\lambda(\bar{\tau}) - \boldsymbol{Y}(\tau)\lambda(\tau) = \boldsymbol{s}_1^+.$$

由于 $(\boldsymbol{X}(\tau), \boldsymbol{Y}(\tau))$ 为 G-DEA$_d$ 无效, 由定理 4.6 可得

$$(\boldsymbol{X}(\tau), \boldsymbol{Y}(\tau)) \in T(d),$$

所以存在

$$\lambda'(\bar{\tau}) \geqq 0, \ \forall \bar{\tau} \in \bar{C}, \quad \tilde{\lambda}' \geqq 0,$$

使得

$$\sum_{\bar{\tau} \in \bar{C}} \bar{\boldsymbol{X}}(\bar{\tau})\lambda'(\bar{\tau}) - \boldsymbol{X}(\tau) \in V^*,$$

$$\boldsymbol{Y}(\tau) - \sum_{\bar{\tau} \in \bar{C}} d\bar{\boldsymbol{Y}}(\bar{\tau})\lambda'(\bar{\tau}) \in U^*,$$

$$\delta_1\left(\sum_{\bar{\tau}\in\bar{C}}\lambda'(\bar{\tau})-\delta_2(-1)^{\delta_3}\tilde{\lambda}'\right)=\delta_1,$$

故存在

$$\boldsymbol{s}_2^-\in V^*,\quad \boldsymbol{s}_2^+\in U^*,$$

使得

$$\sum_{\bar{\tau}\in\bar{C}}\bar{\boldsymbol{X}}(\bar{\tau})\lambda'(\bar{\tau})-\boldsymbol{X}(\tau)=\boldsymbol{s}_2^-,$$

$$\boldsymbol{Y}(\tau)-\sum_{\bar{\tau}\in\bar{C}}d\bar{\boldsymbol{Y}}(\bar{\tau})\lambda'(\bar{\tau})=\boldsymbol{s}_2^+.$$

从而可得

$$\boldsymbol{s}_1^-=\sum_{\bar{\tau}\in\bar{C}}\bar{\boldsymbol{X}}(\bar{\tau})\lambda(\bar{\tau})+\left(\sum_{\bar{\tau}\in\bar{C}}\bar{\boldsymbol{X}}(\bar{\tau})\lambda'(\bar{\tau})-\boldsymbol{s}_2^-\right)\lambda(\tau)-\boldsymbol{X}$$

$$=\sum_{\bar{\tau}\in\bar{C}}\bar{\boldsymbol{X}}(\bar{\tau})(\lambda(\bar{\tau})+\lambda(\tau)\lambda'(\bar{\tau}))-\lambda(\tau)\boldsymbol{s}_2^--\boldsymbol{X},$$

$$\boldsymbol{s}_1^+=\boldsymbol{Y}-\sum_{\bar{\tau}\in\bar{C}}d\bar{\boldsymbol{Y}}(\bar{\tau})\lambda(\bar{\tau})-\left(\sum_{\bar{\tau}\in\bar{C}}d\bar{\boldsymbol{Y}}(\bar{\tau})\lambda'(\bar{\tau})+\boldsymbol{s}_2^+\right)\lambda(\tau)$$

$$=\boldsymbol{Y}-\sum_{\bar{\tau}\in\bar{C}}d\bar{\boldsymbol{Y}}(\bar{\tau})(\lambda(\bar{\tau})+\lambda(\tau)\lambda'(\bar{\tau}))-\lambda(\tau)\boldsymbol{s}_2^+.$$

因此

$$\sum_{\bar{\tau}\in\bar{C}}\bar{\boldsymbol{X}}(\bar{\tau})(\lambda(\bar{\tau})+\lambda(\tau)\lambda'(\bar{\tau}))-\boldsymbol{X}=\boldsymbol{s}_1^-+\lambda(\tau)\boldsymbol{s}_2^-\in V^*,$$

$$\boldsymbol{Y}-\sum_{\bar{\tau}\in\bar{C}}d\bar{\boldsymbol{Y}}(\bar{\tau})(\lambda(\bar{\tau})+\lambda(\tau)\lambda'(\bar{\tau}))=\boldsymbol{s}_1^++\lambda(\tau)\boldsymbol{s}_2^+\in U^*.$$

当 $\delta_1=1$ 时, 由

$$\sum_{\bar{\tau}\in\bar{C}}\lambda(\bar{\tau})=1-\lambda(\tau)+\delta_2(-1)^{\delta_3}\tilde{\lambda},$$

$$\sum_{\bar{\tau}\in\bar{C}}\lambda'(\bar{\tau})=1+\delta_2(-1)^{\delta_3}\tilde{\lambda}',$$

得

$$\sum_{\bar{\tau}\in\bar{C}}(\lambda(\bar{\tau})+\lambda(\tau)\lambda'(\bar{\tau}))$$
$$=1-\lambda(\tau)+\delta_2(-1)^{\delta_3}\tilde{\lambda}+\lambda(\tau)(1+\delta_2(-1)^{\delta_3}\tilde{\lambda}')$$

$$= 1 + \delta_2(-1)^{\delta_3}(\tilde{\lambda} + \lambda(\tau)\tilde{\lambda}').$$

故

$$\delta_1\left(\sum_{\bar{\tau}\in\bar{C}}(\lambda(\bar{\tau}) + \lambda(\tau)\lambda'(\bar{\tau})) - \delta_2(-1)^{\delta_3}(\tilde{\lambda} + \lambda(\tau)\tilde{\lambda}')\right) = \delta_1,$$

其中

$$\tilde{\lambda} + \lambda(\tau)\tilde{\lambda}' \geqq 0.$$

所以

$$(\boldsymbol{X}, \boldsymbol{Y}) \in T(d),$$

即

$$T'(d) \subseteq T(d).$$

给出模型 (D) 如下.

$$(D)\begin{cases} \max \boldsymbol{h}^{\mathrm{T}}\boldsymbol{s}^- + \hat{\boldsymbol{h}}^{\mathrm{T}}\boldsymbol{s}^+, \\ \text{s.t. } \boldsymbol{X}(\tau)\lambda(\tau) + \sum_{\bar{\tau}\in\bar{C}}\bar{\boldsymbol{X}}(\bar{\tau})\lambda(\bar{\tau}) + \boldsymbol{s}^- = \boldsymbol{X}(\tau), \\ \boldsymbol{Y}(\tau)\lambda(\tau) + \sum_{\bar{\tau}\in\bar{C}}d\bar{\boldsymbol{Y}}(\bar{\tau})\lambda(\bar{\tau}) - \boldsymbol{s}^+ = \boldsymbol{Y}(\tau), \\ \delta_1\left(\sum_{\bar{\tau}\in\bar{C}}\lambda(\bar{\tau}) + \lambda(\tau) - \delta_2(-1)^{\delta_3}\tilde{\lambda}\right) = \delta_1, \\ \lambda(\bar{\tau}) \geqq 0, \forall\bar{\tau}\in\bar{C}, \lambda(\tau) \geqq 0, \tilde{\lambda} \geqq 0, \\ \boldsymbol{s}^- \in -V^*, \boldsymbol{s}^+ \in -U^*, \end{cases}$$

其中 $\boldsymbol{h} \in \mathrm{int}V, \hat{\boldsymbol{h}} \in \mathrm{int}U$.

定理4.12 $(\boldsymbol{X}(\tau), \boldsymbol{Y}(\tau))$ 为 G-DEA$_d$ 有效当且仅当模型 (D) 的最优值为 0.

证明 若 $(\boldsymbol{X}(\tau), \boldsymbol{Y}(\tau))$ 为 G-DEA$_d$ 无效, 由定理 4.10 可知 $(\boldsymbol{X}(\tau), \boldsymbol{Y}(\tau))$ 不为多目标规划 (VP) 相对于锥 $V^* \times U^*$ 的非支配解.

由定理 4.10 证明中的式 (∗∗) 可知, 存在

$$\lambda(\bar{\tau}) \geqq 0, \ \forall\bar{\tau}\in\bar{C}, \quad \lambda(\tau) \geqq 0, \quad \tilde{\lambda} \geqq 0, \quad \boldsymbol{s}^- \in -V^*, \quad \boldsymbol{s}^+ \in -U^*,$$

满足

$$\boldsymbol{X}(\tau)(1 - \lambda(\tau)) - \sum_{\bar{\tau}\in\bar{C}}\bar{\boldsymbol{X}}(\bar{\tau})\lambda(\bar{\tau}) = \boldsymbol{s}^-,$$

$$\sum_{\bar{\tau}\in\bar{C}}d\bar{\boldsymbol{Y}}(\bar{\tau})\lambda(\bar{\tau}) - \boldsymbol{Y}(\tau)(1 - \lambda(\tau)) = \boldsymbol{s}^+,$$

$$\delta_1\left(\sum_{\bar{\tau}\in\bar{C}}\lambda(\bar{\tau})+\lambda(\tau)-\delta_2(-1)^{\delta_3}\tilde{\lambda}\right)=\delta_1,$$

$$(\boldsymbol{s}^-,\boldsymbol{s}^+)\neq\boldsymbol{0}.$$

显然, $\lambda(\bar{\tau})\geqq 0,\forall\bar{\tau}\in\bar{C},\lambda(\tau)\geqq 0,\tilde{\lambda}\geqq 0,\boldsymbol{s}^-\in -V^*,\boldsymbol{s}^+\in -U^*$ 是模型 (D) 的可行解, 由引理 4.2 可知

$$\boldsymbol{h}^{\mathrm{T}}\boldsymbol{s}^-+\hat{\boldsymbol{h}}^{\mathrm{T}}\boldsymbol{s}^+>0,$$

因此模型 (D) 最优值不等于 0.

反之, 若模型 (D) 最优值不等于 0, 且 $\lambda(\bar{\tau})\geqq 0,\forall\bar{\tau}\in\bar{C},\lambda(\tau)\geqq 0,\tilde{\lambda}\geqq 0,\boldsymbol{s}^-\in -V^*$, $\boldsymbol{s}^+\in -U^*$ 是模型 (D) 的最优解, 显然

$$(\boldsymbol{s}^-,\boldsymbol{s}^+)\neq\boldsymbol{0}.$$

令

$$\boldsymbol{X}(\tau)\lambda(\tau)+\sum_{\bar{\tau}\in\bar{C}}\bar{\boldsymbol{X}}(\bar{\tau})\lambda(\bar{\tau})=\boldsymbol{X},$$

$$\boldsymbol{Y}(\tau)\lambda(\tau)+\sum_{\bar{\tau}\in\bar{C}}d\bar{\boldsymbol{Y}}(\bar{\tau})\lambda(\bar{\tau})=\boldsymbol{Y},$$

有

$$(\boldsymbol{X},\boldsymbol{Y})\in T'(d),$$

$$(\boldsymbol{X},\boldsymbol{Y})\neq(\boldsymbol{X}(\tau),\boldsymbol{Y}(\tau)),$$

$$(\boldsymbol{X},-\boldsymbol{Y})=(\boldsymbol{X}(\tau),-\boldsymbol{Y}(\tau))+(-\boldsymbol{s}^-,-\boldsymbol{s}^+).$$

由定理 4.10 可知 $(\boldsymbol{X}(\tau),\boldsymbol{Y}(\tau))$ 为 G-DEA$_d$ 无效.

定理4.13　若 $\lambda(\bar{\tau}),\forall\bar{\tau}\in\bar{C},\lambda(\tau),\tilde{\lambda},\boldsymbol{s}^-,\boldsymbol{s}^+$ 为模型 (D) 的最优解, 令

$$\hat{\boldsymbol{X}}=\boldsymbol{X}(\tau)-\boldsymbol{s}^-,\quad\hat{\boldsymbol{Y}}=\boldsymbol{Y}(\tau)+\boldsymbol{s}^+,$$

则 $(\hat{\boldsymbol{X}},\hat{\boldsymbol{Y}})$ 为 G-DEA$_d$ 有效.

证明　假设 $(\hat{\boldsymbol{X}},\hat{\boldsymbol{Y}})$ 不为 G-DEA$_d$ 有效, 由定理 4.6 的证明中的式 $(*)$ 可知, 存在

$$\lambda(\bar{\tau})\geqq 0,\ \forall\bar{\tau}\in\bar{C},\quad\tilde{\lambda}\geqq 0,\quad\boldsymbol{s}_1^-\in -V^*,\quad\boldsymbol{s}_1^+\in -U^*,\quad(\boldsymbol{s}_1^-,\boldsymbol{s}_1^+)\neq\boldsymbol{0},$$

使得

$$\hat{\boldsymbol{X}}-\sum_{\bar{\tau}\in\bar{C}}\bar{\boldsymbol{X}}(\bar{\tau})\lambda(\bar{\tau})=\boldsymbol{s}_1^-,$$

$$\sum_{\bar{\tau} \in \bar{C}} d\bar{\boldsymbol{Y}}(\bar{\tau})\lambda(\bar{\tau}) - \hat{\boldsymbol{Y}} = \boldsymbol{s}_1^+,$$

$$\delta_1 \left(\sum_{\bar{\tau} \in \bar{C}} \lambda(\bar{\tau}) - \delta_2(-1)^{\delta_3}\tilde{\lambda} \right) = \delta_1.$$

因此,

$$\boldsymbol{X}(\tau) - \sum_{\bar{\tau} \in \bar{C}} \bar{\boldsymbol{X}}(\bar{\tau})\lambda(\bar{\tau}) = \boldsymbol{s}_1^- + \boldsymbol{s}^-,$$

$$\sum_{\bar{\tau} \in \bar{C}} d\bar{\boldsymbol{Y}}(\bar{\tau})\lambda(\bar{\tau}) - \boldsymbol{Y}(\tau) = \boldsymbol{s}_1^+ + \boldsymbol{s}^+.$$

取

$$\lambda(\tau) = 0,$$

可知

$$\boldsymbol{s}_1^- + \boldsymbol{s}^-, \quad \boldsymbol{s}_1^+ + \boldsymbol{s}^+, \quad \lambda(\bar{\tau}), \forall \bar{\tau} \in \bar{C}, \quad \lambda(\tau), \quad \tilde{\lambda}$$

为模型 (D) 的可行解, 且

$$\boldsymbol{h}^{\mathrm{T}}(\boldsymbol{s}_1^- + \boldsymbol{s}^-) + \hat{\boldsymbol{h}}^{\mathrm{T}}(\boldsymbol{s}_1^+ + \boldsymbol{s}^+) > \boldsymbol{h}^{\mathrm{T}}\boldsymbol{s}^- + \hat{\boldsymbol{h}}^{\mathrm{T}}\boldsymbol{s}^+,$$

这与 $\lambda(\bar{\tau}), \forall \bar{\tau} \in \bar{C}, \lambda(\tau), \tilde{\lambda}, \boldsymbol{s}^-, \boldsymbol{s}^+$ 为模型 (D) 的最优解矛盾.

定义4.6 若 $\lambda(\bar{\tau}), \forall \bar{\tau} \in \bar{C}, \lambda(\tau), \tilde{\lambda}, \boldsymbol{s}^-, \boldsymbol{s}^+$ 为模型 (D) 的最优解, 且模型 (D) 的最优值不为 0, 令

$$\hat{\boldsymbol{X}} = \boldsymbol{X}(\tau) - \boldsymbol{s}^-, \quad \hat{\boldsymbol{Y}} = \boldsymbol{Y}(\tau) + \boldsymbol{s}^+,$$

则称 $(\hat{\boldsymbol{X}}, \hat{\boldsymbol{Y}})$ 为 $(\boldsymbol{X}(\tau), \boldsymbol{Y}(\tau))$ 在伴随生产可能集 $T(d)$ 的有效生产前沿面的**投影**.

若 $\lambda(\bar{\tau}), \forall \bar{\tau} \in \bar{C}, \lambda(\tau), \tilde{\lambda}, \boldsymbol{s}^-, \boldsymbol{s}^+$ 为模型 (D) 的最优解, 且模型 (D) 的最优值不为 0, 则由定理 4.12 可知 $(\boldsymbol{X}(\tau), \boldsymbol{Y}(\tau))$ 为 G-DEA$_d$ 无效. 再由定理 4.11 可知

$$T(d) = T'(d).$$

此时, 由定理 4.8 和定理 4.10 可知 $(\hat{\boldsymbol{X}}, \hat{\boldsymbol{Y}})$ 为 (VP) 的关于 $V^* \times U^*$ 的非支配解当且仅当 $(\hat{\boldsymbol{X}}, \hat{\boldsymbol{Y}})$ 为 (SVP) 的关于 $V^* \times U^*$ 的非支配解. 即 $(\hat{\boldsymbol{X}}, \hat{\boldsymbol{Y}})$ 位于样本有效生产前沿面上.

4.4 应用举例

假设某城市有 15 个同类加工企业, 它们投入的人力、物力、财力和获得的利润如表 4.1 所示. 那么, 哪些企业的生产是满足技术相对有效的?

表 4.1   某城市 15 个企业的输入输出指标数据

企业序号	E1	E2	E3	E4	E5	E6	E7	E8	E9	E10	E11	E12	E13	E14	E15
员工数	350	300	300	120	400	320	180	306	260	180	400	360	120	350	380
生产成本	7359	3381	4375	7838	1671	2037	742	3191	2236	4466	3000	9065	4032	20158	8066
资金投入	2303	1588	1651	647	592	592	847	393	844	1513	1499	3929	1056	1469	3638
利润	1407	1265	433	1231	355	58	812	103	1211	278	2135	3037	378	2335	3241

在表 4.1 中, 员工数单位为个, 生产成本、资金投入和利润的单位均为万元.

应用传统的面向输入的 BC² 模型可以算得各决策单元的有效性程度 (最优值), 结果如表 4.2 所示.

表 4.2   应用面向输入的 BC² 模型获得的 15 个企业的最优值

企业序号	E1	E2	E3	E4	E5	E6	E7	E8	E9	E10	E11	E12	E13	E14	E15
最优值	0.570	0.702	0.530	有效	有效	0.981	有效	有效	有效	0.740	0.891	0.982	有效	有效	有效

应用传统的面向输出的 BC² 模型可以算得各决策单元的最优值, 结果如表 4.3 所示.

表 4.3   应用面向输出的 BC² 模型获得的 15 个企业的最优值

企业序号	E1	E2	E3	E4	E5	E6	E7	E8	E9	E10	E11	E12	E13	E14	E15
最优值	1.879	1.665	5.121	有效	有效	7.218	有效	有效	有效	4.619	1.100	1.016	有效	有效	有效

由表 4.2 和表 4.3 均可以看出 E4, E5, E7, E8, E9, E13, E14, E15 为 DEA 有效 (BC²), 而其他企业无效.

首先应用本书给出的广义 DEA 方法来分析该算例中评价的参照集是什么.

由 4.2 节的讨论可知, 当

$$T_{\text{DMU}} = T_{\text{SU}} = \{\text{E1}, \text{E2}, \text{E3}, \text{E4}, \text{E5}, \text{E6}, \text{E7}, \text{E8}, \text{E9}, \text{E10}, \text{E11}, \text{E12}, \text{E13}, \text{E14}, \text{E15}\},$$

$$\delta_1 = 1, \quad \delta_2 = 0, \quad V = E_+^m, \quad U = E_+^s, \quad d = 1$$

时, 模型 (Sam-C²WY$_\text{I}$) 和模型 (Sam-C²WY$_\text{O}$) 即分别为面向输入和面向输出的传统 BC² 模型.

进一步地, 由定理 4.11 的结论可知, 如果取 DEA 有效 (BC²) 决策单元的集合

$$ST = \{\text{E4}, \text{E5}, \text{E7}, \text{E8}, \text{E9}, \text{E13}, \text{E14}, \text{E15}\}$$

作为样本单元集, 则样本单元集 ST 确定的样本生产可能集与传统的 DEA 生产可能集 (BC²) 相同. 因此, 两个生产可能集具有相同的生产前沿面.

由此可见, 传统 DEA 方法中的效率刻画的是被评价单元相对于决策单元集中 "优秀决策单元" 的效率.

现在若决策者改变参照的对象, 不再考虑和 "优秀单元" 比较, 而是想和部分效率处于中等水平的企业进行比较. 比如取样本单元的集合为 $\{E2, E10, E11\}$, 那么所有企业的相对效率如何呢?

应用传统的 DEA 方法不能解决这个问题, 但应用模型 (DSam-C²WY$_\mathrm{I}$) 或模型 (DSam-C²WY$_\mathrm{O}$) 均可解决这个问题.

当 $\delta_1 = 1, \delta_2 = 0, V = E_+^m, U = E_+^s, d = 1$ 时, 应用模型 (DSam-C²WY$_\mathrm{I}$)(即面向输入的广义 BC² 模型) 可以算得有关数据, 如表 4.4 所示.

表 4.4 15 个企业相对于企业 2,10,11 的有效性 (面向输入)

企业序号	E1	E2	E3	E4	E5	E6	E7	E8	E9	E10	E11	E12	E13	E14	E15
有效性	0.896	有效	0.913	有效	有效	有效	有效	有效	有效	有效	有效	有效	有效	有效	有效

当 $\delta_1 = 1, \delta_2 = 0, V = E_+^m, U = E_+^s, d = 1$ 时, 应用模型 (DSam-C²WY$_\mathrm{O}$)(即面向输出的广义 BC² 模型) 可以算得有关数据, 如表 4.5 所示.

表 4.5 15 个企业相对于企业 2,10,11 的有效性 (面向输出)

企业序号	E1	E2	E3	E4	E5	E6	E7	E8	E9	E10	E11	E12	E13	E14	E15
有效性	1.217	有效	2.981	有效	有效	有效	有效	有效	有效	有效	有效	有效	有效	有效	有效

由表 4.4 或表 4.5 均可以看出和 "效率一般" 的企业相比, 原来 DEA 有效单元 (BC²) 仍然保持有效, 原来无效单元 (BC²) 的效率均有较大提升. 显然, 参照的标准降低了, 企业的效率自然就提高了. 这是符合实际情况的.

上述应用表明广义 DEA 方法可以把传统 DEA 方法 (BC²) 的参照对象从 "优秀单元集" 推广到 "任何指定的决策单元集".

从以下的例子可以看出, 广义 DEA 方法还能把比较的对象拓展到 "决策单元集合以外" 的情况. 比如上述 15 家国内企业中, E1 和 E2 为了开拓国际市场, 希望到国外的某城市去投资, 国外在该城市已经有同类企业 8 个. 那么, E1 和 E2 相对于国外的 8 个企业的技术效率如何呢?

国外 8 个同类企业有关指标数据如表 4.6 所示, 表 4.6 中各指标单位与表 4.1 中相同.

表 4.6 国外 8 个企业的输入输出指标数据

企业序号	A	B	C	D	E	F	G	H
员工数	340	280	300	160	320	200	100	320
生产成本	2410	6003	405	5805	4328	4480	4139	368
资金投入	8463	14139	11612	7771	6161	5124	1176	4200
利润	49949	49537	48709	43155	34714	34299	28718	25242

取

$$T_{\mathrm{DMU}} = \{E1, E2\}, \quad T_{\mathrm{SU}} = \{A, B, C, D, E, F, G, H\},$$

$$\delta_1 = 1, \quad \delta_2 = 0, \quad V = E_+^m, \quad U = E_+^s, \quad d = 1.$$

应用模型 (DSam-C^{2}WY$_\mathrm{I}$)(即面向输入的广义 BC^2 模型) 可以获得 E1 相对于国外 8 家企业的效率值为 0.548, 即 E1 为 G-DEA 无效, 且效率值较低, E2 的计算结果为 G-DEA 有效.

同样应用模型 (DSam-C^{2}WY$_\mathrm{O}$)(即面向输出的广义 BC^2 模型) 可以获得 E1 相对于国外 8 家企业的最优值为 22.745, 即 E1 为 G-DEA 无效, 且效率值较低, E2 的计算结果为 G-DEA 有效.

4.5　结　束　语

传统 DEA 方法构造的生产可能集是由决策单元自身构成的, 而广义 DEA 方法使用样本单元构造生产可能集, 实现了评价对象与比对标准的分离. 它把用于评价的参照对象从 " 优秀单元集" 推广到 "任意指定的样本单元集". 突破了传统 DEA 方法不能依据决策者的需要来自主选择参考集的弱点, 因而, 具有更加广泛的应用前景.

第5章　只有输出 (输入) 的传统 BC^2 模型中决策单元效率的几何刻画

在 DEA 方法中, DEA 有效和弱 DEA 有效的决策单元位于生产前沿面上, 非弱 DEA 有效的 DEA 无效决策单元位于生产可能集的内部而非生产前沿面上. 本章通过引入生产可能集与生产前沿面移动的思想, 证明只有输出 (输入) 的传统 BC^2 模型评价下的决策单元的最优值与相应的生产前沿面的移动值之间的关系, 并以双输出 (输入) 情形图示说明, 明确决策单元在生产可能集中所处的位置.

5.1　只有输出的传统 BC^2 模型效率值的几何刻画

假设有 n 个决策单元, 它们的输出向量含有 s 个分量. 第 j 个决策单元的输出向量为

$$\boldsymbol{y}_j = (y_{1j}, y_{2j}, \cdots, y_{sj})^{\mathrm{T}},$$

其中 $\boldsymbol{y}_j > \boldsymbol{0}, j = 1, 2, \cdots, n$.

令

$$T_{\mathrm{DMU}}^{\mathrm{O}} = \{\boldsymbol{y}_1, \boldsymbol{y}_2, \cdots, \boldsymbol{y}_n\},$$

称 $T_{\mathrm{DMU}}^{\mathrm{O}}$ 为只有输出情形的决策单元集.

依据平凡性、凸性、无效性和最小性公理, 由决策单元全体构造只有输出的生产可能集

$$T^{\mathrm{O}} = \left\{\boldsymbol{y} \,\middle|\, \boldsymbol{y} \leqq \sum_{j=1}^n \boldsymbol{y}_j \lambda_j, \sum_{j=1}^n \lambda_j = 1, \lambda_j \geqq 0, j = 1, 2, \cdots, n\right\}.$$

评价决策单元 $\boldsymbol{y}_0$ 的**只有输出的传统 BC^2 模型** (D-BC_{O}^2) 如下[47]:

$$(\text{D-}BC_{\mathrm{O}}^2)\begin{cases} \max z, \\ \text{s.t.} \sum_{j=1}^n \boldsymbol{y}_j \lambda_j - \boldsymbol{s}^+ = z\boldsymbol{y}_0, \\ \sum_{j=1}^n \lambda_j = 1, \\ \boldsymbol{s}^+ \geqq \boldsymbol{0}, \lambda_j \geqq 0, j = 1, 2, \cdots, n, \end{cases}$$

其中 $\boldsymbol{y}_0 = \boldsymbol{y}_{j_0}, j_0 \in \{1, 2, \cdots, n\}$.

设模型 $(\mathrm{D\text{-}BC}_{\mathrm{O}}^2)$ 的最优解为

$$z^*, \quad \boldsymbol{s}^{+*}, \quad \lambda_j^*, \ j = 1, 2, \cdots, n.$$

若满足

$$z^* = 1,$$

则称决策单元 $\boldsymbol{y}_0$ 为弱 DEA 有效. 进一步, 若满足

$$z^* = 1, \quad \boldsymbol{s}^{+*} = \boldsymbol{0},$$

则称决策单元 $\boldsymbol{y}_0$ 为 DEA 有效, 反之, 称决策单元 $\boldsymbol{y}_0$ 为 DEA 无效.

如图 5.1 所示, 以双输出情形为例, 共有 6 个决策单元, 其中 DMU1, DMU2 与 DMU3 为 DEA 有效, DMU4 为弱 DEA 有效, DMU5 与 DMU6 为 DEA 无效. 连接 DMU1, DMU2 与 DMU3 的折线段为有效生产前沿面, 有效生产前沿面再加上 DMU1 左侧的水平线段和 DMU3 下方的竖直线段为弱有效生产前沿面, 简称生产前沿面. 利用 BC^2 模型评价 DMU1, DMU2, DMU3 与 DMU4, 最优值均为 1, 4 个决策单元都落在生产前沿面上. DMU1, DMU2 与 DMU3 均为 DEA 有效, 落在有效生产前沿面上.

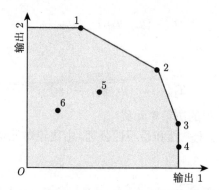

图 5.1　只有输出的传统 BC^2 模型生产前沿面

设模型 $(\mathrm{D\text{-}BC}_{\mathrm{O}}^2)$ 的最优值为 z^*, 有

$$z^* \geqq 1,$$

从而

$$\frac{1}{z^*} \leqq 1.$$

令

$$T_{1/z^*}^{\mathrm{O}} = \left\{ \boldsymbol{y} \,\middle|\, \boldsymbol{y} \leqq \sum_{j=1}^{n} \frac{1}{z^*} \boldsymbol{y}_j \lambda_j, \sum_{j=1}^{n} \lambda_j = 1, \lambda_j \geqq 0, j = 1, 2, \cdots, n \right\}.$$

因为传统 BC^2 模型的生产可能集满足无效性, 所以 T_{1/z^*}^{O} 中的输出向量为可能的生产状态, 并且

$$T_{1/z^*}^{\mathrm{O}} \subseteq T^{\mathrm{O}}.$$

称 T_{1/z^*}^{O} 为生产可能集 T^{O} 的 $\frac{1}{z^*}$ 移动.

利用模型 (D-BC$_{\mathrm{O}}^2$) 评价决策单元 $\boldsymbol{y}_0$ 的最优解

$$z^*, \quad \boldsymbol{s}^{+*}, \quad \lambda_j^*, \ j = 1, 2, \cdots, \bar{n},$$

满足

$$\sum_{j=1}^n \boldsymbol{y}_j \lambda_j^* - \boldsymbol{s}^{+*} = z^* \boldsymbol{y}_0,$$

$$\sum_{j=1}^n \lambda_j^* = 1, \quad \boldsymbol{s}^{+*} \geqq \boldsymbol{0}, \quad \lambda_j^* \geqq 0, \ j = 1, 2, \cdots, n.$$

从而

$$\boldsymbol{y}_0 \leqq \sum_{j=1}^n \frac{1}{z^*} \boldsymbol{y}_j \lambda_j^*,$$

$$\sum_{j=1}^n \lambda_j^* = 1, \quad \lambda_j^* \geqq 0, \ j = 1, 2, \cdots, n,$$

所以

$$\boldsymbol{y}_0 \in T_{1/z^*}^{\mathrm{O}}.$$

若相对于 T_{1/z^*}^{O} 评价决策单元 $\boldsymbol{y}_0$, 相应的模型 (D$_{z^*}$) 如下.

$$(\mathrm{D}_{z^*}) \begin{cases} \max \tilde{z}, \\ \text{s.t.} \displaystyle\sum_{j=1}^n \frac{1}{z^*} \boldsymbol{y}_j \tilde{\lambda}_j - \tilde{\boldsymbol{s}}^+ = \tilde{z} \boldsymbol{y}_0, \\ \displaystyle\sum_{j=1}^n \tilde{\lambda}_j = 1, \\ \tilde{\boldsymbol{s}}^+ \geqq \boldsymbol{0}, \tilde{\lambda}_j \geqq 0, j = 1, 2, \cdots, n. \end{cases}$$

定理5.1 若模型 (D-BC$_{\mathrm{O}}^2$) 的最优值为 z^*, 则模型 (D$_{z^*}$) 的最优值

$$\tilde{z}^* = 1.$$

证明　设模型 $(\mathrm{D\text{-}BC}_O^2)$ 的最优解为

$$z^*,\quad \boldsymbol{s}^{+*},\quad \lambda_j^*,\ j=1,2,\cdots,n,$$

则有

$$\sum_{j=1}^n \boldsymbol{y}_j \lambda_j^* - \boldsymbol{s}^{+*} = z^* \boldsymbol{y}_0,\quad \sum_{j=1}^n \lambda_j^* = 1,$$

从而

$$\sum_{j=1}^n \frac{1}{z^*} \boldsymbol{y}_j \lambda_j^* - \frac{1}{z^*} \boldsymbol{s}^{+*} = \boldsymbol{y}_0,\quad \sum_{j=1}^n \lambda_j^* = 1.$$

令

$$\tilde{z}^* = 1,\quad \tilde{\boldsymbol{s}}^{+*} = \frac{1}{z^*} \boldsymbol{s}^{+*},\quad \tilde{\lambda}_j^* = \lambda_j^*,\ j=1,2,\cdots,n,$$

则

$$\tilde{z}^*,\quad \tilde{\boldsymbol{s}}^{+*},\quad \tilde{\lambda}_j^*,\ j=1,2,\cdots,n$$

为模型 (D_{z^*}) 的可行解, 所以模型 (D_{z^*}) 的最优解

$$\max \tilde{z} \geqq 1.$$

假设

$$\max \tilde{z} = \bar{z}^* > 1,$$

即存在

$$\bar{z}^*,\quad \bar{\boldsymbol{s}}^{+*},\quad \bar{\lambda}_j^*,\ j=1,2,\cdots,n$$

为模型 (D_{z^*}) 的最优解, 满足

$$\sum_{j=1}^n \frac{1}{z^*} \boldsymbol{y}_j \bar{\lambda}_j^* - \bar{\boldsymbol{s}}^{+*} = \bar{z}^* \boldsymbol{y}_0,\quad \sum_{j=1}^n \bar{\lambda}_j^* = 1,$$

变形得

$$\sum_{j=1}^n \boldsymbol{y}_j \bar{\lambda}_j^* - z^* \bar{\boldsymbol{s}}^{+*} = z^* \bar{z}^* \boldsymbol{y}_0,\quad \sum_{j=1}^n \bar{\lambda}_j^* = 1.$$

令

$$z = z^* \bar{z}^*,\quad \boldsymbol{s}^+ = z^* \bar{\boldsymbol{s}}^{+*},\quad \lambda_j = \bar{\lambda}_j^*,\ j=1,2,\cdots,n,$$

则

$$z,\quad \boldsymbol{s}^+,\quad \lambda_j,\ j=1,2,\cdots,n$$

为模型 (D-BC$_O^2$) 的最优解, 最优值

$$z^*\bar{z}^* > z^*,$$

这与 z^* 为模型 (D-BC$_O^2$) 的最优值矛盾, 所以

$$\max \tilde{z} = \tilde{z}^* = 1.$$

以图 5.2 为例, 说明双输出情形下定理 5.1 的几何意义. DMU5 相对于 6 个决策单元为 DEA 无效, 利用模型 (D-BC$_O^2$) 评价 DMU5, 假设最优值 $z^* = z_5$, 经过 DMU5 的虚折线段与横纵坐标轴所夹区域即为生产可能集的 $\dfrac{1}{z_5}$ 移动, 可记为 T_{1/z_5}^O. 虚折线段称为生产前沿面的 $\dfrac{1}{z_5}$ 移动. DMU5 的相对效率为 $\dfrac{1}{z_5}$, 则其位于生产前沿面的 $\dfrac{1}{z_5}$ 移动上. 同理, 利用模型 (D-BC$_O^2$) 评价 DMU6, 假设最优值 $z^* = z_6$, 则 DMU6 位于生产前沿面的 $\dfrac{1}{z_6}$ 移动上.

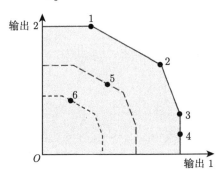

图 5.2 只有输出的传统 BC^2 模型生产前沿面及其移动

一般地, 利用模型 (D-BC$_O^2$) 评价决策单元 $\boldsymbol{y}_0$, 最优值为 z^*, 则决策单元 $\boldsymbol{y}_0$ 落在生产前沿面的 $\dfrac{1}{z^*}$ 移动上. 当决策单元 $\boldsymbol{y}_0$ 为弱 DEA 有效或者 DEA 有效时, 即 $z^* = 1$, 则决策单元 $\boldsymbol{y}_0$ 位于生产前沿面上.

5.2 只有输入的传统 BC^2 模型效率值的几何刻画

假设有 n 个决策单元, 它们的输入向量含有 m 个分量. 第 j 个决策单元的输入向量为

$$\boldsymbol{x}_j = (x_{1j}, x_{2j}, \cdots, x_{mj})^{\mathrm{T}},$$

其中 $\boldsymbol{x}_j > \boldsymbol{0}, j = 1, 2, \cdots, n$.

令

$$T_{\mathrm{DMU}}^{\mathrm{I}} = \{\boldsymbol{x}_1, \boldsymbol{x}_2, \cdots, \boldsymbol{x}_n\},$$

称 $T_{\mathrm{DMU}}^{\mathrm{I}}$ 为只有输入情形的决策单元集.

依据平凡性、凸性、无效性和最小性公理由决策单元全体构造只有输入的生产可能集如下:

$$T^{\mathrm{I}} = \left\{ \boldsymbol{x} \,\middle|\, \boldsymbol{x} \geqq \sum_{j=1}^n \boldsymbol{x}_j \lambda_j, \sum_{j=1}^n \lambda_j = 1, \lambda_j \geqq 0, j = 1, 2, \cdots, n \right\}.$$

只有输入的传统 BC^2 模型 (D-$\mathrm{BC}_{\mathrm{I}}^2$) 如下[47]:

$$(\text{D-}\mathrm{BC}_{\mathrm{I}}^2) \begin{cases} \min \theta, \\ \text{s.t.} \displaystyle\sum_{j=1}^n \boldsymbol{x}_j \lambda_j + \boldsymbol{s}^- = \theta \boldsymbol{x}_0, \\ \displaystyle\sum_{j=1}^n \lambda_j = 1, \\ \boldsymbol{s}^- \geqq \boldsymbol{0}, \lambda_j \geqq 0, j = 1, 2, \cdots, n, \end{cases}$$

其中 $\boldsymbol{x}_0 = \boldsymbol{x}_{j_0}, j_0 \in \{1, 2, \cdots, n\}$.

设模型 (D-$\mathrm{BC}_{\mathrm{I}}^2$) 的最优解为

$$\theta^*, \quad \boldsymbol{s}^{-*}, \quad \lambda_j^*, \ j = 1, 2, \cdots, n.$$

若满足

$$\theta^* = 1,$$

则称决策单元 $\boldsymbol{x}_0$ 为弱 DEA 有效. 进一步, 若满足

$$\theta^* = 1, \quad \boldsymbol{s}^{-*} = \boldsymbol{0},$$

则称决策单元 $\boldsymbol{x}_0$ 为 DEA 有效, 反之称决策单元 $\boldsymbol{x}_0$ 为 DEA 无效.

以双输入为例, 如图 5.3 所示, 阴影部分为生产可能集. DMU1 与 DMU2 为 DEA 有效, 连接二者的线段构成了有效生产前沿面. DMU3 与 DMU4 为弱 DEA 有效而非 DEA 有效, 连接 DMU1, DMU2, DMU3 与 DMU4 的折线构成了弱有效生产前沿面, 简称生产前沿面. 最优值 $\theta^* = 1$ 的决策单元都位于生产前沿面上. DMU5 与 DMU6 为 DEA 无效, 且最优值 $\theta^* < 1$, 二者处于生产可能集的内部.

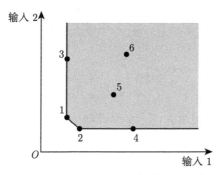

图 5.3 只有输入的传统 BC² 模型生产前沿面

利用模型 (D-BC$_I^2$) 评价决策单元 $\boldsymbol{x}_0$, 最优值为 θ^*, 令

$$T_{1/\theta^*}^I = \left\{ \boldsymbol{x} \,\middle|\, \boldsymbol{x} \geq \sum_{j=1}^n \frac{1}{\theta^*} \boldsymbol{x}_j \lambda_j, \sum_{j=1}^n \lambda_j = 1, \lambda_j \geq 0, j = 1, 2, \cdots, n \right\}.$$

因为

$$\theta^* \leq 1,$$

所以

$$\frac{1}{\theta^*} \geq 1,$$

由无效性公理可知 T_{1/θ^*}^I 中的输入向量为可能的生产状态, 并且

$$T_{1/\theta^*}^I \subseteq T^I.$$

称 T_{1/θ^*}^I 为生产可能集 T^I 的 $\dfrac{1}{\theta^*}$ 移动.

利用模型 (D-BC$_I^2$) 评价决策单元 $\boldsymbol{x}_0$ 时, 最优解为

$$\theta^*, \quad \boldsymbol{s}^{-*}, \quad \lambda_j^*, \ j = 1, 2, \cdots, n,$$

满足

$$\sum_{j=1}^n \boldsymbol{x}_j \lambda_j^* + \boldsymbol{s}^{-*} = \theta^* \boldsymbol{x}_0,$$

$$\sum_{j=1}^n \lambda_j^* = 1, \quad \boldsymbol{s}^{-*} \geq \boldsymbol{0}, \quad \lambda_j^* \geq 0, \ j = 1, 2, \cdots, n.$$

从而

$$\boldsymbol{x}_0 \geq \sum_{j=1}^n \frac{1}{\theta^*} \boldsymbol{x}_j \lambda_j^*,$$

$$\sum_{j=1}^{n}\lambda_j^* = 1, \quad \lambda_j^* \geqq 0, \; j=1,2,\cdots,n,$$

所以

$$\boldsymbol{x}_0 \in T_{1/\theta^*}^{\mathrm{I}}.$$

相对于 $T_{1/\theta^*}^{\mathrm{I}}$ 评价决策单元 $\boldsymbol{x}_0$, 建立模型 (D_{θ^*}) 如下.

$$(\mathrm{D}_{\theta^*})\begin{cases} \min \tilde{\theta}, \\ \text{s.t.} \sum_{j=1}^{n}\dfrac{1}{\theta^*}\boldsymbol{x}_j\tilde{\lambda}_j + \tilde{\boldsymbol{s}}^- = \tilde{\theta}\boldsymbol{x}_0, \\ \sum_{j=1}^{n}\tilde{\lambda}_j = 1, \\ \tilde{\boldsymbol{s}}^- \geqq \boldsymbol{0}, \tilde{\lambda}_j \geqq 0, j=1,2,\cdots,n. \end{cases}$$

定理5.2　若模型 $(\mathrm{D\text{-}BC}_{\mathrm{I}}^2)$ 的最优值为 θ^*, 则模型 (D_{θ^*}) 的最优值

$$\tilde{\theta}^* = 1.$$

证明　设模型 $(\mathrm{D\text{-}BC}_{\mathrm{I}}^2)$ 的最优解为

$$\theta^*, \quad \boldsymbol{s}^{-*}, \quad \lambda_j^*, \; j=1,2,\cdots,n,$$

则有

$$\sum_{j=1}^{n}\boldsymbol{x}_j\lambda_j^* + \boldsymbol{s}^{-*} = \theta^*\boldsymbol{x}_0, \quad \sum_{j=1}^{n}\lambda_j^* = 1,$$

从而

$$\sum_{j=1}^{n}\dfrac{1}{\theta^*}\boldsymbol{x}_j\lambda_j^* + \dfrac{1}{\theta^*}\boldsymbol{s}^{-*} = \boldsymbol{x}_0, \quad \sum_{j=1}^{n}\lambda_j^* = 1.$$

令

$$\tilde{\theta}^* = 1, \quad \tilde{\boldsymbol{s}}^{-*} = \dfrac{1}{\theta^*}\boldsymbol{s}^{-*}, \quad \tilde{\lambda}_j^* = \lambda_j^*, \; j=1,2,\cdots,n,$$

则

$$\tilde{\theta}^*, \quad \tilde{\boldsymbol{s}}^{-*}, \quad \tilde{\lambda}_j^*, \; j=1,2,\cdots,n$$

为模型 (D_{θ^*}) 的可行解, 所以模型 (D_{θ^*}) 的最优解

$$\min \tilde{\theta} \leqq 1.$$

假设

$$\min \tilde{\theta} = \bar{\theta}^* < 1,$$

即存在

$$\bar{\theta}^*, \quad \bar{s}^{-*}, \quad \bar{\lambda}_j^*, \ j = 1, 2, \cdots, n$$

为模型 (D_{θ^*}) 的最优解, 满足

$$\sum_{j=1}^n \frac{1}{\theta^*} \boldsymbol{x}_j \bar{\lambda}_j^* + \bar{\boldsymbol{s}}^{-*} = \bar{\theta}^* \boldsymbol{x}_0, \quad \sum_{j=1}^n \bar{\lambda}_j^* = 1,$$

变形得

$$\sum_{j=1}^n \boldsymbol{x}_j \bar{\lambda}_j^* + \theta^* \bar{\boldsymbol{s}}^{-*} = \theta^* \bar{\theta}^* \boldsymbol{x}_0, \quad \sum_{j=1}^n \bar{\lambda}_j^* = 1.$$

令

$$\theta = \theta^* \bar{\theta}^*, \quad \boldsymbol{s}^- = \theta^* \bar{\boldsymbol{s}}^{-*}, \quad \lambda_j = \bar{\lambda}_j^*, \ j = 1, 2, \cdots, n,$$

则

$$\theta, \quad \boldsymbol{s}^-, \quad \lambda_j, \ j = 1, 2, \cdots, n$$

为模型 $(D\text{-}BC_I^2)$ 的最优解, 最优值

$$\theta^* \bar{\theta}^* < \theta^*,$$

这与 θ^* 为模型 $(D\text{-}BC_I^2)$ 的最优值矛盾, 所以

$$\min \tilde{\theta} = \tilde{\theta}^* = 1.$$

如图 5.4 所示, 假设通过模型 $(D\text{-}BC_I^2)$ 评价 DMU5, 最优值 $\theta^* = \theta_5$, 则通过 DMU5 的折线段右上方阴影部分即为生产可能集的 $\frac{1}{\theta_5}$ 移动, 相应的折线段称为生产前沿面的 $\frac{1}{\theta_5}$ 移动. 对 DMU6 可以同样讨论.

一般地, 决策单元 $\boldsymbol{x}_0$ 通过模型 $(D\text{-}BC_I^2)$ 评价的最优值为 θ^*, 则决策单元 $\boldsymbol{x}_0$ 位于生产前沿面的 $\frac{1}{\theta^*}$ 移动上. 当决策单元为弱 DEA 有效或 DEA 有效时, $\theta^* = 1$, 此时决策单元正好位于生产前沿面上.

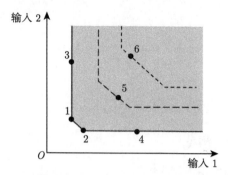

图 5.4　只有输入的传统 BC² 模型生产前沿面及其移动

5.3　结 束 语

通过对只有输入或只有输出的 BC² 模型引入了生产可能集和生产前沿面的移动, 得到只有输出 (输入) 的 BC² 模型评价下的决策单元的最优值与生产前沿面的移动值之间存在倒数关系, 决策单元恰好位于生产前沿面的相应移动上.

第 6 章   广义与传统 DEA 模型相对效率差异及其几何刻画

传统 DEA 方法相对于决策单元全体对决策单元进行评价, 广义 DEA 方法相对于样本单元全体对决策单元进行评价. 由于参照系的不同, 对不同决策单元的相对效率评价结果可能不同. 针对这种情况, 本章对基于 BC² 模型的只有输入或只有输出的传统和广义 DEA 模型进行说明, 并通过样本前沿面的移动对广义 DEA 模型中相对效率值进行几何刻画.

6.1   只有输出的广义与传统 DEA 模型相对效率差异及其几何刻画

假设有 n 个决策单元和 $\bar{n}$ 个样本单元, 它们的输出向量含有 s 个分量. 第 p 个决策单元的输出向量为

$$\boldsymbol{y}_p = (y_{1p}, y_{2p}, \cdots, y_{sp})^{\mathrm{T}},$$

第 j 个样本单元的输出向量为

$$\bar{\boldsymbol{y}}_j = (\bar{y}_{1j}, \bar{y}_{2j}, \cdots, \bar{y}_{sj})^{\mathrm{T}},$$

其中 $\boldsymbol{y}_p > \boldsymbol{0}, \bar{\boldsymbol{y}}_j > \boldsymbol{0}, p = 1, 2, \cdots, n; j = 1, 2, \cdots, \bar{n}$.

令

$$T_{\mathrm{DMU}}^{\mathrm{O}} = \{\boldsymbol{y}_1, \boldsymbol{y}_2, \cdots, \boldsymbol{y}_n\},$$

称 $T_{\mathrm{DMU}}^{\mathrm{O}}$ 为只有输出情形的决策单元集.

令

$$T_{\mathrm{SU}}^{\mathrm{O}} = \{\bar{\boldsymbol{y}}_1, \bar{\boldsymbol{y}}_2, \cdots, \bar{\boldsymbol{y}}_{\bar{n}}\},$$

称 $T_{\mathrm{SU}}^{\mathrm{O}}$ 为只有输出情形的样本单元集.

依据平凡性、凸性、无效性和最小性公理, 由决策单元全体构造的只有输出的传统生产可能集

$$T^{\mathrm{O}} = \left\{\boldsymbol{y} \middle| \boldsymbol{y} \leqq \sum_{p=1}^{n} \boldsymbol{y}_p \lambda_p, \sum_{p=1}^{n} \lambda_p = 1, \lambda_p \geqq 0, p = 1, 2, \cdots, n\right\},$$

由样本单元全体构造的只有输出的广义生产可能集

$$T_{\mathrm{G}}^{\mathrm{O}} = \left\{ \boldsymbol{y} \middle| \boldsymbol{y} \leqq \sum_{j=1}^{\bar{n}} \bar{\boldsymbol{y}}_j \lambda_j, \sum_{j=1}^{\bar{n}} \lambda_j = 1, \lambda_j \geqq 0, j = 1, 2, \cdots, \bar{n} \right\}.$$

评价决策单元 $\boldsymbol{y}_0$ 的**只有输出的传统 BC^2 模型** $(\mathrm{D\text{-}BC}_{\mathrm{O}}^2)$ 和**只有输出的广义 BC^2 模型** $(\mathrm{DG\text{-}BC}_{\mathrm{O}}^2)$ 如下:

$$(\mathrm{D\text{-}BC}_{\mathrm{O}}^2) \begin{cases} \max z, \\ \mathrm{s.t.} \displaystyle\sum_{p=1}^{n} \boldsymbol{y}_p \lambda_p - \boldsymbol{s}^+ = z\boldsymbol{y}_0, \\ \displaystyle\sum_{p=1}^{n} \lambda_p = 1, \\ \boldsymbol{s}^+ \geqq \boldsymbol{0}, \lambda_p \geqq 0, p = 1, 2, \cdots, n. \end{cases}$$

$$(\mathrm{DG\text{-}BC}_{\mathrm{O}}^2) \begin{cases} \max z_{\mathrm{G}}, \\ \mathrm{s.t.} \displaystyle\sum_{j=1}^{\bar{n}} \bar{\boldsymbol{y}}_j \lambda_j - \boldsymbol{s}^+ = z_{\mathrm{G}}\boldsymbol{y}_0, \\ \displaystyle\sum_{j=1}^{\bar{n}} \lambda_j = 1, \\ \boldsymbol{s}^+ \geqq \boldsymbol{0}, \lambda_j \geqq 0, j = 1, 2, \cdots, \bar{n}. \end{cases}$$

其中 $\boldsymbol{y}_0 = \boldsymbol{y}_{j_0}, j_0 \in \{1, 2, \cdots, n\}.$

设模型 $(\mathrm{D\text{-}BC}_{\mathrm{O}}^2)$ 的最优解为

$$z^*, \quad \boldsymbol{s}^{+*}, \quad \lambda_j^*, \ j = 1, 2, \cdots, n.$$

若满足

$$z^* = 1,$$

则称决策单元 $\boldsymbol{y}_0$ 为弱 DEA 有效; 若满足

$$z^* = 1$$

并且

$$\boldsymbol{s}^{+*} = \boldsymbol{0},$$

则称决策单元 $\boldsymbol{y}_0$ 为 DEA 有效. 反之, 称决策单元 $\boldsymbol{y}_0$ 为 DEA 无效.

如图 6.1 所示 (双输出为例), 共有 9 个决策单元, 阴影所示区域为决策单元全体构造的只有输出的传统生产可能集, 其中 DMU1, DMU2 与 DMU3 为 DEA 有效, DMU4 为弱 DEA 有效, 连接 DMU1, DMU2 与 DMU3 的折线段为传统有效生产前沿面, 在此基础上添加 DMU1 左侧的水平线段和 DMU3 下方的竖直线段得到传统的弱有效生产前沿面, 简称传统生产前沿面. 其余 5 个决策单元均为 DEA 无效且非 DEA 弱有效.

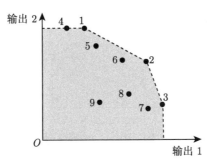

图 6.1 只有输出的传统 BC^2 模型生产可能集

设模型 (DG-BC^2_O) 的最优解为

$$z_\text{G}^*, \quad \boldsymbol{s}^{+*}, \quad \lambda_j^*, \ j = 1, 2, \cdots, \bar{n}.$$

若满足

$$z_\text{G}^* = 1,$$

则称决策单元 $\boldsymbol{y}_p$ 为广义弱 DEA 有效, 简称弱 G-DEA 有效; 若满足

$$z_\text{G}^* = 1$$

并且

$$\boldsymbol{s}^{+*} = \boldsymbol{0},$$

或者

$$z_\text{G}^* < 1,$$

则称决策单元 $\boldsymbol{y}_p$ 为广义 DEA 有效, 简称 G-DEA 有效. 反之, 称决策单元 $\boldsymbol{y}_p$ 为 G-DEA 无效.

对于只有输出的广义 DEA 模型, 模型 (DG-BC^2_O) 的最优值 z_G^* 越小, 说明决策单元的相对效率越高. 定义 $\dfrac{1}{z_\text{G}^*}$ 为决策单元基于样本单元集的效率值.

如图 6.2 所示 (双输出为例), 将图 6.1 中的 9 个决策单元相对于 4 个样本单元 A, B, C, D 来进行相对效率评价, 阴影所示区域为 4 个样本单元构造的只有输出的广义生产可能集, 其中连接样本单元 A 和 B 的线段为广义有效生产前沿面, 该线段加上 A 左端的水平线段和 B 下方的竖直线段称为广义弱有效生产前沿面, 简称广义生产前沿面. DMU1 到 DMU6 为广义 DEA 有效, DMU7 为广义弱 DEA 有效, DMU8 与 DMU9 为广义 DEA 无效且非广义弱 DEA 有效.

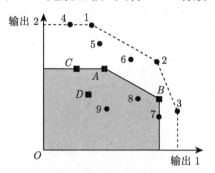

图 6.2　只有输出的广义 BC^2 模型生产可能集

　　注意到 DMU4, DMU5 与 DMU6 相对于 9 个决策单元为传统 DEA 无效, 相对于 4 个样本单元为广义 DEA 有效, DMU3 既为传统 DEA 有效又为广义 DEA 有效. 在传统 DEA 方法中, DMU3 的相对效率要优于 DMU4, DMU5 与 DMU6. 下面引入样本前沿面的 d 移动, 可以看到利用广义 DEA 模型评价, DMU4, DMU5 与 DMU6 的相对效率有可能优于 DMU3. 这样, 在两种不同的参考系下对不同决策单元之间的评价结果可能存在差异.

　　在广义 BC^2 模型 (DG-BC_O^2) 中引入移动因子 d, 其中 $d > 0$, 得到模型 (DG$_d$-BC_O^2) 如下:

$$(\text{DG}_d\text{-BC}_O^2)\begin{cases} \max z_d, \\ \text{s.t.} \sum_{j=1}^{\bar{n}} d\bar{\boldsymbol{y}}_j \lambda_j - \boldsymbol{s}^+ = z_d \boldsymbol{y}_0, \\ \sum_{j=1}^{\bar{n}} \lambda_j = 1, \\ \boldsymbol{s}^+ \geqq \boldsymbol{0}, \lambda_j \geqq 0, j = 1, 2, \cdots, \bar{n}. \end{cases}$$

　　依据平凡性、凸性、无效性和最小性公理, 由样本单元全体构造只有输出的广义生产可能集的 d 移动

$$T_{Gd}^O = \left\{ \boldsymbol{y} \middle| \boldsymbol{y} \leqq \sum_{j=1}^{\bar{n}} d\bar{\boldsymbol{y}}_j \lambda_j, \sum_{j=1}^{\bar{n}} \lambda_j = 1, \lambda_j \geqq 0, j = 1, 2, \cdots, \bar{n} \right\}.$$

对给定的移动因子 d, 设模型 $(\mathrm{DG}_d\text{-}\mathrm{BC}_O^2)$ 的最优解为

$$\tilde{z}_d, \quad \tilde{s}^+, \quad \tilde{\lambda}_j, \; j = 1, 2, \cdots, \bar{n}.$$

若满足

$$\tilde{z}_d = 1,$$

则称决策单元 y_0 相对于输出的样本前沿面的 d 移动为广义弱 DEA 有效, 简称弱 G-DEA$_d$ 有效; 若满足

$$\tilde{z}_d = 1$$

并且

$$\tilde{s}^+ = \mathbf{0},$$

或者

$$\tilde{z}_d < 1,$$

则称决策单元 y_0 相对于输出的样本前沿面的 d 移动为广义 DEA 有效, 简称 G-DEA$_d$ 有效. 反之, 称决策单元 y_0 为 G-DEA$_d$ 无效.

当 $d = 1$ 时, G-DEA$_1$ 有效即为 G-DEA 有效, G-DEA$_1$ 弱有效即为 G-DEA 弱有效.

如图 6.3 所示 (双输出为例), $d = 1$ 所对应的折线段即为广义生产前沿面, $d = d_1, d = d_2, d = d_3$ 所对应的折线段为广义生产前沿面的相应 d 移动. 可见 DMU1 与 DMU4 为 G-DEA$_{d_1}$ 有效, DMU1, DMU2, DMU4 与 DMU5 为 G-DEA$_{d_2}$ 有效, DMU1 到 DMU6 均为 G-DEA 有效, DMU7 为弱 G-DEA 有效, DMU1 到 DMU8 均为 G-DEA$_{d_3}$ 有效, DMU9 为 G-DEA$_{d_3}$ 无效. 基于样本前沿面移动的有效性排序结果为 DMU1, DMU4>DMU2, DMU5, DMU6>DMU3> DMU7>DMU8>DMU9. 可以通过细化 d 值进一步比较. 当然, 这种差异与样本单元集的选择有关, 不同的样本单元集所获得的评价结果不尽相同, 通过样本单元集的选择可以体现决策者一定的偏好.

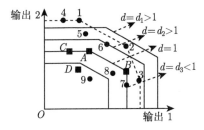

图 6.3 只有输出的广义 BC^2 模型生产可能集的 d 移动

由模型 (DG$_d$-BC$_{\mathrm{O}}^2$) 或者图 6.3 可以看到, 当评价某一个决策单元时, d 值越大, 最优值 $\tilde{z}_d$ 越大. 若 $d = d_0$ 时, 最优值 $\tilde{z}_{d_0} > 1$, 则该决策单元为 G-DEA$_{d_0}$ 无效. 存在一个临界值 d^*, 满足 $d > d^*$ 时, 决策单元为 G-DEA$_d$ 无效; $d < d^*$ 时, 决策单元为 G-DEA$_d$ 有效; $d = d^*$ 时, $\tilde{z}_d = 1$. 对于不同决策单元相对于样本前沿面移动进行相对效率评价, 相应的临界值 d^* 越大, 说明该决策单元的相对效率越大.

定理6.1　　若模型 (DG-BC$_{\mathrm{O}}^2$) 的最优值为 z_{G}^*, 则当

$$d = \frac{1}{z_{\mathrm{G}}^*}$$

时, 模型 (DG$_d$-BC$_{\mathrm{O}}^2$) 的最优值

$$\tilde{z}_d = 1.$$

证明　　设

$$z_{\mathrm{G}}^*, \quad \boldsymbol{s}^{+*}, \quad \lambda_j^*, \; j = 1, 2, \cdots, \bar{n}$$

为模型 (DG-BC$_{\mathrm{O}}^2$) 的最优解, 故满足

$$\sum_{j=1}^{\bar{n}} \bar{\boldsymbol{y}}_j \lambda_j^* - \boldsymbol{s}^{+*} = z_{\mathrm{G}}^* \boldsymbol{y}_0,$$

$$\sum_{j=1}^{\bar{n}} \lambda_j^* = 1,$$

变形可得

$$\sum_{j=1}^{\bar{n}} \frac{1}{z_{\mathrm{G}}^*} \bar{\boldsymbol{y}}_j \lambda_j^* - \frac{1}{z_{\mathrm{G}}^*} \boldsymbol{s}^{+*} = \boldsymbol{y}_0,$$

$$\sum_{j=1}^{\bar{n}} \lambda_j^* = 1,$$

从而可知当 $d = \dfrac{1}{z_{\mathrm{G}}^*}$ 时,

$$z_d = 1, \quad \frac{1}{z_{\mathrm{G}}^*} \boldsymbol{s}^{+*}, \quad \lambda_j^*, \; j = 1, 2, \cdots, \bar{n}$$

为模型 (DG$_d$-BC$_{\mathrm{O}}^2$) 的可行解, 故当 $d = \dfrac{1}{z_{\mathrm{G}}^*}$ 时, 模型 (DG$_d$-BC$_{\mathrm{O}}^2$) 的最优值

$$\tilde{z}_d \geqq 1.$$

当 $d = \dfrac{1}{z_{\mathrm{G}}^*}$ 时, 假设

$$\tilde{z}_d > 1.$$

设

$$\tilde{z}_d, \quad \tilde{\boldsymbol{s}}^+, \quad \tilde{\lambda}_j, \ j = 1, 2, \cdots, \bar{n}$$

为模型 $(\mathrm{DG}_d\text{-}\mathrm{BC}_\mathrm{O}^2)$ 的最优解, 则有

$$\sum_{j=1}^{\bar{n}} \frac{1}{z_\mathrm{G}^*} \bar{\boldsymbol{y}}_j \tilde{\lambda}_j - \tilde{\boldsymbol{s}}^+ = \tilde{z}_d \boldsymbol{y}_0,$$

$$\sum_{j=1}^{\bar{n}} \tilde{\lambda}_j = 1,$$

变形可得

$$\sum_{j=1}^{\bar{n}} \bar{\boldsymbol{y}}_j \tilde{\lambda}_j - z_\mathrm{G}^* \tilde{\boldsymbol{s}}^+ = z_\mathrm{G}^* \tilde{z}_d \boldsymbol{y}_0,$$

$$\sum_{j=1}^{\bar{n}} \tilde{\lambda}_j = 1,$$

从而可知

$$z_\mathrm{G}^* \tilde{z}_d, \quad z_\mathrm{G}^* \tilde{\boldsymbol{s}}^+, \quad \tilde{\lambda}_j, \ j = 1, 2, \cdots, \bar{n}$$

为模型 $(\mathrm{DG}_d\text{-}\mathrm{BC}_\mathrm{O}^2)$ 的可行解. 因为

$$\tilde{z}_d > 1,$$

所以模型 $(\mathrm{DG}_d\text{-}\mathrm{BC}_\mathrm{O}^2)$ 的最优值

$$\max z_\mathrm{G} \geqq z_\mathrm{G}^* \tilde{z}_d > z_\mathrm{G}^*,$$

矛盾. 故当 $d = \dfrac{1}{z_\mathrm{G}^*}$ 时, 模型 $(\mathrm{DG}_d\text{-}\mathrm{BC}_\mathrm{O}^2)$ 的最优值

$$\tilde{z}_d = 1.$$

通过定理 6.1 可知, 利用模型 $(\mathrm{DG}_d\text{-}\mathrm{BC}_\mathrm{O}^2)$ 对决策单元相对于样本前沿面移动进行相对效率评价, 使得该决策单元为 $\tilde{z}_d = 1$ 的临界值 d^* 即为模型 $(\mathrm{DG}\text{-}\mathrm{BC}_\mathrm{O}^2)$ 最优值 z_G^* 的倒数, 也就是说该决策单元恰好位于样本前沿面的 $\dfrac{1}{z_\mathrm{G}^*}$ 移动上.

以下对只有输入的广义和传统 BC^2 模型类似地进行讨论.

6.2　只有输入的广义与传统 DEA 模型相对效率差异及其几何刻画

假设有 n 个决策单元和 $\bar{n}$ 个样本单元, 它们的输入向量含有 m 个分量. 第 p 个决策单元的输入向量为

$$\boldsymbol{x}_p = (x_{1p}, x_{2p}, \cdots, x_{mp})^{\mathrm{T}},$$

第 j 个样本单元的输入向量为

$$\bar{\boldsymbol{x}}_j = (\bar{x}_{1j}, \bar{x}_{2j}, \cdots, \bar{x}_{mj})^{\mathrm{T}},$$

其中 $\boldsymbol{x}_p > \boldsymbol{0}, \bar{\boldsymbol{x}}_j > \boldsymbol{0}, p = 1, 2, \cdots, n, j = 1, 2, \cdots, \bar{n}.$

令

$$T_{\mathrm{SU}}^{\mathrm{I}} = \{\bar{\boldsymbol{x}}_1, \bar{\boldsymbol{x}}_2, \cdots, \bar{\boldsymbol{x}}_{\bar{n}}\},$$

称 $T_{\mathrm{SU}}^{\mathrm{I}}$ 为只有输入情形的样本单元集.

令

$$T_{\mathrm{DMU}}^{\mathrm{I}} = \{\boldsymbol{x}_1, \boldsymbol{x}_2, \cdots, \boldsymbol{x}_n\},$$

称 $T_{\mathrm{DMU}}^{\mathrm{I}}$ 为只有输入情形的决策单元集.

依据平凡性、凸性、无效性和最小性公理由决策单元全体构造只有输入的传统生产可能集如下:

$$T^{\mathrm{I}} = \left\{\boldsymbol{x} \,\middle|\, \boldsymbol{x} \geqq \sum_{p=1}^{n} \boldsymbol{x}_p \lambda_p, \sum_{p=1}^{n} \lambda_p = 1, \lambda_p \geqq 0, p = 1, 2, \cdots, n\right\},$$

由样本单元全体构造只有输入的广义生产可能集如下:

$$T_{\mathrm{G}}^{\mathrm{I}} = \left\{\boldsymbol{x} \,\middle|\, \boldsymbol{x} \geqq \sum_{j=1}^{\bar{n}} \bar{\boldsymbol{x}}_j \lambda_j, \sum_{j=1}^{\bar{n}} \lambda_j = 1, \lambda_j \geqq 0, j = 1, 2, \cdots, \bar{n}\right\}.$$

评价决策单元 $\boldsymbol{x}_0$ 的**只有输入的传统 BC^2 模型** (D-BC$_{\mathrm{I}}^2$) 和**只有输入的广义 BC^2 模型** (DG-BC$_{\mathrm{I}}^2$) 如下:

$$(\text{D-BC}_{\mathrm{I}}^2) \begin{cases} \min\theta, \\ \text{s.t.} \displaystyle\sum_{p=1}^{n} \boldsymbol{x}_p \lambda_p + \boldsymbol{s}^- = \theta\boldsymbol{x}_0, \\ \displaystyle\sum_{p=1}^{n} \lambda_p = 1, \\ \boldsymbol{s}^- \geqq \boldsymbol{0}, \lambda_p \geqq 0, p = 1, 2, \cdots, n. \end{cases}$$

$$(\text{DG-BC}_{\text{I}}^2)\begin{cases} \min\theta_{\text{G}}, \\ \text{s.t.} \displaystyle\sum_{j=1}^{\bar{n}} \bar{\boldsymbol{x}}_j\lambda_j + \boldsymbol{s}^- = \theta_{\text{G}}\boldsymbol{x}_0, \\ \displaystyle\sum_{j=1}^{\bar{n}}\lambda_j = 1, \\ \boldsymbol{s}^- \geqq \boldsymbol{0}, \lambda_j \geqq 0, j = 1, 2, \cdots, \bar{n}. \end{cases}$$

其中 $\boldsymbol{x}_0 = \boldsymbol{x}_{j_0}, j_0 \in \{1, 2, \cdots, n\}$.

设模型 $(\text{D-BC}_{\text{I}}^2)$ 的最优解为

$$\theta^*, \quad \boldsymbol{s}^{-*}, \quad \lambda_j^*, \; j = 1, 2, \cdots, n.$$

若满足

$$\theta^* = 1,$$

则称决策单元 $\boldsymbol{x}_0$ 为弱 DEA 有效; 若满足

$$\theta^* = 1$$

且

$$\boldsymbol{s}^{-*} = \boldsymbol{0},$$

则称决策单元 $\boldsymbol{x}_0$ 为 DEA 有效. 反之, 称决策单元 $\boldsymbol{x}_0$ 为 DEA 无效.

如图 6.4 所示 (双输入为例), 共有 8 个决策单元, 阴影所示区域为决策单元全体构造的只有输入的传统生产可能集, 其中 DMU1, DMU2 与 DMU3 为 DEA 有效, DMU4 为弱 DEA 有效, DMU5 到 DMU8 均为 DEA 无效且非传统弱 DEA 有效. 连接 DMU1, DMU2 与 DMU3 的折线段为传统有效生产前沿面, 在此基础上添加 DMU1 上方的竖直射线和 DMU3 右侧的水平射线, 即为传统弱有效生产前沿面, 简称生产前沿面. 其中弱有效决策单元 (包括有效单元) 位于生产前沿面上, DEA 无效且非弱 DEA 有效决策单元位于生产可能集内部而非生产前沿面上.

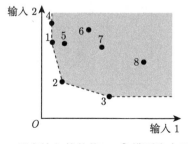

图 6.4 只有输入的传统 BC^2 模型生产可能集

设模型 (DG-BC$_\mathrm{I}^2$) 的最优解为

$$\theta_\mathrm{G}^*, \quad \boldsymbol{s}^{-*}, \quad \lambda_j^*, \ j = 1, 2, \cdots, \bar{n}.$$

若满足

$$\theta_\mathrm{G}^* = 1,$$

则称决策单元 $\boldsymbol{x}_0$ 为广义弱 DEA 有效, 简称弱 G-DEA 有效; 若满足

$$\theta_\mathrm{G}^* = 1$$

且

$$\boldsymbol{s}^{-*} = \boldsymbol{0},$$

或

$$\theta_\mathrm{G}^* > 1,$$

则称决策单元 $\boldsymbol{x}_0$ 为广义 DEA 有效, 简称 G-DEA 有效. 反之, 称决策单元 $\boldsymbol{x}_0$ 为 G-DEA 无效.

对于只有输入的广义 DEA 模型, 模型 (DG-BC$_\mathrm{I}^2$) 的最优值为 θ_G^* 越大, 说明决策单元的相对效率越高. 定义 θ_G^* 为决策单元 $\boldsymbol{x}_p$ 基于样本单元集的效率值.

如图 6.5 所示 (双输入为例), 将图 6.4 中的 8 个决策单元相对于 4 个样本单元 A, B, C, D 来进行相对效率评价, 阴影所示区域为 4 个样本单元构造的只有输入的广义生产可能集, 其中连接样本单元 A 和 B 的线段为广义有效生产前沿面, 经过样本单元 A, B, D 与 DMU6 的折线为广义弱有效生产前沿面, 简称广义生产前沿面. DMU1 到 DMU5 均为广义 DEA 有效, DMU6 为广义弱 DEA 有效且非广义 DEA 有效, DMU7 与 DMU8 为广义 DEA 无效且非广义弱 DEA 有效.

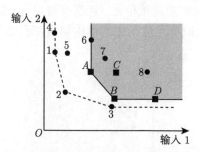

图 6.5　只有输入的广义 BC^2 模型生产可能集

以 DMU3 和 DMU5 为例, 利用传统 DEA 模型 (D-BC$_\mathrm{I}^2$) 评价相对效率, DMU3 优于 DMU5. 下文将说明利用广义 DEA 模型 (DG-BC$_\mathrm{I}^2$) 评价, DMU5 可能优于

DMU3. 利用不同模型评价, 对 DMU3 和 DMU5 得到的评价结果可能不一致. 当然, 对于其他决策单元之间利用这两种方法评价的结果也可能一致.

在广义 BC^2 模型 (DG-$\mathrm{BC}_{\mathrm{I}}^2$) 中引入移动因子 b, 其中 $b > 0$, 得到模型 (DG$_b$-$\mathrm{BC}_{\mathrm{I}}^2$) 如下:

$$(\mathrm{DG}_b\text{-}\mathrm{BC}_{\mathrm{I}}^2) \begin{cases} \min \theta_b, \\ \mathrm{s.t.} \displaystyle\sum_{j=1}^{\bar{n}} b\bar{\boldsymbol{x}}_j \lambda_j + \boldsymbol{s}^- = \theta_b \boldsymbol{x}_0, \\ \displaystyle\sum_{j=1}^{\bar{n}} \lambda_j = 1, \\ \boldsymbol{s}^- \geqq \boldsymbol{0}, \lambda_j \geqq 0, j = 1, 2, \cdots, \bar{n}. \end{cases}$$

设模型 (DG$_b$-$\mathrm{BC}_{\mathrm{I}}^2$) 的最优解为

$$\tilde{\theta}_b, \quad \tilde{\boldsymbol{s}}^-, \quad \tilde{\lambda}_j, \ j = 1, 2, \cdots, \bar{n}.$$

若满足

$$\tilde{\theta}_b = 1,$$

则称决策单元 $\boldsymbol{x}_0$ 为相对于只有输入的广义生产前沿面的 b 移动为广义弱 DEA 有效, 简称弱 G-DEA$_b$ 有效. 若满足

$$\tilde{\theta}_b = 1$$

且

$$\tilde{\boldsymbol{s}}^- = \boldsymbol{0},$$

或

$$\tilde{\theta}_b > 1,$$

则称决策单元 $\boldsymbol{x}_0$ 相对于只有输入的广义生产前沿面的 b 移动为广义 DEA 有效, 简称 G-DEA$_b$ 有效. 反之, 称决策单元 $\boldsymbol{x}_0$ 为 G-DEA$_b$ 无效.

当 $b = 1$ 时, 弱 G-DEA$_1$ 有效即为弱 G-DEA 有效, G-DEA$_1$ 有效即为 G-DEA 有效.

依据平凡性、凸性、无效性和最小性公理, 由样本单元全体构造只有输入的生产可能集的 b 移动如下.

$$T_{\mathrm{G}b}^{\mathrm{I}} = \left\{ \boldsymbol{x} \,\middle|\, \boldsymbol{x} \geqq \sum_{j=1}^{\bar{n}} b\bar{\boldsymbol{x}}_j \lambda_j, \sum_{j=1}^{\bar{n}} \lambda_j = 1, \lambda_j \geqq 0, j = 1, 2, \cdots, \bar{n} \right\}.$$

如图 6.6 所示 (双输入为例), $b = 1$ 所对应的折线段即为广义生产前沿面, $b = b_1, b = b_2$ 所对应的折线段为广义生产前沿面的相应 b_1 移动和 b_2 移动. 可见 DMU1, DMU2, DMU4 与 DMU5 为 G-DEA$_{b_1}$ 有效, DMU3 为 G-DEA$_1$ 有效, DMU6 为弱 G-DEA$_1$ 有效, DMU7 为 G-DEA$_{b_2}$ 有效, DMU8 为 G-DEA$_{b_2}$ 无效. 各决策单元的有效性排序为

$$\text{DMU1,DMU2,DMU4, DMU5} > \text{DMU3} > \text{DMU6} > \text{DMU7} > \text{DMU8},$$

可以通过细化 b 值进一步对各决策单元的有效性排序.

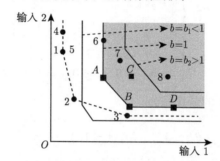

图 6.6　只有输入的广义 BC^2 模型生产可能集的 b 移动

由模型 (DG-BC$^2_{\mathrm{I}}$) 或者图 6.6 可以看到, 当评价某一个决策单元时, b 值越小, 最优值 $\tilde{\theta}_b$ 越大. 若 $b = b_0$ 时, 最优值 $\tilde{\theta}_{b_0} < 1$, 则该决策单元为 G-DEA$_{b_0}$ 无效. 存在一个临界值 b^*, 满足 $b > b^*$ 时, 决策单元为 G-DEA$_d$ 有效; $b < b^*$ 时, 决策单元为 G-DEA$_d$ 无效; $b = b^*$ 时, $\tilde{\theta}_b = 1$. 对于不同决策单元进行相对效率评价, 某个决策单元相应的临界值 b^* 越小, 说明该决策单元的相对效率越大.

与定理 6.1 类似, 可以给出如下定理.

定理6.2　若模型 (DG-BC$^2_{\mathrm{I}}$) 的最优值为 θ^*_{G}, 则当

$$b = \frac{1}{\theta^*_{\mathrm{G}}}$$

时, 模型 (DG$_b$-BC$^2_{\mathrm{I}}$) 的最优值

$$\tilde{\theta}_b = 1.$$

证明　设

$$\theta^*_{\mathrm{G}}, \quad \boldsymbol{s}^{-*}, \quad \lambda^*_j, \; j = 1, 2, \cdots, \bar{n}$$

为模型 (DG-BC$^2_{\mathrm{I}}$) 的最优解, 故满足

$$\sum_{j=1}^{\bar{n}} \bar{\boldsymbol{x}}_j \lambda^*_j + \boldsymbol{s}^{-*} = \theta^*_{\mathrm{G}} \boldsymbol{x}_0,$$

$$\sum_{j=1}^{\bar{n}} \lambda_j^* = 1,$$

变形可得

$$\sum_{j=1}^{\bar{n}} \frac{1}{\theta_{\mathrm{G}}^*} \bar{\boldsymbol{x}}_j \lambda_j^* + \frac{1}{\theta_{\mathrm{G}}^*} \boldsymbol{s}^{-*} = \boldsymbol{x}_0,$$

$$\sum_{j=1}^{\bar{n}} \lambda_j^* = 1,$$

从而可知当 $b = \dfrac{1}{\theta_{\mathrm{G}}^*}$ 时,

$$\theta_b = 1, \quad \frac{1}{\theta_{\mathrm{G}}^*} \boldsymbol{s}^{-*}, \quad \lambda_j^*, \ j = 1, 2, \cdots, \bar{n}$$

为模型 $(\mathrm{DG}_b\text{-}\mathrm{BC}_{\mathrm{I}}^2)$ 的可行解, 故当 $b = \dfrac{1}{\theta_{\mathrm{G}}^*}$ 时, 模型 $(\mathrm{DG}_b\text{-}\mathrm{BC}_{\mathrm{I}}^2)$ 的最优值

$$\tilde{\theta}_b \leqq 1.$$

当 $b = \dfrac{1}{\theta_{\mathrm{G}}^*}$ 时, 假设

$$\tilde{\theta}_b < 1.$$

设

$$\tilde{\theta}_b, \quad \tilde{\boldsymbol{s}}^-, \quad \tilde{\lambda}_j, \ j = 1, 2, \cdots, \bar{n}$$

为模型 $(\mathrm{DG}_b\text{-}\mathrm{BC}_{\mathrm{I}}^2)$ 的最优解, 则有

$$\sum_{j=1}^{\bar{n}} \frac{1}{\theta_{\mathrm{G}}^*} \bar{\boldsymbol{x}}_j \tilde{\lambda}_j + \tilde{\boldsymbol{s}}^- = \tilde{\theta}_b \boldsymbol{x}_0,$$

$$\sum_{j=1}^{\bar{n}} \tilde{\lambda}_j = 1,$$

变形可得

$$\sum_{j=1}^{\bar{n}} \bar{\boldsymbol{x}}_j \tilde{\lambda}_j + \theta_{\mathrm{G}}^* \tilde{\boldsymbol{s}}^- = \theta_{\mathrm{G}}^* \tilde{\theta}_b \boldsymbol{x}_0,$$

$$\sum_{j=1}^{\bar{n}} \tilde{\lambda}_j = 1,$$

从而可知

$$\theta_{\mathrm{G}}^* \tilde{\theta}_b, \quad \theta_{\mathrm{G}}^* \tilde{\boldsymbol{s}}^-, \quad \tilde{\lambda}_j, \ j = 1, 2, \cdots, \bar{n}$$

为模型 $(\mathrm{DG}_b\text{-}\mathrm{BC}_\mathrm{I}^2)$ 的可行解. 因为

$$\tilde{\theta}_b < 1,$$

所以模型 $(\mathrm{DG}_b\text{-}\mathrm{BC}_\mathrm{I}^2)$ 的最优值

$$\min \theta_\mathrm{G} \leqq \theta_\mathrm{G}^* \tilde{\theta}_b < \theta_\mathrm{G}^*,$$

矛盾. 故当 $b = \dfrac{1}{\theta_\mathrm{G}^*}$ 时, 模型 $(\mathrm{DG}_b\text{-}\mathrm{BC}_\mathrm{I}^2)$ 的最优值

$$\tilde{\theta}_b = 1.$$

通过定理 6.2 可以看到, 评价某一个决策单元 $\boldsymbol{x}_0$, 假设模型 $(\mathrm{DG}\text{-}\mathrm{BC}_\mathrm{I}^2)$ 的最优值为 θ_G^*, 则使得模型 $(\mathrm{DG}_d\text{-}\mathrm{BC}_\mathrm{I}^2)$ 的最优值 $\min \theta_b = \tilde{\theta}_b = 1$ 的临界值 $b^* = \dfrac{1}{\theta_\mathrm{G}^*}$, 该决策单元恰好处在样本前沿面的 $\dfrac{1}{\theta_\mathrm{G}^*}$ 移动上.

6.3　结　束　语

本章一方面主要讨论了只有输出 (输入) 情形下在传统 DEA 方法与广义 DEA 方法中, 由于参考系的不同, 对决策单元的评价可能不尽相同, 当然不同的样本单元集的选择也可能使得传统与广义 DEA 方法的评价结果一致. 同时决策单元相对于不同的样本单元集的评价结果也存在两种可能. 另一方面, 揭示了只有输出 (输入) 情形下广义 DEA 效率值与样本前沿面的移动之间的关系, 给出了广义 DEA 效率值的几何刻画.

第7章 广义 DEA 方法中决策单元的有效性排序

在 DEA 模型的研究中, 对决策单元的效率排序问题有许多研究. 文献 [51, 52] 分别基于 C²R 和 BC² 模型以及 C²WH 模型对决策单元排序, 采取的方法是直接观察效率值, 当效率值相同时, 有效性排序选择相同. 文献 [53] 在交叉效率模型中构造虚拟单元对决策单元的相对效率进行排序. 文献 [54] 用传统 DEA 方法评价 DEA 无效单元, 用超效率DEA方法评价DEA有效单元来进行排序. 文献 [55, 56] 用带有虚拟决策单元的 DEA 模型进行有效性排序. 文献 [57] 基于可变权重进行 DEA 效率评价. 文献 [58] 提出一种同时基于最优与最劣前沿面的 DEA 排序方法. 文献 [59] 将公共权重与交叉效率相结合, 引入最优和最差两个虚拟决策单元, 构造权重集合, 加入到交叉效率模型的约束条件中, 进行效率排序. 文献 [60] 提出一种基于公共权重 DEA 模型的决策单元排序方法. 文献 [61] 基于模糊数加权平均值, 提出一个模糊不确定条件下的超效率 DEA 模型, 可得到考虑决策单元偏好的模糊决策单元全排序. 文献 [62] 利用只考虑输出的 DEA 排序方法在数据挖掘中对关联规则进行排序. 文献 [63] 在 DEA 方法中利用交叉效率通过六届奥运会的数据对各国的效率进行排序. 文献 [64] 通过剔除一些有效或无效决策单元来对决策单元进行效率评价, 从而进行排序. 文献 [65] 通过利用权重标准化再进一步处理从而对决策单元进行效率排序. 文献 [66] 通过利用有效决策单元构造人造单元对有效决策单元进行效率排序. 文献 [67] 对不同的决策单元构造不同理想点, 从而确定效率值区间的下界, 用这些理想点对决策单元进行效率排序. 文献 [68] 中给出一种基于交叉依赖效率的规模效益可变情形下的排序方法.

广义 DEA 方法可以通过多种参考集对决策单元的有效性进行评价. 但在应用广义 DEA 方法排序方面, 已有的相对于输出的样本前沿面的 d 移动的排序方法只能对处于特定区域的决策单元进行有效性排序. 因此在本章中给出相对于输入的样本前沿面的 b 移动和相对于输入输出的样本前沿面的 $b+d$ 移动的有效性的概念, 相应的评价模型和判别条件, 以及广义 DEA 有效与相应的多目标规划的 Pareto 有效之间的关系. 利用以上三种方法可以解决处于所有区域的决策单元的排序问题.

7.1 相对于输出的基于样本前沿面 d 移动的有效性排序

假设共有 n 个待评价的决策单元和 $\bar{n}$ 个样本单元或标准 (以下统称样本单元),

它们的特征可由 m 种输入和 s 种输出指标表示.

$$\boldsymbol{x}_p = (x_{1p}, x_{2p}, \cdots, x_{mp})^{\mathrm{T}}$$

为第 p 个决策单元的输入指标值,

$$\boldsymbol{y}_p = (y_{1p}, y_{2p}, \cdots, y_{sp})^{\mathrm{T}}$$

为第 p 个决策单元的输出指标值,

$$\bar{\boldsymbol{x}}_j = (\bar{x}_{1j}, \bar{x}_{2j}, \cdots, \bar{x}_{mj})^{\mathrm{T}}$$

为第 j 个样本单元的输入指标值,

$$\bar{\boldsymbol{y}}_j = (\bar{y}_{1j}, \bar{y}_{2j}, \cdots, \bar{y}_{sj})^{\mathrm{T}}$$

为第 j 个样本单元的输出指标值, 并且它们均为正数.

令 $T_{\mathrm{SU}} = \{(\bar{\boldsymbol{x}}_1, \bar{\boldsymbol{y}}_1), (\bar{\boldsymbol{x}}_2, \bar{\boldsymbol{y}}_2), \cdots, (\bar{\boldsymbol{x}}_{\bar{n}}, \bar{\boldsymbol{y}}_{\bar{n}})\}$, 称 T_{SU} 为样本单元集.

令 $T_{\mathrm{DMU}} = \{(\boldsymbol{x}_1, \boldsymbol{y}_1), (\boldsymbol{x}_2, \boldsymbol{y}_2), \cdots, (\boldsymbol{x}_n, \boldsymbol{y}_n)\}$, 称 T_{DMU} 为决策单元集.

根据数据包络分析方法构造生产可能集的思想, 样本单元确定的生产可能集 T 如下:

$$T = \left\{ (\boldsymbol{x}, \boldsymbol{y}) \middle| \boldsymbol{x} \geqq \sum_{j=1}^{\bar{n}} \bar{\boldsymbol{x}}_j \lambda_j, \boldsymbol{y} \leqq \sum_{j=1}^{\bar{n}} \bar{\boldsymbol{y}}_j \lambda_j, \delta_1 \left(\sum_{j=1}^{\bar{n}} \lambda_j + \delta_2 (-1)^{\delta_3} \lambda_{\bar{n}+1} \right) = \delta_1, \right.$$
$$\left. \lambda_j \geqq 0, j = 1, 2, \cdots, \bar{n}+1 \right\},$$

其中 $\delta_1, \delta_2, \delta_3$ 是取值为 0, 1 的参数.

为了与 7.2 节和 7.4 节给出的模型和定义相区分, 本节回顾第 2 章给出的 DEA 模型及定义时, 在第 2 章相应内容的基础上添加下标 y.

令

$$T_y(d) = \left\{ (\boldsymbol{x}, \boldsymbol{y}) \middle| \boldsymbol{x} \geqq \sum_{j=1}^{\bar{n}} \bar{\boldsymbol{x}}_j \lambda_j, \boldsymbol{y} \leqq \sum_{j=1}^{\bar{n}} d \bar{\boldsymbol{y}}_j \lambda_j, \delta_1 \left(\sum_{j=1}^{\bar{n}} \lambda_j + \delta_2 (-1)^{\delta_3} \lambda_{\bar{n}+1} \right) = \delta_1, \right.$$
$$\left. \lambda_j \geqq 0, j = 1, 2, \cdots, \bar{n}+1 \right\},$$

称 $T_y(d)$ 为样本单元确定的生产可能集相对于**输出的伴随生产可能集**, 其中 d 为正数, 称为移动因子. 显然, $T_y(1) = T$.

定义7.1   如果不存在
$$(\boldsymbol{x}, \boldsymbol{y}) \in T,$$
使得
$$\boldsymbol{x}_p \geqq \boldsymbol{x}, \quad \boldsymbol{y}_p \leqq \boldsymbol{y},$$
且至少有一个不等式严格成立, 则称 $(\boldsymbol{x}_p, \boldsymbol{y}_p)$ 相对于样本前沿面有效, 简称 G-DEA 有效. 反之, 称 $(\boldsymbol{x}_p, \boldsymbol{y}_p)$ 为 G-DEA 无效.

定义7.2   如果不存在
$$(\boldsymbol{x}, \boldsymbol{y}) \in T_y(d),$$
使得
$$\boldsymbol{x}_p \geqq \boldsymbol{x}, \quad \boldsymbol{y}_p \leqq \boldsymbol{y},$$
且至少有一个不等式严格成立, 则称 $(\boldsymbol{x}_p, \boldsymbol{y}_p)$ 相对于输出的样本前沿面的 d 移动有效, 简称 **$\mathbf{G}_y$-DEA$_d$ 有效**. 反之, 称 $(\boldsymbol{x}_p, \boldsymbol{y}_p)$ 为 $\mathbf{G}_y$-DEA$_d$ 无效.

定义 7.1 相当于定义 7.2 中 $d = 1$ 时的情形, 即此时 G_y-DEA$_1$ 有效与 G-DEA 有效相同.

面向输入的广义 DEA 模型及对偶 $(\mathrm{G}_y\text{-DEA}_d)$ 与 $(\mathrm{DG}_y\text{-DEA}_d)$ 如下:

$$(\mathrm{G}_y\text{-DEA}_d) \begin{cases} \max \boldsymbol{\mu}^{\mathrm{T}} \boldsymbol{y}_p - \delta_1 \mu_0, \\ \text{s.t. } \boldsymbol{\omega}^{\mathrm{T}} \bar{\boldsymbol{x}}_j - \boldsymbol{\mu}^{\mathrm{T}} d \bar{\boldsymbol{y}}_j + \delta_1 \mu_0 \geqq 0, j = 1, 2, \cdots, \bar{n}, \\ \boldsymbol{\omega}^{\mathrm{T}} \boldsymbol{x}_p = 1, \\ \boldsymbol{\omega} \geqq \boldsymbol{0}, \boldsymbol{\mu} \geqq \boldsymbol{0}, \\ \delta_1 \delta_2 (-1)^{\delta_3} \mu_0 \geqq 0, \end{cases}$$

$$(\mathrm{DG}_y\text{-DEA}_d) \begin{cases} \min \theta, \\ \text{s.t. } \theta \boldsymbol{x}_p - \sum_{j=1}^{\bar{n}} \bar{\boldsymbol{x}}_j \lambda_j \geqq \boldsymbol{0}, \\ -\boldsymbol{y}_p + \sum_{j=1}^{\bar{n}} d \bar{\boldsymbol{y}}_j \lambda_j \geqq \boldsymbol{0}, \\ \delta_1 \left(\sum_{j=1}^{\bar{n}} \lambda_j + \delta_2 (-1)^{\delta_3} \lambda_{\bar{n}+1} \right) = \delta_1, \\ \lambda_j \geqq 0, j = 1, 2, \cdots, \bar{n}, \bar{n}+1. \end{cases}$$

(1) 当
$$\delta_1 = 0$$

时, $(\mathrm{G}_y\text{-DEA}_d)$ 与 $(\mathrm{DG}_y\text{-DEA}_d)$ 模型为基于 $\mathrm{C}^2\mathrm{R}$ 模型的面向输入的广义 DEA 模型.

(2) 当

$$\delta_1 = 1, \quad \delta_2 = 0$$

时, $(\mathrm{G}_y\text{-DEA}_d)$ 与 $(\mathrm{DG}_y\text{-DEA}_d)$ 模型为基于 BC^2 模型的面向输入的广义 DEA 模型.

(3) 当

$$\delta_1 = 1, \quad \delta_2 = 1, \quad \delta_3 = 0$$

时, $(\mathrm{G}_y\text{-DEA}_d)$ 与 $(\mathrm{DG}_y\text{-DEA}_d)$ 模型为基于 FG 模型的面向输入的广义 DEA 模型.

(4) 当

$$\delta_1 = 1, \quad \delta_2 = 1, \quad \delta_3 = 1$$

时, $(\mathrm{G}_y\text{-DEA}_d)$ 与 $(\mathrm{DG}_y\text{-DEA}_d)$ 模型为基于 ST 模型的面向输入的广义 DEA 模型.

引理7.1　　决策单元 $(\boldsymbol{x}_p, \boldsymbol{y}_p)$ 为 $\mathrm{G}_y\text{-DEA}_d$ 有效等价于模型 $(\mathrm{DG}_y\text{-DEA}_d)$ 不存在可行解

$$\theta, \lambda_j \geqq 0, \ j = 1, 2, \cdots, \bar{n}+1,$$

使得

$$\boldsymbol{x}_p - \sum_{j=1}^{\bar{n}} \bar{\boldsymbol{x}}_j \lambda_j \geqslant \boldsymbol{0}$$

或

$$-\boldsymbol{y}_p + \sum_{j=1}^{\bar{n}} d\bar{\boldsymbol{y}}_j \lambda_j \geqslant \boldsymbol{0}.$$

由于 $(\mathrm{DG}_y\text{-DEA}_d)$ 可能存在无可行解情形, 同时为了讨论广义 DEA 方法与传统 DEA 方法的关系, 构造对偶模型 $(\mathrm{G}_y\text{-DEA}_d')$ 和 $(\mathrm{DG}_y\text{-DEA}_d')$ 如下:

$$(\mathrm{G}_y\text{-DEA}_d') \begin{cases} \max \ \boldsymbol{\mu}^{\mathrm{T}} \boldsymbol{y}_p - \delta_1 \mu_0, \\ \text{s.t. } \boldsymbol{\omega}^{\mathrm{T}} \boldsymbol{x}_p - \boldsymbol{\mu}^{\mathrm{T}} \boldsymbol{y}_p + \delta_1 \mu_0 \geqq 0, \\ \quad \boldsymbol{\omega}^{\mathrm{T}} \bar{\boldsymbol{x}}_j - \boldsymbol{\mu}^{\mathrm{T}} d\bar{\boldsymbol{y}}_j + \delta_1 \mu_0 \geqq 0, j = 1, 2, \cdots, \bar{n}, \\ \quad \boldsymbol{\omega}^{\mathrm{T}} \boldsymbol{x}_p = 1, \\ \quad \boldsymbol{\omega} \geqq \boldsymbol{0}, \boldsymbol{\mu} \geqq \boldsymbol{0}, \\ \quad \delta_1 \delta_2 (-1)^{\delta_3} \mu_0 \geqq 0, \end{cases}$$

$$
(\mathrm{DG}_y\text{-}\mathrm{DEA}'_d)\begin{cases}
\min \theta, \\[2mm]
\text{s.t. } \boldsymbol{x}_p(\theta - \lambda_0) - \sum_{j=1}^{\bar{n}} \bar{\boldsymbol{x}}_j \lambda_j \geqq \boldsymbol{0}, \\[4mm]
\boldsymbol{y}_p(\lambda_0 - 1) + \sum_{j=1}^{\bar{n}} d\bar{\boldsymbol{y}}_j \lambda_j \geqq \boldsymbol{0}, \\[4mm]
\delta_1\left(\sum_{j=0}^{\bar{n}} \lambda_j + \delta_2(-1)^{\delta_3}\lambda_{\bar{n}+1}\right) = \delta_1, \\[4mm]
\lambda_j \geqq 0, j = 0, 1, 2, \cdots, \bar{n}+1.
\end{cases}
$$

在 $T_{\mathrm{SU}} = T_{\mathrm{DMU}}$ 且 $d = 1$ 时考虑以下四种情形.

(1) 当

$$\delta_1 = 0$$

时, $(\mathrm{G}_y\text{-}\mathrm{DEA}'_d)$ 和 $(\mathrm{DG}_y\text{-}\mathrm{DEA}'_d)$ 模型为传统的面向输入的 $\mathrm{C^2R}$ 模型.

(2) 当

$$\delta_1 = 1, \quad \delta_2 = 0$$

时, $(\mathrm{G}_y\text{-}\mathrm{DEA}'_d)$ 和 $(\mathrm{DG}_y\text{-}\mathrm{DEA}'_d)$ 模型为传统的面向输入的 $\mathrm{BC^2}$ 模型.

(3) 当

$$\delta_1 = 1, \quad \delta_2 = 1, \quad \delta_3 = 0$$

时, $(\mathrm{G}_y\text{-}\mathrm{DEA}'_d)$ 和 $(\mathrm{DG}_y\text{-}\mathrm{DEA}'_d)$ 模型为传统的面向输入的 FG 模型.

(4) 当

$$\delta_1 = 1, \quad \delta_2 = 1, \quad \delta_3 = 1$$

时, $(\mathrm{G}_y\text{-}\mathrm{DEA}'_d)$ 和 $(\mathrm{DG}_y\text{-}\mathrm{DEA}'_d)$ 模型为传统的面向输入的 ST 模型.

引理7.2 决策单元 $(\boldsymbol{x}_p, \boldsymbol{y}_p)$ 为 $\mathrm{G}_y\text{-}\mathrm{DEA}_d$ 有效等价于 $(\mathrm{DG}_y\text{-}\mathrm{DEA}'_d)$ 的最优值等于 1, 且对每个最优解都有

$$
\boldsymbol{x}_p(1 - \lambda_0) - \sum_{j=1}^{\bar{n}} \bar{\boldsymbol{x}}_j \lambda_j = \boldsymbol{0},
$$

$$
\boldsymbol{y}_p(\lambda_0 - 1) + \sum_{j=1}^{\bar{n}} d\bar{\boldsymbol{y}}_j \lambda_j = \boldsymbol{0}.
$$

考虑多目标规划问题 (SVP_y)

$$
(\mathrm{SVP}_y)\begin{cases}
\max (-x_1, -x_2, \cdots, -x_m, y_1, y_2, \cdots, y_s), \\[2mm]
\text{s.t. } (\boldsymbol{x}, \boldsymbol{y}) \in T_y(d),
\end{cases}
$$

其中 $\boldsymbol{x} = (x_1, x_2, \cdots, x_m)^{\mathrm{T}}, \boldsymbol{y} = (y_1, y_2, \cdots, y_s)^{\mathrm{T}}$.

引理7.3　决策单元 $(\boldsymbol{x}_p, \boldsymbol{y}_p)$ 为 $\mathrm{G}_y\text{-DEA}_d$ 有效当且仅当

$$(\boldsymbol{x}_p, \boldsymbol{y}_p) \notin T_y(d)$$

或 $(\boldsymbol{x}_p, \boldsymbol{y}_p)$ 是规划 (SVP_y) 的 Pareto 有效解.

在图 7.1 中, $\bullet$ 表示样本单元, $\blacksquare$ 表示决策单元. 图 7.1 表示的是单输入单输出前提下, 当 $\delta_1 = 1, \delta_2 = 0$ 时, 即基于 BC^2 模型的广义 DEA 模型的生产可能集 (图 7.1 中阴影部分), 以及样本前沿面的 d 移动. 由第 2 章可知这几个决策单元的有效性排序为

$$\mathrm{DMU1} > \mathrm{DMU2} > \mathrm{DMU3} > \mathrm{DMU4}.$$

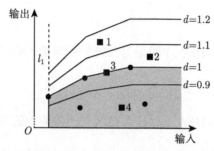

图 7.1　基于 BC^2 模型的相对于输出的样本前沿面的 d 移动

需要注意到的是, 如图 7.1 所示, 利用样本前沿面相对于输出的 d 移动来进行有效性排序, 只能解决直线 l_1 右方的决策单元的有效性排序问题, 无法解决该直线 l_1 左方的样本单元的有效性排序问题.

下面给出一个算例来说明, 3 个样本单元以及 8 个决策单元的数据如表 7.1 和表 7.2 所示. 每个单元均为双输入单输出.

表 7.1　样本单元输入输出数据

单元序号	SU1	SU2	SU3
输入 1	15	12	7
输入 2	12	13	7
输出	30	32	18

表 7.2　决策单元输入输出数据

单元序号	DMU1	DMU2	DMU3	DMU4	DMU5	DMU6	DMU7	DMU8
输入 1	9	13	16	14	10	5	10	15
输入 2	11	8	14	18	6	9	6	9
输出	34	33	25	28	13	10	33	34

使用基于 BC^2 模型下, 即当 $\delta_1 = 1, \delta_2 = 0$ 时的 $(DG_y\text{-}DEA'_d)$ 模型, 利用样本单元对 8 个决策单元进行评价, 具体计算结果如表 7.3 所示.

表 7.3　基于 BC^2 模型的决策单元相对于样本单元的效率值

单元序号	DMU1	DMU2	DMU3	DMU4	DMU5	DMU6	DMU7	DMU8
效率值	1.000	1.000	0.709	0.755	1.000	1.000	1.000	1.000

可以看出, 相对于样本前沿面 DMU1, DMU2, DMU5, DMU6, DMU7 和 DMU8 均为 G-DEA 有效, 通过样本前沿面无法进一步看出这 6 个决策单元之间的有效性差别.

通过相对于输出的样本前沿面的 d 移动来进行排序, 其中步长取 $d^+ = 0.1$, 一些相应的计算结果在表 7.4 中给出. 同时无效单元 DMU3 和 DMU4 也可以通过此方法进行有效性强弱比较.

表 7.4　基于 BC^2 模型的决策单元相对于输出的样本前沿面 d 移动的效率值

决策单元	$d = 0.8$	$d = 0.9$	$d = 1.1$	$d = 1.4$	$d = 1.5$	$d = 2000$
DMU1	—	—	1.000 0	1.000 0	0.963 0	
DMU2	—	—	1.000 0	1.000 0	1.000 0	
DMU3	0.901 8	0.793 3	0.709 2	—	—	—
DMU4	1.000 0	0.834 5	0.755 1	—	—	—
DMU5	—	—	1.000 0	1.000 0	1.000 0	1.000 0
DMU6	—	—	1.000 0	1.000 0	1.000 0	1.000 0
DMU7	—	—	1.000 0	1.000 0	1.000 0	1.000 0
DMU8	—	—	1.000 0	1.000 0	1.000 0	1.000 0

通过计算可知, 有效性排序为

$$DMU2 > DMU1 > DMU4 > DMU3,$$

DMU5, DMU6, DMU7 和 DMU8 无法比较.

由定义 7.2 可以看出, DMU5, DMU6, DMU7 和 DMU8 无法通过样本前沿面的 d 移动比较有效性强弱的原因, 在于这 4 个决策单元的输入指标中都存在一个指标值比每个样本单元的相应的输入指标值要小, 从而无论样本单元的输出指标扩大多少倍, 从输入角度看它都是有效的.

为了在一定程度上解决此类问题, 下面给出相对于输入的样本前沿面 b 移动的有效性排序方法.

7.2　相对于输入的基于样本前沿面 b 移动的有效性排序

令

$$T_x(b) = \left\{ (\boldsymbol{x}, \boldsymbol{y}) \middle| \boldsymbol{x} \geq \sum_{j=1}^{\bar{n}} b\bar{\boldsymbol{x}}_j \lambda_j, \boldsymbol{y} \leq \sum_{j=1}^{\bar{n}} \bar{\boldsymbol{y}}_j \lambda_j, \right.$$

$$\delta_1 \left(\sum_{j=1}^{\bar{n}} \lambda_j + \delta_2 (-1)^{\delta_3} \lambda_{\bar{n}+1} \right) = \delta_1,$$

$$\left. \lambda_j \geq 0, j = 1, 2, \cdots, \bar{n} + 1 \right\},$$

称 $T_x(b)$ 为样本单元确定的生产可能集相对于输入的伴随生产可能集, 其中 b 为正数, 称为移动因子.

显然, $T_x(1) = T$.

定义7.3　如果不存在

$$(\boldsymbol{x}, \boldsymbol{y}) \in T_x(b),$$

使得

$$\boldsymbol{x}_p \geq \boldsymbol{x}, \quad \boldsymbol{y}_p \leq \boldsymbol{y},$$

且至少有一个不等式严格成立, 则称 $(\boldsymbol{x}_p, \boldsymbol{y}_p)$ 相对于输入的样本前沿面的 b 移动有效, 简称 **G_x-DEA$_b$ 有效**. 反之, 称 $(\boldsymbol{x}_p, \boldsymbol{y}_p)$ 为 G_x-DEA$_b$ 无效.

定义 7.1 相当于定义 7.3 中 $b = 1$ 时的情形, 即 G_x-DEA$_1$ 有效与 G-DEA 有效相同.

面向输入的广义 DEA 模型及对偶 (G_x-DEA$_b$) 与 (DG$_x$-DEA$_b$) 如下.

$$(\text{G}_x\text{-DEA}_b) \begin{cases} \max \ \boldsymbol{\mu}^{\mathrm{T}} \boldsymbol{y}_p - \delta_1 \mu_0, \\ \text{s.t. } \boldsymbol{\omega}^{\mathrm{T}} b\bar{\boldsymbol{x}}_j - \boldsymbol{\mu}^{\mathrm{T}} \bar{\boldsymbol{y}}_j + \delta_1 \mu_0 \geq 0, j = 1, 2, \cdots, \bar{n}, \\ \boldsymbol{\omega}^{\mathrm{T}} \boldsymbol{x}_p = 1, \\ \boldsymbol{\omega} \geq 0, \boldsymbol{\mu} \geq 0, \\ \delta_1 \delta_2 (-1)^{\delta_3} \mu_0 \geq 0, \end{cases}$$

$$(\text{DG}_x\text{-DEA}_b) \begin{cases} \min \theta, \\ \text{s.t. } \theta \boldsymbol{x}_p - \displaystyle\sum_{j=1}^{\bar{n}} b \bar{\boldsymbol{x}}_j \lambda_j \geqq \boldsymbol{0}, \\ \quad -\boldsymbol{y}_p + \displaystyle\sum_{j=1}^{\bar{n}} \bar{\boldsymbol{y}}_j \lambda_j \geqq \boldsymbol{0}, \\ \quad \delta_1\left(\displaystyle\sum_{j=1}^{\bar{n}} \lambda_j + \delta_2(-1)^{\delta_3}\lambda_{\bar{n}+1}\right) = \delta_1, \\ \quad \lambda_j \geqq 0, j = 1,2,\cdots,\bar{n}, \bar{n}+1. \end{cases}$$

当 $b=1$, 参数 $\delta_1, \delta_2, \delta_3$ 取不同值时, $(\text{G}_x\text{-DEA}_b)$ 与 $(\text{DG}_x\text{-DEA}_b)$ 和当 $d=1$, 参数 $\delta_1, \delta_2, \delta_3$ 相应取值时的 $(\text{G}_y\text{-DEA}_d)$ 与 $(\text{DG}_y\text{-DEA}_d)$ 对应的广义 DEA 模型相同.

定理7.4 决策单元 $(\boldsymbol{x}_p, \boldsymbol{y}_p)$ 为 $\text{G}_x\text{-DEA}_b$ 有效等价于 $(\text{DG}_x\text{-DEA}_b)$ 不存在可行解

$$\theta, \lambda_j \geqq 0, \ j = 1,2,\cdots,\bar{n}+1,$$

使得

$$\boldsymbol{x}_p - \sum_{j=1}^{\bar{n}} b \bar{\boldsymbol{x}}_j \lambda_j \geqslant \boldsymbol{0}$$

或

$$-\boldsymbol{y}_p + \sum_{j=1}^{\bar{n}} \bar{\boldsymbol{y}}_j \lambda_j \geqslant \boldsymbol{0}.$$

证明 若 $(\boldsymbol{x}_p, \boldsymbol{y}_p)$ 为 $\text{G}_x\text{-DEA}_b$ 无效, 由定义 7.3 可知, 存在

$$(\boldsymbol{x}, \boldsymbol{y}) \in T_x(b),$$

使得

$$\boldsymbol{x}_p \geqq \boldsymbol{x}, \quad \boldsymbol{y}_p \leqq \boldsymbol{y},$$

且至少有一个不等式严格成立. 即存在

$$\lambda_j \geqq 0, \ j = 1,2,\cdots,\bar{n}+1,$$

使得

$$\boldsymbol{x}_p \geqq \sum_{j=1}^{\bar{n}} b \bar{\boldsymbol{x}}_j \lambda_j,$$

$$\boldsymbol{y}_p \leqq \sum_{j=1}^{\bar{n}} \bar{\boldsymbol{y}}_j \lambda_j,$$

$$\delta_1 \left(\sum_{j=1}^{\bar{n}} \lambda_j + \delta_2 (-1)^{\delta_3} \lambda_{\bar{n}+1} \right) = \delta_1,$$

且其中至少有一个不等式严格成立.

移项即得

$$\boldsymbol{x}_p - \sum_{j=1}^{\bar{n}} b \bar{\boldsymbol{x}}_j \lambda_j \geqq \boldsymbol{0},$$

$$-\boldsymbol{y}_p + \sum_{j=1}^{\bar{n}} \bar{\boldsymbol{y}}_j \lambda_j \geqq \boldsymbol{0},$$

$$\delta_1 \left(\sum_{j=1}^{\bar{n}} \lambda_j + \delta_2 (-1)^{\delta_3} \lambda_{\bar{n}+1} \right) = \delta_1,$$

且其中至少有一个不等式严格成立.

令

$$\theta = 1,$$

则可知

$$\theta, \lambda_j \geqq 0, \ j = 1, 2, \cdots, \bar{n} + 1$$

为 $(\text{DG}_x\text{-DEA}_b)$ 的可行解.

假设 $(\text{DG}_x\text{-DEA}_b)$ 存在可行解

$$\theta, \lambda_j \geqq 0, \ j = 1, 2, \cdots, \bar{n} + 1,$$

使得

$$\boldsymbol{x}_p - \sum_{j=1}^{\bar{n}} b \bar{\boldsymbol{x}}_j \lambda_j \geqq \boldsymbol{0},$$

$$-\boldsymbol{y}_p + \sum_{j=1}^{\bar{n}} \bar{\boldsymbol{y}}_j \lambda_j \geqq \boldsymbol{0},$$

$$\delta_1 \left(\sum_{j=1}^{\bar{n}} \lambda_j + \delta_2 (-1)^{\delta_3} \lambda_{\bar{n}+1} \right) = \delta_1,$$

且至少有一个不等式严格成立.

移项可得

$$\boldsymbol{x}_p \geqq \sum_{j=1}^{\bar{n}} b\bar{\boldsymbol{x}}_j \lambda_j,$$

$$\boldsymbol{y}_p \leqq \sum_{j=1}^{\bar{n}} \bar{\boldsymbol{y}}_j \lambda_j,$$

$$\delta_1\left(\sum_{j=1}^{\bar{n}} \lambda_j + \delta_2(-1)^{\delta_3}\lambda_{\bar{n}+1}\right) = \delta_1,$$

且其中至少有一个不等式严格成立.

由于

$$\left(\sum_{j=1}^{\bar{n}} b\bar{\boldsymbol{x}}_j \lambda_j, \sum_{j=1}^{\bar{n}} \bar{\boldsymbol{y}}_j \lambda_j\right) \in T_x(b),$$

所以由定义 7.3, $(\boldsymbol{x}_p, \boldsymbol{y}_p)$ 为 $\mathrm{G}_x\text{-DEA}_b$ 无效.

综上可知决策单元 $(\boldsymbol{x}_p, \boldsymbol{y}_p)$ 为 $\mathrm{G}_x\text{-DEA}_b$ 无效等价于 $(\mathrm{DG}_x\text{-DEA}_b)$ 存在可行解

$$\theta, \lambda_j \geqq 0, \ j = 1, 2, \cdots, \bar{n}+1,$$

使得

$$\boldsymbol{x}_p - \sum_{j=1}^{\bar{n}} b\bar{\boldsymbol{x}}_j \lambda_j \geqq \boldsymbol{0},$$

$$-\boldsymbol{y}_p + \sum_{j=1}^{\bar{n}} \bar{\boldsymbol{y}}_j \lambda_j \geqq \boldsymbol{0},$$

$$\delta_1\left(\sum_{j=1}^{\bar{n}} \lambda_j + \delta_2(-1)^{\delta_3}\lambda_{\bar{n}+1}\right) = \delta_1,$$

且至少有一个不等式严格成立.

该结论的逆否定理即为定理 7.4.

定理 7.4 的证明与引理 7.1(推论 2.2 条件 (1) 和 (2) 等价) 在第 2 章中的证明类似. 引理 7.4 的逆否命题的证明只需要在第 2 章定理 2.1(推论 2.2 的逆否命题) 条件 (1) 和 (2) 等价的证明过程中把 $\bar{x}_j$ 与 $d\bar{y}_j$ 分别相应地替换成 $b\bar{x}_j$ 与 $\bar{y}_j$ 即可.

下文中给出的定理 7.5 和定理 7.6 的证明过程使用同样的替换, 类似于引理 7.2(定理 2.4 条件 (1) 和 (2) 等价) 与引理 7.3(定理 2.7) 在第 2 章中的证明.

由于 $(\mathrm{DG}_x\text{-DEA}_b)$ 可能存在无可行解情形, 同时为了讨论广义 DEA 方法与传统 DEA 方法的关系, 构造对偶模型 $(\mathrm{G}_x\text{-DEA}_b')$ 和 $(\mathrm{DG}_x\text{-DEA}_b')$ 如下:

$$(\mathrm{G}_x\text{-}\mathrm{DEA}_b')\begin{cases} \max \boldsymbol{\mu}^{\mathrm{T}}\boldsymbol{y}_p - \delta_1\mu_0, \\ \mathrm{s.t.}\ \boldsymbol{\omega}^{\mathrm{T}}\boldsymbol{x}_p - \boldsymbol{\mu}^{\mathrm{T}}\boldsymbol{y}_p + \delta_1\mu_0 \geqq 0, \\ \quad \boldsymbol{\omega}^{\mathrm{T}}b\bar{\boldsymbol{x}}_j - \boldsymbol{\mu}^{\mathrm{T}}\bar{\boldsymbol{y}}_j + \delta_1\mu_0 \geqq 0, j=1,2,\cdots,\bar{n}, \\ \quad \boldsymbol{\omega}^{\mathrm{T}}\boldsymbol{x}_p = 1, \\ \quad \boldsymbol{\omega} \geqq \boldsymbol{0}, \boldsymbol{\mu} \geqq \boldsymbol{0}, \\ \quad \delta_1\delta_2(-1)^{\delta_3}\mu_0 \geqq 0, \end{cases}$$

$$(\mathrm{DG}_x\text{-}\mathrm{DEA}_b')\begin{cases} \min \theta, \\ \mathrm{s.t.}\ \boldsymbol{x}_p(\theta - \lambda_0) - \sum_{j=1}^{\bar{n}} b\bar{\boldsymbol{x}}_j\lambda_j \geqq \boldsymbol{0}, \\ \quad \boldsymbol{y}_p(\lambda_0 - 1) + \sum_{j=1}^{\bar{n}} \bar{\boldsymbol{y}}_j\lambda_j \geqq \boldsymbol{0}, \\ \quad \delta_1\left(\sum_{j=0}^{\bar{n}} \lambda_j + \delta_2(-1)^{\delta_3}\lambda_{\bar{n}+1}\right) = \delta_1, \\ \quad \lambda_j \geqq 0, j=0,1,2,\cdots,\bar{n}+1. \end{cases}$$

当 $b=1, T_{\mathrm{SU}} = T_{\mathrm{DMU}}$, 参数 $\delta_1, \delta_2, \delta_3$ 取不同值时, $(\mathrm{G}_x\text{-}\mathrm{DEA}_b')$ 与 $(\mathrm{DG}_x\text{-}\mathrm{DEA}_b')$ 和当 $d=1, T_{\mathrm{SU}} = T_{\mathrm{DMU}}$, 参数 $\delta_1, \delta_2, \delta_3$ 相应取值时的 $(\mathrm{G}_y\text{-}\mathrm{DEA}_d')$ 与 $(\mathrm{DG}_y\text{-}\mathrm{DEA}_d')$ 对应的传统 DEA 模型相同.

定理7.5　$(\boldsymbol{x}_p, \boldsymbol{y}_p)$ 为 $\mathrm{G}_x\text{-}\mathrm{DEA}_b$ 有效等价于 $(\mathrm{DG}_x\text{-}\mathrm{DEA}_b')$ 的最优值等于 1, 且对每个最优解都有

$$\boldsymbol{x}_p(1 - \lambda_0) - \sum_{j=1}^{\bar{n}} b\bar{\boldsymbol{x}}_j\lambda_j = \boldsymbol{0},$$

$$\boldsymbol{y}_p(\lambda_0 - 1) + \sum_{j=1}^{\bar{n}} \bar{\boldsymbol{y}}_j\lambda_j = \boldsymbol{0}.$$

考虑多目标规划问题 (SVP_x)

$$(\mathrm{SVP}_x)\begin{cases} \max\ (-x_1, -x_2, \cdots, -x_m, y_1, y_2, \cdots, y_s), \\ \mathrm{s.t.}\ (\boldsymbol{x}, \boldsymbol{y}) \in T_x(b), \end{cases}$$

其中 $\boldsymbol{x} = (x_1, x_2, \cdots, x_m)^{\mathrm{T}}, \boldsymbol{y} = (y_1, y_2, \cdots, y_s)^{\mathrm{T}}$.

定理7.6　决策单元 $(\boldsymbol{x}_p, \boldsymbol{y}_p)$ 为 $\mathrm{G}_x\text{-}\mathrm{DEA}_b$ 有效当且仅当

$$(\boldsymbol{x}_p, \boldsymbol{y}_p) \notin T_x(b)$$

或 $(\boldsymbol{x}_p, \boldsymbol{y}_p)$ 是规划 (SVP$_x$) 的 Pareto 有效解.

图 7.2 表示的是单输入单输出前提下, 当 $\delta_1 = 1, \delta_2 = 0$ 时, 即基于 BC^2 模型的广义 DEA 模型的生产可能集 (图 7.2 中阴影部分), 以及样本前沿面的 b 移动. 在图 7.2 中可以看出, 当 $b = 1$ 时, DMU1, DMU2 与 DMU3 都是 G$_x$-DEA$_1$ 有效, DMU4 与 DMU5 为 G$_x$-DEA$_1$ 无效. DMU3 恰好处在样本单元构成的生产前沿面上, DMU1 与 DMU2 不属于 $T_x(1)$.

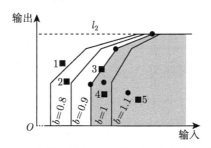

图 7.2   基于 BC^2 模型的相对于输出的样本前沿面的 d 移动

通过参数值 b 的选择, 可以进一步比较各 G$_x$-DEA$_1$ 有效的决策单元之间的有效性强弱. 例如, 取步长 $b^+ = 0.1$, 则有 DMU3 为 G$_x$-DEA$_{0.9}$ 无效, 而 DMU1 与 DMU2 均为 G$_x$-DEA$_{0.9}$ 有效. 这时可以看出 DMU3 的有效性要弱于 DMU1 与 DMU2 的有效性. 再进一步比较 DMU1 与 DMU2 的有效性, DMU2 为 G$_x$-DEA$_{0.8}$ 无效, DMU1 为 G$_x$-DEA$_{0.8}$ 有效, 故三者的有效性排序为 DMU3<DMU2<DMU1.

若两个决策单元在步长 $b^+ = 0.1$ 情形下, 无法比较有效性强弱. 这时可以减小步长 b^+, 直到可以比较出二者之间的有效性强弱.

同样对无效单元也可以通过参数值 b 的选择来比较无效性的强弱.

如图 7.2 所示, 显然有效性排序为 DMU1>DMU2>DMU3>DMU4>DMU5.

利用参数值 b 进行排序比在模型 (DG$_x$-DEA$_b$) 中令 $b = 1$ 情形下比较最优值 $\min\theta$ 的大小进行排序要更加细致. 比如当 $\delta_1 = 1, \delta_2 = 0, b = 1$ 时, 利用 (DG$_x$-DEA$_b$) 评价 DMU1 与 DMU2 的有效性, 二者的最优值都为 1, 且均为 G$_x$-DEA$_1$ 有效, 二者有效性无差别. 如前所述, 引进参数值 b 则可进一步比较.

需要注意到的是, 如图 7.2 所示, 利用样本前沿面相对于输入的 b 移动来进行有效性排序, 只能解决直线 l_2 下方的决策单元的有效性的排序问题, 无法解决该直线 l_2 上方的样本单元的有效性排序问题.

对表 7.1 中的输入输出数据, 使用 (DG$_x$-DEA$_b'$) 模型, 当 $\delta_1 = 1, \delta_2 = 0$ 时, 对 8 个决策单元进行评价, 具体计算结果如表 7.5 所示. 继而利用相对于输入的样本前沿面的 b 移动来对决策单元的有效性进行排序.

表 7.5　基于 BC^2 模型的决策单元相对于输入的样本前沿面 b 移动的效率值

决策单元	$b = 0.01$	$b = 0.8$	$b = 0.9$	$b = 1$	$b = 1.3$	$b = 1.4$
DMU1	1.000 0	1.000 0	1.000 0	1.000 0	—	—
DMU2	1.000 0	1.000 0	1.000 0	1.000 0	—	—
DMU3	—	—	—	0.709 2	0.922 0	0.992 9
DMU4	—	—	—	0.755 1	0.981 6	1.000 0
DMU5	—	0.933 3	1.000 0	1.000 0	—	—
DMU6	—	1.000 0	1.000 0	1.000 0	—	—
DMU7	1.000 0	1.000 0	1.000 0	1.000 0	—	—
DMU8	1.000 0	1.000 0	1.000 0	1.000 0	—	—

通过计算可知, 有效性排序为

$$\text{DMU6} > \text{DMU5} > \text{DMU4} > \text{DMU3},$$

DMU1, DMU2, DMU7 与 DMU8 无法比较.

由定义 7.3 可以看出, DMU1, DMU2, DMU7 与 DMU8 无法通过样本前沿面的 b 移动比较有效性强弱的原因, 在于这 4 个决策单元的输出指标中都存在一个指标值比每个样本单元的相应的输出指标值要大, 从而无论样本单元的输入指标缩小多少倍, 从输出角度看, 它都是有效的.

7.3　利用样本前沿面移动排序的几种情形

在图 7.3 中, "•" 表示样本单元, 分别延长两条弱有效生产前沿面, 得到两条射线 l_1 和 l_2, 把决策单元可能区域分成四个部分, 即 D_1, D_2, D_3 和 D_4. 其中区域 D_1 和 D_3 可以利用样本前沿面相对于输出的 d 移动来进行有效性排序; 区域 D_1 和 D_4 可以利用样本前沿面相对于输入的 b 移动来进行有效性排序.

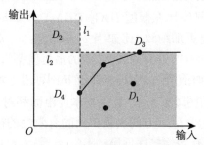

图 7.3　基于 BC^2 模型情形下利用样本前沿面移动排序的区域示意图

在表 7.1 中所给出的 8 个决策单元中, 相当于双输入单输出时,

$$\text{DMU1}, \text{DMU}_2 \in D_3, \quad \text{DMU3}, \text{DMU4} \in D_1,$$

$$DMU5, DMU6 \in D_4, \quad DMU7, DMU8 \in D_2.$$

注意到在两种排序方法中 DMU7 与 DMU8 的有效性都不能进一步得到比较, 究其原因是因为二者的输入指标都存在某一个指标值比每个样本单元的相应的输入指标值要小, 输出指标都存在某一个指标值比每个样本单元的相应的输出指标值要大. 从而只让样本前沿面相对于输入进行 b 移动, 或者只让样本前沿面相对于输出进行 d 移动, 无论 b 值缩小多少, 或者 d 值扩大多少, 从输入和输出角度看 DMU7 与 DMU8 都是有效的.

可以想到以下两个问题.

(1) 区域 D_1 可以使用样本前沿面相对于输入和输出的两种移动方式来进行有效性排序, 所得排序的结果是否一致?

(2) 区域 D_2 使用这两种方法都不能进行有效性排序, 应该采取什么方法进行有效性排序?

图 7.4 分别给出了样本前沿面相对于输入的 b^* 移动和相对于输出的 d^* 移动, 其中 "•" 表示样本单元, "■" 表示决策单元. 对于决策单元 A 与 B, 由图 7.4 可见决策单元 A 为 $G_x\text{-DEA}_{b^*}$ 有效, 决策单元 B 为 $G_x\text{-DEA}_{b^*}$ 无效, 所以相对于输入的样本前沿面的移动的有效性排序为决策单元 $A >$ 决策单元 B. 同样, 由图 7.4 可见决策单元 A 为 $G_y\text{-DEA}_{d^*}$ 无效, 决策单元 B 为 $G_y\text{-DEA}_{d^*}$ 有效, 所以相对于输出的样本前沿面的移动的有效性排序为决策单元 $A <$ 决策单元 B. 决策单元 A 和 B 相对于两种移动的排序顺序不同. 决策单元 C 和 D 相对于两种移动的排序顺序相同. 此时可知利用不同的样本前沿面的移动方式来对决策单元的有效性进行排序, 得到的具体的排序顺序未必相同.

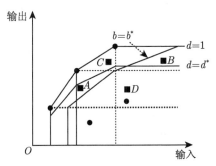

图 7.4 基于广义 BC^2 模型相对于输入输出排序的差异 (当 $\delta_1 = 1, \delta_2 = 0$ 时)

为了解决区域 D_2 中的决策单元的有效性排序问题, 下面给出相对于输入输出的样本前沿面均移动的有效性排序方法.

7.4　相对于输入输出的基于样本前沿面 $b+d$ 移动的有效性排序

令

$$T(b,d) = \left\{ (\boldsymbol{x},\boldsymbol{y}) \middle| \boldsymbol{x} \geqq \sum_{j=1}^{\bar{n}} b\bar{\boldsymbol{x}}_j \lambda_j, \boldsymbol{y} \leqq \sum_{j=1}^{\bar{n}} d\bar{\boldsymbol{y}}_j \lambda_j, \right.$$

$$\delta_1 \left(\sum_{j=1}^{\bar{n}} \lambda_j + \delta_2(-1)^{\delta_3}\lambda_{\bar{n}+1} \right) = \delta_1,$$

$$\left. \lambda_j \geqq 0, j = 1,2,\cdots,\bar{n}+1 \right\},$$

称 $T(b,d)$ 为样本单元确定的生产可能集的**相对于输入输出的伴随生产可能集**, 其中 b,d 为正数, 称为移动因子.

显然, $T(1,1) = T$.

定义7.4　如果不存在

$$(\boldsymbol{x},\boldsymbol{y}) \in T(b,d),$$

使得

$$\boldsymbol{x}_p \geqq \boldsymbol{x}, \quad \boldsymbol{y}_p \leqq \boldsymbol{y},$$

且至少有一个不等式严格成立, 则称 $(\boldsymbol{x}_p,\boldsymbol{y}_p)$ 相对于输入输出的样本生产前沿面的 $b+d$ 移动有效, 简称**G-DEA$_{b+d}$ 有效**. 反之, 称 $(\boldsymbol{x}_p,\boldsymbol{y}_p)$ 为 G-DEA$_{b+d}$ 无效.

定义 7.1 相当于定义 7.4 中 $b=1$ 且 $d=1$ 时的情形, 即此时 G-DEA$_{1+1}$ 有效与 G-DEA 有效相同. G-DEA$_{1+d}$ 有效即为 G$_y$-DEA$_d$ 有效, G-DEA$_{b+1}$ 有效即为 G$_x$-DEA$_b$ 有效.

面向输入的相对于输入输出的样本前沿面 $b+d$ 移动的广义 DEA 模型及对偶 (G-DEA$_{b+d}$) 与 (DG-DEA$_{b+d}$) 如下:

$$(\text{G-DEA}_{b+d}) \begin{cases} \max \boldsymbol{\mu}^{\mathrm{T}}\boldsymbol{y}_p - \delta_1\mu_0, \\ \text{s.t. } \boldsymbol{\omega}^{\mathrm{T}}b\bar{\boldsymbol{x}}_j - \boldsymbol{\mu}^{\mathrm{T}}d\bar{\boldsymbol{y}}_j + \delta_1\mu_0 \geqq 0, j = 1,2,\cdots,\bar{n}, \\ \boldsymbol{\omega}^{\mathrm{T}}\boldsymbol{x}_p = 1, \\ \boldsymbol{\omega} \geqq \boldsymbol{0}, \boldsymbol{\mu} \geqq \boldsymbol{0}, \\ \delta_1\delta_2(-1)^{\delta_3}\mu_0 \geqq 0, \end{cases}$$

$$
(\text{DG-DEA}_{b+d})\begin{cases}
\min \theta, \\
\text{s.t. } \theta \boldsymbol{x}_p - \displaystyle\sum_{j=1}^{\bar{n}} b\bar{\boldsymbol{x}}_j \lambda_j \geqq \mathbf{0}, \\
\quad -\boldsymbol{y}_p + \displaystyle\sum_{j=1}^{\bar{n}} d\bar{\boldsymbol{y}}_j \lambda_j \geqq \mathbf{0}, \\
\delta_1 \left(\displaystyle\sum_{j=1}^{\bar{n}} \lambda_j + \delta_2 (-1)^{\delta_3} \lambda_{\bar{n}+1} \right) = \delta_1, \\
\lambda_j \geqq 0, j = 1, 2, \cdots, \bar{n}, \bar{n} + 1.
\end{cases}
$$

当 $b = 1, d = 1$, 参数 $\delta_1, \delta_2, \delta_3$ 取不同值时, (G-DEA_{b+d}) 与 (DG-DEA_{b+d}) 和当 $d = 1$, 参数 $\delta_1, \delta_2, \delta_3$ 相应取值时的 $(\text{G}_y\text{-DEA}_d)$ 与 $(\text{DG}_y\text{-DEA}_d)$ 对应的广义 DEA 模型相同.

引理 7.1 (推论 2.2 条件 (1) 和 (2) 等价), 引理 7.2 (定理 2.4 条件 (1) 和 (2) 等价) 与引理 7.3 (定理 2.7) 在第 2 章的定理 2.1, 定理 2.4 和定理 2.7 相应证明过程中, 把 $\bar{\boldsymbol{x}}_j$ 替换成 $b\bar{\boldsymbol{x}}_j$, 即可类似地得到定理 7.7, 定理 7.8 和定理 7.9.

定理7.7   决策单元 $(\boldsymbol{x}_p, \boldsymbol{y}_p)$ 为 G-DEA$_{b+d}$ 有效等价于 (DG-DEA_{b+d}) 不存在可行解

$$
\theta, \lambda_j \geqq 0, \ j = 1, 2, \cdots, \bar{n} + 1,
$$

使得

$$
\boldsymbol{x}_p - \sum_{j=1}^{\bar{n}} b\bar{\boldsymbol{x}}_j \lambda_j \geqslant \mathbf{0}
$$

或

$$
-\boldsymbol{y}_p + \sum_{j=1}^{\bar{n}} \bar{\boldsymbol{y}}_j \lambda_j \geqslant \mathbf{0}.
$$

由于 (DG-DEA_{b+d}) 可能存在无可行解情形, 同时为了讨论广义 DEA 方法与传统 DEA 方法的关系, 构造对偶模型 $(\text{G-DEA}'_{b+d})$ 和 $(\text{DG-DEA}'_{b+d})$ 如下:

$$
(\text{G-DEA}'_{b+d})\begin{cases}
\max \boldsymbol{\mu}^{\mathrm{T}} \boldsymbol{y}_p - \delta_1 \mu_0, \\
\text{s.t. } \boldsymbol{\omega}^{\mathrm{T}} \boldsymbol{x}_p - \boldsymbol{\mu}^{\mathrm{T}} \boldsymbol{y}_p + \delta_1 \mu_0 \geqq 0, \\
\quad \boldsymbol{\omega}^{\mathrm{T}} b\bar{\boldsymbol{x}}_j - \boldsymbol{\mu}^{\mathrm{T}} d\bar{\boldsymbol{y}}_j + \delta_1 \mu_0 \geqq 0, j = 1, 2, \cdots, \bar{n}, \\
\quad \boldsymbol{\omega}^{\mathrm{T}} \boldsymbol{x}_p = 1, \\
\quad \boldsymbol{\omega} \geqq \mathbf{0}, \boldsymbol{\mu} \geqq \mathbf{0}, \\
\quad \delta_1 \delta_2 (-1)^{\delta_3} \mu_0 \geqq 0,
\end{cases}
$$

$$(\text{DG-DEA}_{b+d}') \begin{cases} \min \theta, \\ \text{s.t. } \boldsymbol{x}_p(\theta - \lambda_0) - \sum_{j=1}^{\bar{n}} b\bar{\boldsymbol{x}}_j \lambda_j \geqq \boldsymbol{0}, \\ \boldsymbol{y}_p(\lambda_0 - 1) + \sum_{j=1}^{\bar{n}} d\bar{\boldsymbol{y}}_j \lambda_j \geqq \boldsymbol{0}, \\ \delta_1 \left(\sum_{j=0}^{\bar{n}} \lambda_j + \delta_2(-1)^{\delta_3} \lambda_{\bar{n}+1} \right) = \delta_1, \\ \lambda_j \geqq 0, j = 0, 1, 2, \cdots, \bar{n}+1. \end{cases}$$

当 $b = 1, d = 1, T_{\text{SU}} = T_{\text{DMU}}$, 参数 $\delta_1, \delta_2, \delta_3$ 取不同值时, $(\text{G-DEA}_{b+d}')$ 与 $(\text{DG-DEA}_{b+d}')$ 和当 $d = 1, T_{\text{SU}} = T_{\text{DMU}}$, 参数 $\delta_1, \delta_2, \delta_3$ 相应取值时的 $(\text{G}_y\text{-DEA}_d')$ 与 $(\text{DG}_y\text{-DEA}_d')$ 对应的传统 DEA 模型相同.

定理7.8　$(\boldsymbol{x}_p, \boldsymbol{y}_p)$ 为 G-DEA$_{b+d}$ 有效等价于 $(\text{DG-DEA}_{b+d}')$ 的最优值等于 1, 且对每个最优解都有

$$\boldsymbol{x}_p(1 - \lambda_0) - \sum_{j=1}^{\bar{n}} b\bar{\boldsymbol{x}}_j \lambda_j = \boldsymbol{0},$$

$$\boldsymbol{y}_p(\lambda_0 - 1) + \sum_{j=1}^{\bar{n}} d\bar{\boldsymbol{y}}_j \lambda_j = \boldsymbol{0}.$$

考虑多目标规划问题 (SVP_{xy})

$$(\text{SVP}_{xy}) \begin{cases} \max \ (-x_1, -x_2, \cdots, -x_m, y_1, y_2, \cdots, y_s), \\ \text{s.t. } (\boldsymbol{x}, \boldsymbol{y}) \in T(b, d), \end{cases}$$

其中 $\boldsymbol{x} = (x_1, x_2, \cdots, x_m)^{\text{T}}, \boldsymbol{y} = (y_1, y_2, \cdots, y_s)^{\text{T}}$.

定理7.9　决策单元 $(\boldsymbol{x}_p, \boldsymbol{y}_p)$ 为 G-DEA$_{b+d}$ 有效当且仅当

$$(\boldsymbol{x}_p, \boldsymbol{y}_p) \notin T(b, d)$$

或 $(\boldsymbol{x}_p, \boldsymbol{y}_p)$ 是规划 (SVP_{xy}) 的 Pareto 有效解.

可以通过参数值 b 和 d 的选择来对 DMU7 和 DMU8 来进行有效性强弱的排序. 具体参数值选择以及相应计算结果如表 7.6 所示.

表 7.6　基于 BC^2 模型的 DMU7, DMU8 相对于样本前沿面 $b + d$ 移动的效率值

决策单元	$b = 0.7, d = 1.7$	$b = 0.8, d = 1.7$	$b = 0.8, d = 1.8$
DMU7	0.8853	1.0000	0.9519
DMU8	1.0000	1.0000	1.0000

当 $b=0.8, d=1.7$ 时, 二者均为 G-DEA$_{0.8+1.7}$ 有效.

若保持 $b=0.8$ 不变, d 增加步长为 0.1, 可得 DMU7 为 G-DEA$_{0.8+1.8}$ 无效, DMU8 为 G-DEA$_{0.8+1.8}$ 有效, 所以有效性强弱比较 DMU7<DMU8.

若保持 $d=1.7$ 不变, b 减少步长为 0.1, 可得 DMU7 为 G-DEA$_{0.7+1.7}$ 无效, DMU8 为 G-DEA$_{0.7+1.7}$ 有效, 所以有效性强弱比较 DMU7<DMU8.

当然也可以选择其他的参数变化来比较决策单元间的有效性强弱排序. 同样选择不同参数值 b 和 d 对某两个决策单元进行有效性排序, 得到的强弱排序结果可能不同.

7.5 样本前沿面移动排序与其他排序方法比较

为了与其他 DEA 排序方法比较, 考虑当 $T_{\rm SU}=T_{\rm DMU}$ 时的情形. 设具体的决策单元数据如表 7.7 所示.

表 7.7 决策单元输入输出指标数据

决策单元	DMU1	DMU2	DMU3	DMU4	DMU5	DMU6
输入 1	3	4	5	6	7	8
输入 2	5	4	5	5	5	6
输出	4	5	4	5	5	4

分别使用文献 [51], 文献 [54], 文献 [55] 和本章当 $T_{\rm SU}=T_{\rm DMU}$ 时基于 BC^2 模型的相对于样本前沿面的 d 移动方法, 对表 7.7 中给出的 6 个决策单元进行有效性排序. 具体排序结果在表 7.8 中给出, 其中排序序数相同的以并列形式给出.

表 7.8 基于不同方法的决策单元有效性排序

决策单元	DMU1	DMU2	DMU3	DMU4	DMU5	DMU6
文献 [51] 方法排序序号	1	1	3	3	3	6
文献 [54] 方法排序序号	2	1	3	3	3	6
文献 [55] 方法排序序号	1	1	3	3	3	6
d 移动方法排序序号	1	1	5	3	4	6

利用文献 [51] 中的方法排序, 决策单元 1, 2 均为有效单元, 决策单元 3, 4, 5 的效率值均为 0.8, 决策单元 6 的效率值为 0.67, 所以按照效率值分成 3 类. 在表 7.8 中看到, 决策单元 1, 2 并列第 1 位, 决策单元 4, 5, 6 并列第 3 位, 决策单元 6 位于第 6 位.

利用文献 [54] 中的方法排序, 能够进一步区分有效决策单元间的效率差异, 但是使用的是超效率, 所以得出的效率值所参照的标准不一致.

利用文献 [55] 中的方法排序无法区别有效决策单元的效率差异, 而且应用此方法评价决策单元 1, 2 均为弱有效单元.

由于要与传统 DEA 模型中的排序方法相比较, 所以特殊地令 $T_{SU} = T_{DMU}$, 这种情况下利用样本前沿面的 d 移动方法无法解决对有效单元进一步排序问题, 但是解决了无效单元的进一步排序问题, 无效决策单元 3, 4, 5, 6 的排序可以细化给出.

7.6　结 束 语

通过以上几种情况的讨论可知, 可以对处于不同区域的决策单元进行有效性强弱排序. 其中对于选择不同参数值 b 和 d, 某些决策单元的有效性排序结果可能不同. 在实际应用过程中, 应该根据输入的实际供给量和输出的实际需求量来选择适当的参数 b 和 d 进行评价.

第8章 基于 C^2R 模型的广义链式 网络DEA 方法

传统 DEA 方法将整个生产系统视为一个 "黑箱", 跳过输入到输出的中间生产环节只对输入输出数据进行分析, 所以得不到生产过程中间部分的效率对整体效率的影响. 针对这个问题, Färe 和 Grosskopf 等于 1996 年提出了传统网络 DEA 的概念[16], 之后诸多学者做了很多相关的研究, 网络 DEA 的理论和应用不断完善和发展[17-27]. 其中, 魏权龄和庞立永给出了**传统链式网络 DEA 方法**[26].

传统网络 DEA 方法是对待评价决策单元相对于决策单元全体 (实质上有效决策单元进行评价), 不能相对于非有效决策单元或者非决策单元进行评价. 针对于这个问题, 本章给出了相对于非有效决策单元或者非决策单元进行评价的基于 C^2R 模型的广义链式网络 DEA 模型. 当样本单元集与决策单元集相同时, 广义链式网络 DEA 模型与传统链式网络 DEA 模型相一致.

8.1 传统链式网络 DEA 简介

本节内容取自于文献 [26].

8.1.1 链式网络结构

$$\xrightarrow{\ \boldsymbol{x}_1(=\boldsymbol{x})\ } S^1 \xrightarrow{\ \boldsymbol{x}_2\ } S^2 \xrightarrow{\ \boldsymbol{x}_3\ } \ldots \xrightarrow{\ \boldsymbol{x}_k\ } S^k \xrightarrow{\ \boldsymbol{x}_{k+1}(=\boldsymbol{y})\ }$$

为 k 阶段链式网络结构, k 阶段链式网络结构的所有决策单元均有以下特点.

(1) 所有决策单元均有以上 k 个阶段, 并且不包含环式结构.

(2) 阶段 S^1 的投入 $\boldsymbol{x}_1$ 为本次生产的原始投入 $\boldsymbol{x}$, 其余阶段的投入均为上一阶段的产出, 即阶段 S^l 的投入为阶段 S^{l-1} 的产出 $(2 \leqslant l \leqslant k)$, 阶段 S^k 的产出 $\boldsymbol{x}_{k+1}$ 为本次生产的最终产出 $\boldsymbol{y}$.

(3) 所有决策单元相互对应阶段的投入要素和产出要素相同.

8.1.2 传统链式网络 DEA 方法

设 k 阶段的链式结构中有 n 个决策单元, 其中第 j 个决策单元 DMU_j 在阶段

S^l 的投入为 $\boldsymbol{x}_j^l$, 产出为 $\boldsymbol{x}_j^{l+1}$, DMU_j 的 k 阶段投入产出记为

$$(\boldsymbol{x}_j^1, \boldsymbol{x}_j^2, \cdots, \boldsymbol{x}_j^{k+1}).$$

阶段 S^l 的生产可能集为

$$T^l = \left\{ (\boldsymbol{x}^l, \boldsymbol{x}^{l+1}) \middle| \boldsymbol{x}^l \geqq \sum_{j=1}^n \boldsymbol{x}_j^l \lambda_j^l, \boldsymbol{x}^{l+1} \leqq \sum_{j=1}^n \boldsymbol{x}_j^{l+1} \lambda_j^l, \lambda_j^l \geqq 0, j = 1, 2, \cdots, n \right\}.$$

k 阶段链式结构的生产可能集为

$$T = \{ (\boldsymbol{x}^1, \boldsymbol{x}^2, \cdots, \boldsymbol{x}^{k+1}) | (\boldsymbol{x}^l, \boldsymbol{x}^{l+1}) \in T^l, l = 1, 2, \cdots, k \}.$$

根据生产可能集 T 建立评价决策单元 DMU_{j_0} 效率的传统链式网络 DEA 模型 (NDEA) 如下.

$$(\text{NDEA}) \begin{cases} \max \sum_{l=1}^k z_l, \\ \text{s.t. } \sum_{j=1}^n \boldsymbol{x}_j^1 \lambda_j^1 \leqq \boldsymbol{x}_{j_0}^1, \\ \sum_{j=1}^n \boldsymbol{x}_j^2 \lambda_j^1 \geqq z_1 \boldsymbol{x}_{j_0}^2, \\ \sum_{j=1}^n \boldsymbol{x}_j^l \lambda_j^l \leqq z_{l-1} \boldsymbol{x}_{j_0}^l, l = 2, 3, \cdots, k, \\ \sum_{j=1}^n \boldsymbol{x}_j^{l+1} \lambda_j^l \geqq z_l \boldsymbol{x}_{j_0}^{l+1}, l = 2, 3, \cdots, k, \\ \lambda_j^l \geqq 0, l = 1, 2, \cdots, k, j = 1, 2, \cdots, n. \end{cases}$$

模型 (NDEA) 一定具有最优解, 并且其最优解 $\bar{z}_l$ 有如下结论.

引理8.1　设模型 (NDEA) 的最优解为

$$\bar{z}_l, \ l = 1, 2, \cdots, k,$$

则有

$$1 \leqq \bar{z}_1 \leqq \bar{z}_2 \cdots \leqq \bar{z}_k, \quad \sum_{l=1}^k \bar{z}_l \geqq k.$$

定义8.1　设模型 (NDEA) 的最优解是

$$\bar{z}_l, \quad \bar{\lambda}_j^l, \quad l = 1, 2, \cdots, k, \ j = 1, 2, \cdots, n,$$

若模型 (NDEA) 的最优值

$$\sum_{l=1}^{k} \bar{z}_l = k,$$

则称 DMUj_0 为**网络 DEA 有效**.

对于阶段 $S^l(1 \leq l \leq k)$, 使用产出型 C²R 模型对 DMU$_{j_0}(1 \leq j_0 \leq n)$ 进行有效性度量, 相应的模型 (ND$_l$) 如下:

$$(\mathrm{ND}_l) \begin{cases} \max z_l, \\ \mathrm{s.t.} \ \sum_{j=1}^{n} \boldsymbol{x}_j^l \lambda_j^l + \boldsymbol{s}^- = \boldsymbol{x}_{j_0}^l, \\ \sum_{j=1}^{n} \boldsymbol{x}_j^{l+1} \lambda_j^l - \boldsymbol{s}^+ = z_l \boldsymbol{x}_{j_0}^{l+1}, \\ \lambda_j^l \geqq 0, j = 1, 2, \cdots, \bar{n}. \end{cases}$$

定义8.2 若模型 (ND$_l$) 的最优解值

$$\bar{z}_l^0 = 1,$$

则称决策单元 DMU$_{j_0}$ 在阶段 S^l 为弱 DEA 有效.

引理8.2 决策单元 DMU$_{j_0}$ 为网络 DEA 有效的充要条件是决策单元 DMU$_{j_0}$ 在所有阶段都是弱 DEA 有效.

8.2 基于 C²R 模型的广义链式网络 DEA 模型

设 k 阶段链式网络结构中有 n 个决策单元和 $\bar{n}$ 个样本单元. 在阶段 S^l, 第 p 个决策单元 DMU$_p$ 的投入是 $\boldsymbol{x}_p^l$, 产出为 $\boldsymbol{x}_p^{l+1}$, 第 j 个样本单元 SU$_j$ 的投入是 $\bar{\boldsymbol{x}}_j^l$, 产出为 $\bar{\boldsymbol{x}}_j^{l+1}$. 第 p 个决策单元的 k 阶段投入产出记为

$$(\boldsymbol{x}_p^1, \boldsymbol{x}_p^2, \cdots, \boldsymbol{x}_p^{k+1}),$$

第 j 个样本单元的 k 阶段投入产出记为

$$(\bar{\boldsymbol{x}}_j^1, \bar{\boldsymbol{x}}_j^2, \cdots, \bar{\boldsymbol{x}}_j^{k+1}),$$

其中 $\boldsymbol{x}_p^l, \bar{\boldsymbol{x}}_j^l \in R_+^{m_l}$, m_l 为阶段 S^l 的投入指标个数, $l = 1, 2, \cdots, k, p = 1, 2, \cdots, n, j = 1, 2, \cdots, \bar{n}$.

根据 DEA 方法构造生产可能集的思想, 样本单元确定的阶段 S^l 的生产可能集 T_G^l 为

$$T_G^l = \left\{ (\boldsymbol{x}^l, \boldsymbol{x}^{l+1}) \middle| \boldsymbol{x}^l \geqq \sum_{j=1}^{\bar{n}} \bar{\boldsymbol{x}}_j^l \lambda_j^l, \boldsymbol{x}^{l+1} \leqq \sum_{j=1}^{\bar{n}} \bar{\boldsymbol{x}}_j^{l+1} \lambda_j^l, \lambda_j^l \geqq 0, j = 1, 2, \cdots, \bar{n} \right\}.$$

样本单元确定的 k 阶段网络结构生产可能集为

$$T_G = \{ (\boldsymbol{x}^1, \boldsymbol{x}^2, \cdots, \boldsymbol{x}^{k+1}) | (\boldsymbol{x}^l, \boldsymbol{x}^{l+1}) \in T_G^l, l = 1, 2, \cdots, k \}.$$

评价决策单元 DMU_{j_0} 相对于样本单元的效率, 考虑模型

$$\begin{cases} \max \sum_{l=1}^{k} z_l, \\ \text{s.t. } (\boldsymbol{x}_{j_0}^l, z_1 \boldsymbol{x}_{j_0}^2, \cdots, z_k \boldsymbol{x}_{j_0}^{k+1}) \in T_G. \end{cases}$$

由 T_G 和 T_G^l 的构成可知, 该模型可以表示成如下模型 (GNDEA) 的形式.

$$(\text{GNDEA}) \begin{cases} \max \sum_{l=1}^{k} z_l = V^{\mathrm{O}}, \\ \text{s.t. } \sum_{j=1}^{\bar{n}} \bar{\boldsymbol{x}}_j^1 \lambda_j^1 \leqq \boldsymbol{x}_{j_0}^1, \\ \sum_{j=1}^{\bar{n}} \bar{\boldsymbol{x}}_j^2 \lambda_j^1 \geqq z_1 \boldsymbol{x}_{j_0}^2, \\ \sum_{j=1}^{\bar{n}} \bar{\boldsymbol{x}}_j^l \lambda_j^l \leqq z_{l-1} \boldsymbol{x}_{j_0}^l, l = 2, 3, \cdots, k, \\ \sum_{j=1}^{\bar{n}} \bar{\boldsymbol{x}}_j^{l+1} \lambda_j^l \geqq z_l \boldsymbol{x}_{j_0}^{l+1}, l = 2, 3, \cdots, k, \\ \lambda_j^l \geqq 0, l = 1, 2, \cdots, k, j = 1, 2, \cdots, \bar{n}. \end{cases}$$

当决策单元集 (决策单元全体构成的集合) 与样本单元集 (样本单元全体构成的集合) 相同时, 模型 (GNDEA) 与模型 (NDEA) 相同.

易证线性规划 (GNDEA) 存在最优解, 由于决策单元未必属于样本单元集, 其最优值只满足 $V^{\mathrm{O}} > 0$, 未必有 $V^{\mathrm{O}} \geq k$. 并且为了与传统链式网络 DEA 模型建立联系, 对 (GNDEA) 进行改进.

令

$$T_G^{l'} = \left\{ (\boldsymbol{x}^l, \boldsymbol{x}^{l+1}) \middle| \boldsymbol{x}^l \geq \sum_{j=1}^{\bar{n}} \bar{\boldsymbol{x}}_j^l \lambda_j^l + \boldsymbol{x}_{j_0}^l \lambda_0^l, \boldsymbol{x}^{l+1} \leq \sum_{j=1}^{\bar{n}} \bar{\boldsymbol{x}}_j^{l+1} \lambda_j^l + \boldsymbol{x}_{j_0}^{l+1} \lambda_0^l, \right.$$

$$\lambda_j^l \geqq 0, j = 0, 1, 2, \cdots, \bar{n}\bigg\},$$

称 $T_G^{l'}$ 为 T_G^l 的扩展生产可能集. 则 k 阶段网络结构的扩展生产可能集为

$$T_G' = \{(\boldsymbol{x}^1, \boldsymbol{x}^2, \cdots, \boldsymbol{x}^{k+1}) | (\boldsymbol{x}^l, \boldsymbol{x}^{l+1}) \in T^{l'}, l = 1, 2, \cdots, k\}.$$

考虑模型

$$(\text{GNDEA}') \begin{cases} \max \sum_{l=1}^k z_l = V, \\ \text{s.t.} \sum_{j=1}^{\bar{n}} \bar{\boldsymbol{x}}_j^1 \lambda_j^1 + \boldsymbol{x}_{j_0}^1 \lambda_0^1 \leqq \boldsymbol{x}_{j_0}^1, \\ \sum_{j=1}^{\bar{n}} \bar{\boldsymbol{x}}_j^2 \lambda_j^1 + \boldsymbol{x}_{j_0}^2 \lambda_0^1 \geqq z_1 \boldsymbol{x}_{j_0}^2, \\ \sum_{j=1}^{\bar{n}} \bar{\boldsymbol{x}}_j^l \lambda_j^l + \boldsymbol{x}_{j_0}^l \lambda_0^l \leqq z_{l-1} \boldsymbol{x}_{j_0}^l, l = 2, 3, \cdots, k, \\ \sum_{j=1}^{\bar{n}} \bar{\boldsymbol{x}}_j^{l+1} \lambda_j^l + \boldsymbol{x}_{j_0}^{l+1} \lambda_0^l \geqq z_l \boldsymbol{x}_{j_0}^{l+1}, l = 2, 3, \cdots, k, \\ \lambda_j^l \geqq 0, l = 1, 2, \cdots, k, j = 0, 1, 2, \cdots, \bar{n}. \end{cases}$$

定理8.3 若模型 (GNDEA′) 的最优解为

$$z_1^0, z_2^0, \cdots, z_k^0,$$

则 $z_1^0, z_2^0, \cdots, z_k^0$ 均大于等于 1.

证明 设线性规划 (GNDEA′) 的最优解为

$$z_1^0, z_2^0, \cdots, z_k^0,$$

其中

$$z_1^0 < 1,$$

则

$$(\boldsymbol{x}_{j_0}^1, z_1^0 \boldsymbol{x}_{j_0}^2) \in T_G^{1'},$$

$$(z_1^0 \boldsymbol{x}_{j_0}^2, z_2^0 \boldsymbol{x}_{j_0}^3) \in T_G^{2'},$$

$$\cdots$$

$$(z_{k-1}^0 \boldsymbol{x}_{j_0}^k, z_k^0 \boldsymbol{x}_{j_0}^{k+1}) \in T_G^{k'}.$$

由于

$$z_1^0 < 1,$$

所以

$$(\boldsymbol{x}_{j_0}^1, z_1^0 \boldsymbol{x}_{j_0}^2) \in T_G^{1'},$$

$$(\boldsymbol{x}_{j_0}^2, z_2^0 \boldsymbol{x}_{j_0}^3) \in T_G^{2'},$$

即 $1, z_2^0, \cdots, z_k^0$ 是线性规划 (GNDEA′) 的可行解, 故不等式

$$1 + \sum_{l=2}^{k} z_l^0 > z_1^0 + \sum_{l=2}^{k} z_l^0 = \sum_{l=1}^{k} z_l^0$$

成立. 这与

$$V = \sum_{l=1}^{k} z_l^0$$

是线性规划 (GNDEA′) 的最优值矛盾. 所以

$$z_l^0 \geqq 1.$$

当 $l = 2, 3, \cdots, k$ 时可类似可证.

由定理 8.3 可知模型 (GNDEA′) 的最优值 $V \geqq k$.

定义8.3　设模型 (GNDEA′) 的最优解为

$$z_l^0, \quad \lambda_j^l, \quad l = 1, 2, \cdots, k, \ j = 0, 1, 2, \cdots, \bar{n}.$$

若模型 (GNDEA′) 的最优值

$$V = k,$$

则称决策单元 DMU$_{j_0}$ 相对样本前沿面为**广义网络 DEA 有效**, 简称 GNDEA 有效.

对于阶段 S^l, 考虑决策单元 DMU$_{j_0}$ 相对于样本单元的效率, 构建模型 (GN$_l$).

$$(\text{GN}_l) \begin{cases} \max z_l, \\ \text{s.t.} \ \sum_{j=1}^{\bar{n}} \bar{\boldsymbol{x}}_j^l \lambda_j^l + \boldsymbol{x}_{j_0}^l \lambda_0^l + \boldsymbol{s}^- = \boldsymbol{x}_{j_0}^l, \\ \quad \sum_{j=1}^{\bar{n}} \bar{\boldsymbol{x}}_j^{l+1} \lambda_j^l + \boldsymbol{x}_{j_0}^{l+1} \lambda_0^l - \boldsymbol{s}^+ = z_l \boldsymbol{x}_{j_0}^{l+1}, \\ \quad \lambda_j^l \geqq 0, j = 0, 1, 2, \cdots, \bar{n}. \end{cases}$$

定义8.4　设模型 (GN_l) 的最优解为 z_l^0, 若

$$z_l^0 = 1,$$

则称决策单元 DMU_{j_0} 在阶段 S^l 相对样本前沿面为广义弱 DEA 有效, 简称阶段弱 GDEA 有效.

定理8.4　决策单元 DMU_{j_0} 为 GNDEA 有效的充要条件是 DMU_{j_0} 在所有阶段上均为弱 GDEA 有效.

8.3　算　例

考虑 2 阶段链式网络结构

$$\xrightarrow{\boldsymbol{x}_1} S^1 \xrightarrow{\boldsymbol{x}_2} S^2 \xrightarrow{\boldsymbol{x}_3},$$

各阶段均为单输入单输出, 有 4 个样本单元, 4 个决策单元, 其中决策单元数据取自文献 [26]. 样本单元和决策单元的输入输出数据如表 8.1 所示.

表 8.1　决策单元与样本单元数据

序号	DMU1	DMU2	DMU3	DMU4	SU1	SU2	SU3	SU4
$x_1(\bar{x}_1)$	2	5	4	6	8	3	5	6
$x_2(\bar{x}_2)$	2	3	4	5	6	1	3	3
$x_3(\bar{x}_3)$	2	2	3	5	3	1	2	2

对 4 个决策单元使用模型 (NDEA) 进行评价, 可得到网络 DEA 效率值如表 8.2 所示[26].

表 8.2　决策单元网络 DEA 效率值

决策单元	z_1	z_2	$z_1 + z_2$
DMU_1	1.000	1.000	2.000
DMU_2	1.667	2.500	4.167
DMU_3	1.000	1.333	2.333
DMU_4	1.200	1.200	2.400

从网络 DEA 效率值可以看出, 只有 DMU_1 为网络 DEA 有效, 其他决策单元均为网络 DEA 无效.

应用本章给出的广义链式网络 DEA 模型 (GNDEA′) 对决策单元进行评价.

评价决策单元 1 的模型 (GNDEA′) 为

$$
(\text{GNDEA}_1)\begin{cases}
\max z_1 + z_2, \\
\text{s.t. } 8\lambda_1^1 + 3\lambda_2^1 + 5\lambda_3^1 + 6\lambda_4^1 + 2\lambda_0^1 \leqq 2, \\
\quad 6\lambda_1^1 + \lambda_2^1 + 3\lambda_3^1 + 3\lambda_4^1 + 2\lambda_0^1 \geqq 2z_1, \\
\quad 6\lambda_1^2 + \lambda_2^2 + 3\lambda_3^2 + 3\lambda_4^2 + 2\lambda_0^2 \leqq 2z_1, \\
\quad 3\lambda_1^2 + \lambda_2^2 + 2\lambda_3^2 + 2\lambda_4^2 + 2\lambda_0^2 \geqq 2z_2, \\
\quad \lambda_j^1, \lambda_j^2 \geqq 0, j = 0, 1, 2, 3, 4.
\end{cases}
$$

评价决策单元 2 的模型 (GNDEA′) 为

$$
(\text{GNDEA}_2)\begin{cases}
\max z_1 + z_2, \\
\text{s.t. } 8\lambda_1^1 + 3\lambda_2^1 + 5\lambda_3^1 + 6\lambda_4^1 + 5\lambda_0^1 \leqq 5, \\
\quad 6\lambda_1^1 + \lambda_2^1 + 3\lambda_3^1 + 3\lambda_4^1 + 3\lambda_0^1 \geqq 3z_1, \\
\quad 6\lambda_1^2 + \lambda_2^2 + 3\lambda_3^2 + 3\lambda_4^2 + 3\lambda_0^2 \leqq 3z_1, \\
\quad 3\lambda_1^2 + \lambda_2^2 + 2\lambda_3^2 + 2\lambda_4^2 + 2\lambda_0^2 \geqq 2z_2, \\
\quad \lambda_j^1, \lambda_j^2 \geqq 0, j = 0, 1, 2, 3, 4.
\end{cases}
$$

评价决策单元 3 的模型 (GNDEA′) 为

$$
(\text{GNDEA}_3)\begin{cases}
\max z_1 + z_2, \\
\text{s.t. } 8\lambda_1^1 + 3\lambda_2^1 + 5\lambda_3^1 + 6\lambda_4^1 + 4\lambda_0^1 \leqq 4, \\
\quad 6\lambda_1^1 + \lambda_2^1 + 3\lambda_3^1 + 3\lambda_4^1 + 4\lambda_0^1 \geqq 4z_1, \\
\quad 6\lambda_1^2 + \lambda_2^2 + 3\lambda_3^2 + 3\lambda_4^2 + 4\lambda_0^2 \leqq 4z_1, \\
\quad 3\lambda_1^2 + \lambda_2^2 + 2\lambda_3^2 + 2\lambda_4^2 + 3\lambda_0^2 \geqq 3z_2, \\
\quad \lambda_j^1, \lambda_j^2 \geqq 0, j = 0, 1, 2, 3, 4.
\end{cases}
$$

评价决策单元 4 的模型 (GNDEA′) 为

$$
(\text{GNDEA}_4)\begin{cases}
\max z_1 + z_2, \\
\text{s.t. } 8\lambda_1^1 + 3\lambda_2^1 + 5\lambda_3^1 + 6\lambda_4^1 + 6\lambda_0^1 \leqq 6, \\
\quad 6\lambda_1^1 + \lambda_2^1 + 3\lambda_3^1 + 3\lambda_4^1 + 5\lambda_0^1 \geqq 5z_1, \\
\quad 6\lambda_1^2 + \lambda_2^2 + 3\lambda_3^2 + 3\lambda_4^2 + 5\lambda_0^2 \leqq 5z_1, \\
\quad 3\lambda_1^2 + \lambda_2^2 + 2\lambda_3^2 + 2\lambda_4^2 + 5\lambda_0^2 \geqq 5z_2, \\
\quad \lambda_j^1, \lambda_j^2 \geqq 0, j = 0, 1, 2, 3, 4.
\end{cases}
$$

利用 LINGO9.0 编程运算得到各决策单元的广义网络 DEA 效率值如表 8.3 所示.

表 8.3　决策单元广义网络 DEA 效率值

决策单元	z_1	z_2	$z_1 + z_2$
DMU$_1$	1.000	1.000	2.000
DMU$_2$	1.250	1.875	3.125
DMU$_3$	1.000	1.333	2.333
DMU$_4$	1.000	1.000	2.000

对于 DMU$_1$, 由于 $z_1 + z_2 = 2$, 故 DMU$_1$ 为 GNDEA 有效.

对于 DMU$_2$, 由于 $z_1 + z_2 = 3.125$, 故 DMU$_2$ 为 GNDEA 无效.

对于 DMU$_3$, 由于 $z_1 + z_2 = 2.333$, 故 DMU$_3$ 为 GNDEA 无效.

对于 DMU$_4$, 由于 $z_1 + z_2 = 2$, 故 DMU$_4$ 为 GNDEA 有效.

对比表 8.2 和表 8.3 可看出, 使用传统网络 DEA 模型对决策单元进行评价只有 DMU$_1$ 为网络 DEA 有效, 而使用广义网络 DEA 评价同样的决策单元, 由于评价标准是给定的样本单元, 所以有 DMU$_1$ 和 DMU$_4$ 均为 GNDEA 有效, 即相对于样本单元 (给定的标准)DMU$_1$ 和 DMU$_4$ 均达到了标准要求的水平, 这与传统的网络 DEA 方法得到的评价结果不相同.

对决策单元使用模型 (GN$_l$) 分别进行单阶段有效性检验, 具体结果如表 8.4 所示.

表 8.4　决策单元单阶段广义 DEA 效率值

决策单元	z_1	z_2
DMU$_1$	1.000	1.000
DMU$_2$	1.250	1.500
DMU$_3$	1.000	1.333
DMU$_4$	1.000	1.000

从表 8.4 的计算结果, 有以下结论.

DMU$_1$ 在阶段 S^1 的效率 $z_1 = 1$, 所以 DMU$_1$ 在阶段 S^1 为弱 GDEA 有效, 在阶段 S^2 的效率 $z_2 = 1$, 所以 DMU$_1$ 阶段 S^2 为弱 GDEA 有效.

DMU$_2$ 在阶段 S^1 的效率 $z_1 = 1.25$, 所以 DMU$_2$ 在阶段 S^1 不为弱 GDEA 有效, 在阶段 S^2 的效率 $z_2 = 1.5$, 所以 DMU$_2$ 阶段 S^2 不为弱 GDEA 有效.

DMU$_3$ 在阶段 S^1 的效率 $z_1 = 1$, 所以 DMU$_3$ 在阶段 S^1 为弱 GDEA 有效, 在阶段 S^2 的效率 $z_2 = 1.333$, 所以 DMU$_3$ 阶段 S^2 不为弱 GDEA 有效.

DMU$_4$ 在阶段 S^1 的效率 $z_1 = 1$, 所以 DMU$_4$ 在阶段 S^1 为弱 GDEA 有效, 在阶段 S^2 的效率 $z_2 = 1$, 所以 DMU$_4$ 阶段 S^2 为弱 GDEA 有效.

8.4　结　束　语

广义链式网络 DEA 方法可以对决策单元相对于任意样本单元集进行评价, 广义链式网络 DEA 方法可以看作是传统的链式网络 DEA 方法的拓展. 通过打开 "黑箱", 对于相对于样本单元不为广义网络 DEA 有效的决策单元, 可以找到内因, 即具体在哪个阶段导致的无效.

第9章　具有阶段最终产出的广义链式网络DEA 方法

2010 年, 魏权龄和庞立永在传统链式网络 DEA 方法[26] 理论基础上, 进一步研究了**具有阶段最终产出的传统链式网络 DEA 方法**[27]. 本章在基于 C²R 模型的广义链式网络 DEA 方法和具有阶段最终产出的传统链式网络 DEA 方法基础上, 给出基于 C²R 模型的具有阶段最终产出的广义链式网络 DEA 模型, 初步讨论该模型下的广义 DEA 有效的概念及其判别条件.

9.1　具有阶段最终产出的传统链式网络 DEA 简介

本节内容取自于文献 [27].

9.1.1　具有阶段最终产出的链式网络结构

图 9.1 为具有阶段最终产出的 k 阶段链式网络结构, 其决策单元具有以下特点.

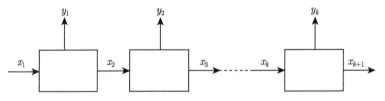

图 9.1　具有阶段最终产出的 k 阶段链式网络结构

(1) 阶段 S^1 的投入 x^1 为本次生产的原始投入 x, 经过阶段 S^1 得到阶段产出 (y^1, x^2), 其中 y^1 为网络决策单元在阶段 S^1 的最终产出, x^2 为网络决策单元下一阶段 S^2 的投入.

依此, 阶段 S^l 利用阶段 S^{l-1} 的产出 x^l 得到阶段产出 (y^l, x^{l+1}), 其中 y^l 为网络决策单元在阶段 S^l 的最终产出, x^{l+1} 为网络决策单元下一阶段 S^{l+1} 的投入 $(2 \leqq l \leqq k-1)$. 最后阶段 S^k 利用投入 x^k 得到最终产出 (y^k, x^{k+1}).

(2) 所有决策单元均有以上 k 个阶段, 并且不包含环式结构.

(3) 所有决策单元相互对应阶段的投入要素和产出要素相同.

9.1.2　具有阶段最终产出的传统链式网络 DEA 方法

设 k 阶段的具有阶段最终产出的链式结构中有 n 个决策单元, 其中第 j 个决策单元 $\mathrm{DMU}_j (j = 1, 2, \cdots, n)$ 在阶段 S^l 的投入为 $\boldsymbol{x}_j^l$, 产出为 $(\boldsymbol{y}_j^l, \boldsymbol{x}_j^{l+1})$, DMU_j 的 k 阶段投入产出记为

$$(\boldsymbol{x}_j^1, \boldsymbol{y}_j^1, \boldsymbol{x}_j^2, \boldsymbol{y}_j^2, \boldsymbol{x}_j^3, \cdots, \boldsymbol{x}_j^k, \boldsymbol{y}_j^k, \boldsymbol{x}_j^{k+1}).$$

阶段 S^l 的生产可能集为

$$T^l = \left\{ (\boldsymbol{x}^l, \boldsymbol{y}^l, \boldsymbol{x}^{l+1}) \middle| \boldsymbol{x}^l \geqq \sum_{j=1}^n \boldsymbol{x}_j^l \lambda_j^l, \boldsymbol{y}^l \leqq \sum_{j=1}^n \boldsymbol{y}_j^l \lambda_j^l, \right.$$
$$\left. \boldsymbol{x}^{l+1} \leqq \sum_{j=1}^n \boldsymbol{x}_j^{l+1} \lambda_j^l, \lambda_j^l \geqq 0, j = 1, 2, \cdots, n \right\}.$$

k 阶段具有阶段最终产出的链式结构的生产可能集为

$$T = \{(\boldsymbol{x}^1, \boldsymbol{y}^1, \boldsymbol{x}^2, \boldsymbol{y}^2, \boldsymbol{x}^3, \cdots, \boldsymbol{x}^k, \boldsymbol{y}^k, \boldsymbol{x}^{k+1}) | (\boldsymbol{x}^l, \boldsymbol{y}^l, \boldsymbol{x}^{l+1}) \in T^l, l = 1, 2, \cdots, k\}.$$

根据生产可能集 T 的阶段最终产出为期望产出和非期望产出时, 给出评价决策单元 DMU_{j_0} 效率的具有阶段最终产出的传统链式网络 DEA 模型 (PN_1) 和 (PN_2) 如下:

$$(\mathrm{PN}_1) \begin{cases} \max \sum_{l=1}^k z_l, \\[2mm] \text{s.t.} \sum_{j=1}^n \boldsymbol{x}_j^1 \lambda_j^1 \leqq \boldsymbol{x}_{j_0}^1, \\[2mm] \sum_{j=1}^n \boldsymbol{y}_j^1 \lambda_j^1 \geqq z_1 \boldsymbol{y}_{j_0}^1, \\[2mm] \sum_{j=1}^n \boldsymbol{x}_j^2 \lambda_j^1 \geqq z_1 \boldsymbol{x}_{j_0}^2, \\[2mm] \sum_{j=1}^n \boldsymbol{x}_j^l \lambda_j^l \leqq z_{l-1} \boldsymbol{x}_{j_0}^l, l = 2, 3, \cdots, k, \\[2mm] \sum_{j=1}^n \boldsymbol{y}_j^l \lambda_j^l \geqq z_l \boldsymbol{y}_{j_0}^l, l = 2, 3, \cdots, k, \\[2mm] \sum_{j=1}^n \boldsymbol{x}_j^{l+1} \lambda_j^l \geqq z_l \boldsymbol{x}_{j_0}^{l+1}, l = 2, 3, \cdots, k, \\[2mm] \lambda_j^l \geqq 0, l = 1, 2, \cdots, k, j = 1, 2, \cdots, n. \end{cases}$$

$$(PN_2) \begin{cases} \max \sum_{l=1}^{k} z_l, \\ \text{s.t.} \sum_{j=1}^{n} \boldsymbol{x}_j^1 \lambda_j^1 \leqq \boldsymbol{x}_{j_0}^1, \\ \sum_{j=1}^{n} \boldsymbol{y}_j^1 \lambda_j^1 \geqq \boldsymbol{y}_{j_0}^1, \\ \sum_{j=1}^{n} \boldsymbol{x}_j^2 \lambda_j^1 \geqq z_1 \boldsymbol{x}_{j_0}^2, \\ \sum_{j=1}^{n} \boldsymbol{x}_j^l \lambda_j^l \leqq z_{l-1} \boldsymbol{x}_{j_0}^l, l = 2, 3, \cdots, k, \\ \sum_{j=1}^{n} \boldsymbol{y}_j^l \lambda_j^l \geqq z_{l-1} \boldsymbol{y}_{j_0}^l, l = 2, 3, \cdots, k, \\ \sum_{j=1}^{n} \boldsymbol{x}_j^{l+1} \lambda_j^l \geqq z_l \boldsymbol{x}_{j_0}^{l+1}, l = 2, 3, \cdots, k, \\ \lambda_j^l \geqq 0, l = 1, 2, \cdots, k, j = 1, 2, \cdots, n. \end{cases}$$

模型 (PN$_1$) 和 (PN$_2$) 一定具有最优解, 并且其最优解 $\bar{z}_l$ 有如下结论.

引理9.1 设 $\bar{z}_l, l = 1, 2, \cdots, k$ 是模型 (PN$_1$)(或模型 (PN$_2$)) 的最优解, 则有

$$1 \leqq \bar{z}_1 \leqq \bar{z}_2 \cdots \leqq \bar{z}_k, \quad \sum_{l=1}^{k} \bar{z}_l \geqq k.$$

定义9.1 设模型 (PN$_1$)(或模型 (PN$_2$)) 的最优是

$$\bar{z}_l, \quad \bar{\lambda}_j^l, \quad l = 1, 2, \cdots, k, \ j = 1, 2, \cdots, n,$$

若模型 (PN$_1$)(或模型 (PN$_2$)) 的最优值

$$\sum_{l=1}^{k} \bar{z}_l = k,$$

则称 DMU$_{j_0}$ 为网络 DEA 有效.

在阶段 $S^l (1 \leqq l \leqq k)$, 使用产出型 C^{2}R 模型对 DMU$_{j_0} (1 \leqq j_0 \leqq n)$ 进行有效性度量, 相应的模型 (PND$_1^l$) 与 (PND$_2^l$) 如下:

$$(\text{PND}_1^l) \begin{cases} \max z_l, \\ \text{s.t.} \displaystyle\sum_{j=1}^{n} \boldsymbol{x}_j^l \lambda_j^l + \boldsymbol{s}^- = \boldsymbol{x}_{j_0}^l, \\ \displaystyle\sum_{j=1}^{n} \boldsymbol{y}_j^l \lambda_j^l - \boldsymbol{s}_1^+ = z_l \boldsymbol{y}_{j_0}^l, \\ \displaystyle\sum_{j=1}^{n} \boldsymbol{x}_j^{l+1} \lambda_j^l - \boldsymbol{s}_2^+ = z_l \boldsymbol{x}_{j_0}^{l+1}, \\ \lambda_j^l \geqq 0, j = 1, 2, \cdots, n. \end{cases}$$

$$(\text{PND}_2^l) \begin{cases} \max z_l, \\ \text{s.t.} \displaystyle\sum_{j=1}^{n} \boldsymbol{x}_j^l \lambda_j^l + \boldsymbol{s}^- = \boldsymbol{x}_{j_0}^l, \\ \displaystyle\sum_{j=1}^{n} \boldsymbol{y}_j^l \lambda_j^l - \boldsymbol{s}_1^+ = \boldsymbol{y}_{j_0}^l, \\ \displaystyle\sum_{j=1}^{n} \boldsymbol{x}_j^{l+1} \lambda_j^l - \boldsymbol{s}_2^+ = z_l \boldsymbol{x}_{j_0}^{l+1}, \\ \lambda_j^l \geqq 0, j = 1, 2, \cdots, n. \end{cases}$$

定义9.2　若模型 (PND_1^l)(或模型 (PND_2^l)) 的最优值

$$\bar{z}_l^0 = 1,$$

则称决策单元 DMU_{j_0} 在阶段 S^l 为弱 DEA 有效.

引理9.2　决策单元 DMU_{j_0} 为网络 DEA 有效的充要条件是决策单元 DMU_{j_0} 在所有阶段都是弱 DEA 有效.

9.2　具有阶段最终产出的广义链式网络 DEA 模型

设 k 阶段链式网络结构中有 n 个决策单元和 $\bar{n}$ 个样本单元. 在阶段 S^l, 第 p 个决策单元 DMU_p 的投入是 $\boldsymbol{x}_p^l$, 产出为 $(\boldsymbol{y}_p^l, \boldsymbol{x}_p^{l+1})$, 第 j 个样本单元 SU_j 的投入是 $\bar{\boldsymbol{x}}_j^l$, 产出为 $(\bar{\boldsymbol{y}}_j^l, \bar{\boldsymbol{x}}_j^{l+1})$. 第 p 个决策单元的 k 阶段投入产出记为

$$(\boldsymbol{x}_p^1, \boldsymbol{y}_p^1, \boldsymbol{x}_p^2, \boldsymbol{y}_p^2, \cdots, \boldsymbol{x}_p^k, \boldsymbol{y}_p^k, \boldsymbol{x}_p^{k+1}),$$

第 j 个样本单元的 k 阶段投入产出记为

$$(\bar{\boldsymbol{x}}_j^1, \bar{\boldsymbol{y}}_j^1, \bar{\boldsymbol{x}}_j^2, \bar{\boldsymbol{y}}_j^2, \cdots, \bar{\boldsymbol{x}}_j^k, \bar{\boldsymbol{y}}_j^k, \bar{\boldsymbol{x}}_j^{k+1}),$$

其中 $\boldsymbol{x}_p^l, \bar{\boldsymbol{x}}_j^l \in R_+^{m_l}$, m_l 为阶段 S^l 的投入指标个数, $l = 1, 2, \cdots, k, p = 1, 2, \cdots, n, j = 1, 2, \cdots, \bar{n}$.

根据 DEA 方法构造生产可能集的思想, 样本单元确定的阶段 S^l 的生产可能集 T_{G}^l 为

$$T_{\mathrm{G}}^l = \left\{ (\boldsymbol{x}^l, \boldsymbol{y}^l, \boldsymbol{x}^{l+1}) \middle| \boldsymbol{x}^l \geqq \sum_{j=1}^{\bar{n}} \bar{\boldsymbol{x}}_j^l \lambda_j^l, \boldsymbol{y}^l \leqq \sum_{j=1}^{\bar{n}} \bar{\boldsymbol{y}}_j^l \lambda_j^l, \right.$$

$$\left. \boldsymbol{x}^{l+1} \leqq \sum_{j=1}^{\bar{n}} \bar{\boldsymbol{x}}_j^{l+1} \lambda_j^l, \lambda_j^l \geqq 0, j = 1, 2, \cdots, \bar{n} \right\}.$$

样本单元确定的 k 阶段具有阶段最终产出的链式结构的生产可能集为

$$T_{\mathrm{G}} = \{ (\boldsymbol{x}^1, \boldsymbol{y}^1, \boldsymbol{x}^2, \boldsymbol{y}^2, \boldsymbol{x}^3, \cdots, \boldsymbol{x}^k, \boldsymbol{y}^k, \boldsymbol{x}^{k+1}) | (\boldsymbol{x}^l, \boldsymbol{y}^l, \boldsymbol{x}^{l+1}) \in T_{\mathrm{G}}^l, l = 1, 2, \cdots, k \}.$$

评价决策单元 DMU_{j_0} 相对于样本单元的效率, 考虑期望产出的情况模型 (1) 以及非期望产出情况模型 (2).

$$(1) \begin{cases} \max \ \sum_{l=1}^k z_l, \\ \mathrm{s.t.} \ (\boldsymbol{x}_{j_0}^l, z_1 \boldsymbol{y}_{j_0}^l, z_1 \boldsymbol{x}_{j_0}^2, z_2 \boldsymbol{y}_{j_0}^2, z_2 \boldsymbol{x}_{j_0}^3, \cdots, z_{k-1} \boldsymbol{x}_{j_0}^k, z_k \boldsymbol{y}_{j_0}^k, z_k \boldsymbol{x}_{j_0}^{k+1}) \in T_{\mathrm{G}}. \end{cases}$$

$$(2) \begin{cases} \max \ \sum_{l=1}^k z_l, \\ \mathrm{s.t.} \ (\boldsymbol{x}_{j_0}^l, \boldsymbol{y}_{j_0}^l, z_1 \boldsymbol{x}_{j_0}^2, z_1 \boldsymbol{y}_{j_0}^2, z_2 \boldsymbol{x}_{j_0}^3, \cdots, z_{k-1} \boldsymbol{x}_{j_0}^k, z_{k-1} \boldsymbol{y}_{j_0}^k, z_k \boldsymbol{x}_{j_0}^{k+1}) \in T_{\mathrm{G}}. \end{cases}$$

由 T_{G} 和 T_{G}^l 的构成可知, 以上两个模型可以表示成如下形式: 阶段最终产出为期望产出和非期望产出时, 模型分别为 (PGN_1) 和 (PGN_2).

$$(\mathrm{PGN}_1) \begin{cases} \max \ \sum_{l=1}^k z_l = V_1^{\mathrm{O}}, \\ \mathrm{s.t.} \ \sum_{j=1}^{\bar{n}} \bar{\boldsymbol{x}}_j^1 \lambda_j^1 \leqq \boldsymbol{x}_{j_0}^1, \sum_{j=1}^{\bar{n}} \bar{\boldsymbol{y}}_j^1 \lambda_j^1 \geqq z_1 \boldsymbol{y}_{j_0}^1, \sum_{j=1}^{\bar{n}} \bar{\boldsymbol{x}}_j^2 \lambda_j^1 \geqq z_1 \boldsymbol{x}_{j_0}^2, \\ \displaystyle\sum_{j=1}^{\bar{n}} \bar{\boldsymbol{x}}_j^l \lambda_j^l \leqq z_{l-1} \boldsymbol{x}_{j_0}^l, l = 2, 3, \cdots, k, \\ \displaystyle\sum_{j=1}^{\bar{n}} \bar{\boldsymbol{y}}_j^l \lambda_j^l \geqq z_l \boldsymbol{y}_{j_0}^l, l = 2, 3, \cdots, k, \\ \displaystyle\sum_{j=1}^{\bar{n}} \bar{\boldsymbol{x}}_j^{l+1} \lambda_j^l \geqq z_l \boldsymbol{x}_{j_0}^{l+1}, l = 2, 3, \cdots, k, \\ \lambda_j^l \geqq 0, l = 1, 2, \cdots, k, j = 1, 2, \cdots, \bar{n}. \end{cases}$$

$$(\text{PGN}_2)\begin{cases} \max \sum_{l=1}^{k} z_l = V_2^{\text{O}}, \\ \text{s.t. } \sum_{j=1}^{\bar{n}} \bar{\boldsymbol{x}}_j^1 \lambda_j^1 \leqq \boldsymbol{x}_{j_0}^1, \sum_{j=1}^{\bar{n}} \bar{\boldsymbol{y}}_j^1 \lambda_j^1 \geqq \boldsymbol{y}_{j_0}^1, \sum_{j=1}^{\bar{n}} \bar{\boldsymbol{x}}_j^2 \lambda_j^1 \geqq z_1 \boldsymbol{x}_{j_0}^2, \\ \sum_{j=1}^{\bar{n}} \bar{\boldsymbol{x}}_j^l \lambda_j^l \leqq z_{l-1} \boldsymbol{x}_{j_0}^l, l = 2,3,\cdots,k, \\ \sum_{j=1}^{\bar{n}} \bar{\boldsymbol{y}}_j^l \lambda_j^l \geqq z_{l-1} \boldsymbol{y}_{j_0}^l, l = 2,3,\cdots,k, \\ \sum_{j=1}^{\bar{n}} \bar{\boldsymbol{x}}_j^{l+1} \lambda_j^l \geqq z_l \boldsymbol{x}_{j_0}^{l+1}, l = 2,3,\cdots,k, \\ \lambda_j^l \geqq 0, l = 1,2,\cdots,k, j = 1,2,\cdots,\bar{n}. \end{cases}$$

容易证明线性规划 (PGN_1) 与 (PGN_2) 都存在最优解, 由于决策单元未必属于样本单元集, 其最优值只满足

$$V_1^{\text{O}} > 0, \quad V_2^{\text{O}} > 0,$$

未必满足

$$V_1^{\text{O}} \geqq k, \quad V_2^{\text{O}} \geqq k.$$

为了使上述不等式成立, 并且与传统链式网络 DEA 模型建立联系, 需要对 (PGN_1) 和 (PGN_2) 进行改进.

令

$$T_{\text{G}}^{l'} = \left\{ (\boldsymbol{x}^l, \boldsymbol{y}^l, \boldsymbol{x}^{l+1}) \middle| \boldsymbol{x}^l \geqq \sum_{j=1}^{\bar{n}} \bar{\boldsymbol{x}}_j^l \lambda_j^l + \boldsymbol{x}_{j_0}^l \lambda_0^l, \boldsymbol{y}^l \leqq \sum_{j=1}^{\bar{n}} \bar{\boldsymbol{y}}_j^l \lambda_j^l + \boldsymbol{y}_{j_0}^l \lambda_0^l, \right.$$
$$\left. \boldsymbol{x}^{l+1} \leqq \sum_{j=1}^{\bar{n}} \bar{\boldsymbol{x}}_j^{l+1} \lambda_j^l + \boldsymbol{x}_{j_0}^{l+1} \lambda_0^l, \lambda_j^l \geqq 0, j = 1,2,\cdots,\bar{n} \right\}.$$

称 $T_{\text{G}}^{l'}$ 为 T_{G}^l 的扩展生产可能集.

k 阶段网络结构的扩展生产可能集为

$$T_{\text{G}} = \{(\boldsymbol{x}^1, \boldsymbol{y}^1, \boldsymbol{x}^2, \boldsymbol{y}^2, \boldsymbol{x}^3, \cdots, \boldsymbol{x}^k, \boldsymbol{y}^k, \boldsymbol{x}^{k+1}) | (\boldsymbol{x}^l, \boldsymbol{y}^l, \boldsymbol{x}^{l+1}) \in T_{\text{G}}^{l'}, l = 1,2,\cdots,k\}.$$

基于生产可能集 T_{G}, 阶段最终产出为期望产出和非期望产出时, 模型分别为 (PGN_1') 和 (PGN_2').

$$(\text{PGN}_1') \begin{cases} \max \sum_{l=1}^{k} z_l = V_1, \\[2mm] \text{s.t.} \sum_{j=1}^{\bar{n}} \bar{\boldsymbol{x}}_j^1 \lambda_j^1 + \boldsymbol{x}_{j_0}^1 \lambda_0^1 \leqq \boldsymbol{x}_{j_0}^1, \\[2mm] \sum_{j=1}^{\bar{n}} \bar{\boldsymbol{y}}_j^1 \lambda_j^1 + \boldsymbol{y}_{j_0}^1 \lambda_0^1 \geqq z_1 \boldsymbol{y}_{j_0}^1, \\[2mm] \sum_{j=1}^{\bar{n}} \bar{\boldsymbol{x}}_j^2 \lambda_j^1 + \boldsymbol{x}_{j_0}^2 \lambda_0^1 \geqq z_1 \boldsymbol{x}_{j_0}^2, \\[2mm] \sum_{j=1}^{\bar{n}} \bar{\boldsymbol{x}}_j^l \lambda_j^l + \boldsymbol{x}_{j_0}^l \lambda_0^l \leqq z_{l-1} \boldsymbol{x}_{j_0}^l, l = 2,3,\cdots,k, \\[2mm] \sum_{j=1}^{\bar{n}} \bar{\boldsymbol{y}}_j^l \lambda_j^l + \boldsymbol{y}_{j_0}^l \lambda_0^l \geqq z_l \boldsymbol{y}_{j_0}^l, l = 2,3,\cdots,k, \\[2mm] \sum_{j=1}^{\bar{n}} \bar{\boldsymbol{x}}_j^{l+1} \lambda_j^l + \boldsymbol{x}_{j_0}^{l+1} \lambda_0^1 \geqq z_l \boldsymbol{x}_{j_0}^{l+1}, l = 2,3,\cdots,k, \\[2mm] \lambda_j^l \geqq 0, l = 1,2,\cdots,k, j = 1,2,\cdots,\bar{n}. \end{cases}$$

$$(\text{PGN}_2') \begin{cases} \max \sum_{l=1}^{k} z_l = V_2, \\[2mm] \text{s.t.} \sum_{j=1}^{\bar{n}} \bar{\boldsymbol{x}}_j^1 \lambda_j^1 + \boldsymbol{x}_{j_0}^1 \lambda_0^1 \leqq \boldsymbol{x}_{j_0}^1, \\[2mm] \sum_{j=1}^{\bar{n}} \bar{\boldsymbol{y}}_j^1 \lambda_j^1 + \boldsymbol{y}_{j_0}^1 \lambda_0^1 \geqq \boldsymbol{y}_{j_0}^1, \\[2mm] \sum_{j=1}^{\bar{n}} \bar{\boldsymbol{x}}_j^2 \lambda_j^1 + \boldsymbol{x}_{j_0}^2 \lambda_0^1 \geqq z_1 \boldsymbol{x}_{j_0}^2, \\[2mm] \sum_{j=1}^{\bar{n}} \bar{\boldsymbol{x}}_j^l \lambda_j^l + \boldsymbol{x}_{j_0}^l \lambda_0^l \leqq z_{l-1} \boldsymbol{x}_{j_0}^l, l = 2,3,\cdots,k, \\[2mm] \sum_{j=1}^{\bar{n}} \bar{\boldsymbol{y}}_j^l \lambda_j^l + \boldsymbol{y}_{j_0}^l \lambda_0^l \geqq z_{l-1} \boldsymbol{y}_{j_0}^l, l = 2,3,\cdots,k, \\[2mm] \sum_{j=1}^{\bar{n}} \bar{\boldsymbol{x}}_j^{l+1} \lambda_j^l + \boldsymbol{x}_{j_0}^{l+1} \lambda_0^1 \geqq z_l \boldsymbol{x}_{j_0}^{l+1}, l = 2,3,\cdots,k, \\[2mm] \lambda_j^l \geqq 0, l = 1,2,\cdots,k, j = 1,2,\cdots,\bar{n}. \end{cases}$$

若决策单元集与样本单元集相同, 则模型 (PGN'_1) 与模型 (PN_1) 相同, (PGN'_2) 与模型 (PN_2) 相同.

定理9.3   若 $z^0_1, z^0_2, \cdots, z^0_k$ 是模型 (PGN'_1)(或 (PGN'_2)) 的最优解, 则 $z^0_1, z^0_2, \cdots, z^0_k$ 均大于等于 1.

该定理的证明与定理 8.3 证明类似, 在此不再赘述.

由定理 9.3 可知模型 (PGN'_1)(或 (PGN'_2)) 的最优值 $V_1 \geqq k(V_2 \geqq k)$.

定义9.3   设模型 (PGN'_1)(或 (PGN'_2)) 的最优解为

$$z^0_l, \quad \lambda^l_j, \quad l = 1, 2, \cdots, k, \ j = 0, 1, 2, \cdots, \bar{n}.$$

若模型 (PGN'_1)(或 (PGN'_2)) 的最优值 $V_1 = k$(或 $V_2 = k$), 则称决策单元 DMU_{j_0} 相对样本前沿面为广义网络 DEA 有效.

对于阶段 S^l, 考虑决策单元 DMU_{j_0} 相对于样本单元的效率, 构建模型 (PGN^l_1) 与 (PGN^l_2).

$$(\mathrm{PGN}^l_1) \begin{cases} \max z_l, \\ \mathrm{s.t.} \ \sum\limits_{j=1}^{\bar{n}} \bar{\boldsymbol{x}}^l_j \lambda^l_j + \boldsymbol{x}^l_{j_0} \lambda^l_0 + \boldsymbol{s}^- = \boldsymbol{x}^l_{j_0}, \\ \sum\limits_{j=1}^{\bar{n}} \bar{\boldsymbol{y}}^l_j \lambda^l_j + \boldsymbol{y}^l_{j_0} \lambda^l_0 - \boldsymbol{s}^+_1 = z_l \boldsymbol{y}^l_{j_0}, \\ \sum\limits_{j=1}^{\bar{n}} \bar{\boldsymbol{x}}^{l+1}_j \lambda^l_j + \boldsymbol{x}^{l+1}_{j_0} \lambda^l_0 - \boldsymbol{s}^+_2 = z_l \boldsymbol{x}^{l+1}_{j_0}, \\ \lambda^l_j \geqq 0, j = 1, 2, \cdots, \bar{n}. \end{cases}$$

$$(\mathrm{PGN}^l_2) \begin{cases} \max z_l, \\ \mathrm{s.t.} \ \sum\limits_{j=1}^{\bar{n}} \bar{\boldsymbol{x}}^l_j \lambda^l_j + \boldsymbol{x}^l_{j_0} \lambda^l_0 + \boldsymbol{s}^- = \boldsymbol{x}^l_{j_0}, \\ \sum\limits_{j=1}^{\bar{n}} \bar{\boldsymbol{y}}^l_j \lambda^l_j + \boldsymbol{y}^l_{j_0} \lambda^l_0 - \boldsymbol{s}^+_1 = \boldsymbol{y}^l_{j_0}, \\ \sum\limits_{j=1}^{\bar{n}} \bar{\boldsymbol{x}}^{l+1}_j \lambda^l_j + \boldsymbol{x}^{l+1}_{j_0} \lambda^l_0 - \boldsymbol{s}^+_2 = z_l \boldsymbol{x}^{l+1}_{j_0}, \\ \lambda^l_j \geqq 0, j = 1, 2, \cdots, \bar{n}. \end{cases}$$

定义9.4   设模型 (PGN^l_1)(或 (PGN^l_2)) 的最优解为 z^0_l, 若

$$z^0_l = 1,$$

则称决策单元 DMU_{j_0} 在阶段 S^l 相对样本前沿面为广义弱 DEA 有效.

定理9.4　　决策单元 DMU_{j_0} 相对样本前沿面为广义网络 DEA 有效的充要条件是 DMU_{j_0} 在所有阶段上相对样本前沿面均为广义弱 DEA 有效.

9.3　算　　例

考虑具有阶段最终产出的 2 阶段链式网络结构, 如图 9.2 所示.

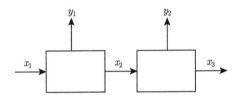

图 9.2　具有阶段最终产出的 2 阶段链式网络结构

网络结构的各阶段均为单投入双产出, 其中一个产出为阶段最终产出, 另一个为下一阶段的投入, 有 4 个样本单元, 4 个决策单元, 其中决策单元数据取自文献 [27]. 样本单元和决策单元的投入产出数据如表 9.1 所示.

表 9.1　决策单元与样本单元数据

序号	DMU_1	DMU_2	DMU_3	DMU_4	SU_1	SU_2	SU_3	SU_4
$x_1(\bar{x}_1)$	8	8	8	8	9	8	10	9
$y_1(\bar{y}_1)$	4	4	3	3	4	5	6	5
$x_2(\bar{x}_2)$	5	6	3	3	5	4	4	3.5
$y_2(\bar{y}_2)$	10/3	1	2	1	3	1.5	2	1
$x_3(\bar{x}_3)$	2	1.2	1	1	2	1	1.5	1.5

对 4 个决策单元使用模型 (PN_1) 和 (PN_2) 进行评价, 可得到网络 DEA 效率值如表 9.2 所示[27].

表 9.2　基于具有阶段最终产出传统网络 DEA 模型的决策单元效率值

阶段产出类型	期望			非期望		
决策单元	z_1	z_2	$z_1 + z_2$	z_1	z_2	$z_1 + z_2$
DMU_1	1.000	1.000	2.000	1.200	1.200	2.400
DMU_2	1.000	2.000	3.000	1.000	2.000	3.000
DMU_3	1.333	1.333	2.666	2.000	2.400	4.400
DMU_4	1.333	1.600	2.933	2.000	2.400	4.400

从网络 DEA 效率值可以看出, 当阶段最终产出为期望产出时, 只有 DMU_1 为网络 DEA 有效, 其他决策单元均为网络 DEA 无效. 而当阶段最终产出为非期望

产出时, 所有决策单元均为无效单元.

应用本章给出的模型 (PGN_1') 和 (PGN_2') 对决策单元进行评价得到效率值, 如表 9.3 所示.

表 9.3　基于具有阶段最终产出广义网络 DEA 模型的决策单元效率值

阶段产出类型	期望			非期望		
决策单元	z_1	z_2	$z_1 + z_2$	z_1	z_2	$z_1 + z_2$
DMU_1	1.000	1.000	2.000	1.000	1.000	2.000
DMU_2	1.000	2.113	3.113	1.000	2.143	3.143
DMU_3	1.412	1.412	2.824	1.481	1.481	2.963
DMU_4	1.412	1.765	3.176	1.481	1.886	3.367

应用本章给出的模型 (PGN_1^l) 与 (PGN_2^l) 得到决策单元在各阶段的相对效率值, 如表 9.4 所示.

表 9.4　决策单元对样本单元的单阶段效率值

阶段产出类型	期望		非期望	
决策单元	z_1	z_2	z_1	z_2
DMU_1	1.000	1.000	1.000	1.000
DMU_2	1.000	2.113	1.000	2.143
DMU_3	1.412	1.000	1.481	1.000
DMU_4	1.412	1.250	1.481	1.273

由表 9.3 看出决策单元 DMU_1 在阶段最终产出为期望或非期望时均为广义网络 DEA 有效, 其他 3 个决策单元在期望或非期望产出时均为无效.

由表 9.4 看出决策单元 DMU_1 在单阶段均为相对样本前沿面广义弱 DEA 有效, 而其他 3 个决策单元在单阶段评价中至少有一个阶段为非弱 DEA 有效, 故在两阶段链式网络结构中广义网络 DEA 无效.

9.4　结　束　语

具有阶段最终产出的广义链式网络 DEA 方法可以对决策单元相对于任意样本单元集 (参考集) 进行评价, 并且具有阶段最终产出的广义链式网络 DEA 方法可以看作是具有阶段最终产出的传统链式网络 DEA 方法的拓展. 当样本单元集 (参考集) 与决策单元集相等时, 上述两个方法一致. 通过打开 "黑箱", 可以将相对于样本单元不为广义网络 DEA 有效的决策单元找出, 并发掘内因. 即可以找出生产过程中具体哪个阶段无效而导致整体无效.

第10章 聚类分析在确定广义 DEA 方法样本单元集中的应用

传统 BC² 模型中对每个决策单元进行效率评价时, 实质上是被评价单元相对于有效单元构成的有效生产前沿面进行效率评价. 有时会发现个别无效单元的许多指标都明显优于某些有效单元, 即 DEA 方法得到的定量分析与通常定性分析相比存在差异. 广义 DEA 方法在一定程度上可以解决这个问题. 但是广义 DEA 方法存在一个样本单元集的选择问题, 可以选择一个非决策单元构成的集合进行评价, 也可以在决策单元集中选择一部分决策单元作为样本单元集进行评价. 在决策单元集中选择一个样本单元集有时更容易被待评价的决策单元所接受. 如何选择一部分决策单元作为样本单元进行评价, 从而使定量评价和定性评价更好地吻合, 具有一定的研究意义.

本章以只有输出的广义 BC² 模型为例, 在 10.2 节中给出利用聚类分析确定样本单元集的方法. 10.3 节给出通过构造虚拟单元来体现决策者偏好再利用聚类分析确定样本单元集的方法. 10.4 节中通过实际评价案例说明该方法具有一定的可行性.

10.1 广义 DEA 方法中决策单元集与样本单元集的关系

如果将决策单元集设为 A, 样本单元集设为 B, B_1, B_2, B_3 或者 B_4, 则图 10.1 描述了传统 DEA 方法和广义 DEA 方法中决策单元集与样本单元集之间的关系.

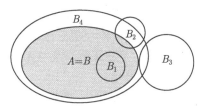

图 10.1 广义 DEA 方法中决策单元集与样本单元集的关系

从图 10.1 看到传统 DEA 方法相当于广义 DEA 方法中决策单元集与样本单元集相等的情形. 广义 DEA 方法中的样本单元集与传统 DEA 方法中的决策单元集之间存在五种关系: 相等、包含且不相等 (两种情形)、相交且不相等、互不相容.

10.2　聚类分析在确定样本单元集中的应用

假设 n 个决策单元对应的输出数据分别为

$$\boldsymbol{y}_j = (y_{1j}, y_{2j}, \cdots, y_{sj})^{\mathrm{T}},$$

其中

$$\boldsymbol{y}_j \in E^s,\ \boldsymbol{y}_j > \boldsymbol{0},\ j = 1, 2, \cdots, n.$$

给出只有输出的传统 DEA 模型 (D-BC$_\mathrm{O}^2$) 如下:

$$(\text{D-BC}_\mathrm{O}^2)\begin{cases} \max z, \\ \text{s.t.} \sum_{j=1}^n \boldsymbol{y}_j \lambda_j - \boldsymbol{s}^+ = z\boldsymbol{y}_0, \\ \sum_{j=1}^n \lambda_j = 1, \\ \boldsymbol{s}^+ \geqq \boldsymbol{0}, \lambda_j \geqq 0, j = 1, 2, \cdots, n, \end{cases}$$

其中 $\boldsymbol{y}_{j_0}$ 表示待评价的决策单元, $j_0 \in \{1, 2, \cdots, n\}$. 为方便起见, 记 $\boldsymbol{y}_{j_0} = \boldsymbol{y}_0$.

定义10.1　设线性规划(D-BC$_\mathrm{O}^2$)的最优解为 $z^*, \lambda_1^0, \lambda_2^0, \cdots, \lambda_n^0, \boldsymbol{s}^{+0}$, 若满足 $z^* = 1$ 且 $\boldsymbol{s}^{+0} = \boldsymbol{0}$, 则称决策单元 $\boldsymbol{y}_0$ 为 DEA 有效 (BC^2).

最优值 $\max z = z^*$ 越小, 决策单元相对于决策单元集的有效性越强, 称

$$E = 1/z^*$$

为决策单元 $\boldsymbol{y}_0$ 的传统 DEA 效率值.

模型 (D-BC$_\mathrm{O}^2$) 对某个决策单元进行相对效率评价时, 其实就是该决策单元相对于有效生产前沿面进行有效性评价. 而根据 DEA 有效性与相应的多目标规划的 Pareto 有效之间的关系可以看出, 决策单元的某个指标的相对较大, 以及与其他具有绝对优势的有效单元共同作用, 会导致某些决策单元定性分析的效率大小关系与通过模型计算的效率大小关系存在差异.

在图 10.2 和图 10.3 中给出双输出情形下, 两组决策单元 A, B, C 以及 A', B', C' 不同的取值情形时, 相应的 DEA 定量分析与实际定性分析之间可能存在差异.

在图 10.2 中, 决策单元 A 与 B 构成了有效生产前沿面, 决策单元 A 与 B 均为 DEA 有效 (BC^2), 决策单元 C 为 DEA 无效 (BC^2). 可以看到在实际定性分析中, 会认为决策单元 C 要较决策单元 B 有效, 原因是决策单元 C 与决策单元 B 相比, 二者输出 1 减少的幅度要明显低于二者输出 2 增加的幅度. 之所以 DEA 方法

中评价的效率值决策单元 B 要高于决策单元 C, 主要原因在于决策单元 A 的输出 2 高于 C 的输出 2, 恰好和决策单元 B 构成有效生产前沿面.

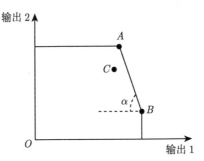

图 10.2 α 接近 0 或 $\pi/2$

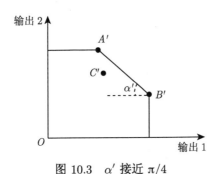

图 10.3 α' 接近 $\pi/4$

在图 10.3 中, 决策单元 A' 与 B' 构成了有效生产前沿面, 决策单元 A' 与 B' 均为 DEA 有效 (BC^2), 决策单元 C' 为 DEA 无效 (BC^2). 这时对决策单元 B' 与 C' 的 DEA 定量分析与实际中定性分析应该较为一致.

几何直观看直线 AB 与水平线夹角 α 接近 $\pi/2$(接近 0 情形相同), 直线 $A'B'$ 与水平线夹角 α' 接近 $\pi/4$, 决策单元 C 和 C' 分别贴近两条直线.

为了克服 (D-BC$_O^2$) 模型的相对不合理性, 给出基于 BC^2 模型只有输出的广义 DEA 模型.

假设共有 n 个待评价的决策单元和 $\bar{n}$ 个样本单元或决策者可接受标准 (以下统称样本单元), 第 p 个待评价的决策单元的输出指标值为

$$\boldsymbol{y}_p = (y_{1p}, y_{2p}, \cdots, y_{sp})^{\mathrm{T}},$$

第 j 个样本单元的输出指标值为

$$\bar{\boldsymbol{y}}_j = (\bar{y}_{1j}, \bar{y}_{2j}, \cdots, \bar{y}_{sj})^{\mathrm{T}},$$

其中

$$\boldsymbol{y}_p, \bar{\boldsymbol{y}}_j \in E^s, \ \boldsymbol{y}_p > \boldsymbol{0}, \quad \bar{\boldsymbol{y}}_j > \boldsymbol{0}, \quad p = 1, 2, \cdots, n, \quad j = 1, 2, \cdots, \bar{n}.$$

令

$$T_{\mathrm{SU}} = \{\bar{\boldsymbol{y}}_1, \bar{\boldsymbol{y}}_2, \cdots, \bar{\boldsymbol{y}}_{\bar{n}}\},$$

称 T_{SU} 为样本单元集.

令

$$T_{\mathrm{DMU}} = \{\boldsymbol{y}_1, \boldsymbol{y}_2, \cdots, \boldsymbol{y}_n\},$$

称 T_{DMU} 为决策单元集.

给出基于 BC^2 模型只有输出的广义 DEA 模型 ($\mathrm{DG\text{-}BC}_{\mathrm{O}}^2$) 如下:

$$(\mathrm{DG\text{-}BC}_{\mathrm{O}}^2) \begin{cases} \max z, \\ \mathrm{s.t.} \displaystyle\sum_{j=1}^{\bar{n}} \bar{\boldsymbol{y}}_j \lambda_j - \boldsymbol{s}^+ = z\boldsymbol{y}_p, \\ \displaystyle\sum_{j=1}^{\bar{n}} \lambda_j = 1, \\ \boldsymbol{s}^+ \geqq \boldsymbol{0}, \lambda_j \geqq 0, j = 1, 2, \cdots, \bar{n}. \end{cases}$$

定义10.2　设线性规划 ($\mathrm{DG\text{-}BC}_{\mathrm{O}}^2$) 的最优解为 $z^*, \lambda_1^0, \lambda_2^0, \cdots, \lambda_{\bar{n}}^0, \boldsymbol{s}^{+0}$, 若满足 $z^* < 1$, 或者 $z^* = 1$ 且 $\boldsymbol{s}^{+0} = \boldsymbol{0}$, 则称决策单元 $\boldsymbol{y}_p$ 基于样本前沿面为 DEA 有效 (BC^2), 记作 G-DEA 有效 (BC^2).

当 $T_{\mathrm{SU}} = T_{\mathrm{DMU}}$ 时, ($\mathrm{DG\text{-}BC}_{\mathrm{O}}^2$) 与 ($\mathrm{D\text{-}BC}_{\mathrm{O}}^2$) 相同.

样本单元集的选择, 我们希望各样本单元相互之间不要有过大的差异, 从而使对决策单元的定量分析与定性分析之间不会存在较大的差异. 和对图 10.2 和图 10.3 的分析一样, 希望样本单元集的样本前沿面与水平线的夹角选择如图 10.5 中 α' 接近 $\pi/4$, 而非图 10.4 中的样本前沿面与水平线的夹角 α 接近 0 或 $\pi/2$. 在图 10.4 和图 10.5 中 "•" 表示样本单元, "■" 表示决策单元.

在实际应用过程中, 为了使样本单元的选择能够被决策单元所接受, 有时需要在决策单元中选择一部分作为样本单元, 即 $T_{\mathrm{SU}} \subsetneqq T_{\mathrm{DMU}}$.

聚类分析是研究对样品或指标进行分类的一种多元统计分析方法. 聚类分析中的最短距离法中类与类之间的距离定义为两类中相距最近的样本之间的距离, 所以最短距离法可以作为确定样本单元集的方法, 可以使评价的结果与定性分析的结果更好地吻合.

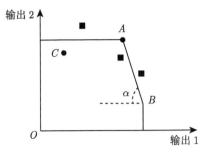

图 10.4 α 接近 0 或 $\pi/2$

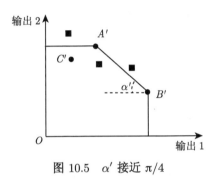

图 10.5 α' 接近 $\pi/4$

假设利用最小距离法把 n 个决策单元分成了 m 类, 记为 $G_1, G_2, \cdots, G_m$. 令

$$I_j = \{k | \boldsymbol{y}_k \in G_j\}, \ j = 1, 2, \cdots, m,$$

即 I_j 为类 G_j 的指标集.

若以其中的第 j 类 G_j 作为样本单元集对决策单元 $\boldsymbol{y}_p$ 进行效率评价, 其中 $j = 1, 2, \cdots, m$, 则给出相应的基于聚类分析确定样本可能集的广义 DEA 模型 $(\mathrm{DG_{cluster}})$ 如下.

$$(\mathrm{DG_{cluster}}) \begin{cases} \max z_j, \\ \mathrm{s.t.} \displaystyle\sum_{k \in I_j} \boldsymbol{y}_k \lambda_k - \boldsymbol{s}^+ = z \boldsymbol{y}_p, \\ \displaystyle\sum_{k \in I_j} \lambda_k = 1, \\ \boldsymbol{s}^+ \geqq \boldsymbol{0}, \lambda_k \geqq 0, k \in I_j. \end{cases}$$

定义10.3 设线性规划 $(\mathrm{DG_{cluster}})$ 的最优解为 $z_j^*, \lambda_k^0, k \in I_j, \boldsymbol{s}^{+0}$, 若满足 $z_j^* < 1$, 或者 $z_j^* = 1$ 且 $\boldsymbol{s}^{+0} = \boldsymbol{0}$, 则称决策单元 $\boldsymbol{y}_p$ 基于 G_j 构成的样本前沿面为 DEA 有效 (BC^2), 记作 G_j-DEA 有效 (BC^2).

最优值 $\max z = z_j^*$ 越小, 决策单元相对于第 j 类构成的样本单元的有效性越强, 称

$$E_j = 1/z_j^*$$

为决策单元 $\boldsymbol{y}_0$ 基于 G_j 的广义 DEA 效率值.

利用 $(\text{DG}_{\text{cluster}})$ 模型对决策单元 $\boldsymbol{y}_p$ 进行评价, 能够使定量分析与定性分析所得评价结果相同或相似.

针对于上述讨论, 具体问题的定量分析步骤如下.

(1) 利用 (D-BC_O^2) 模型对决策单元进行相对效率评价.

(2) 观察决策单元的输出指标数据及其效率值, 观察是否存在利用定量分析与定性分析所得评价结果差异较大的决策单元.

(3) 若存在这类决策单元, 利用统计学软件对所有决策单元的输出指标数据利用最短距离法进行聚类分析.

(4) 选择聚类分析中的适当的某一类作为样本单元集, 利用 $(\text{DG}_{\text{cluster}})$ 模型对所有决策单元进行效率评价.

10.3　带有虚拟决策单元的聚类分析在确定样本单元集中的应用

10.2 节讨论了对决策单元利用最短距离法进行聚类分析, 选取某个类作为样本单元集, 利用只有输出的广义 BC^2 模型对决策单元进行评价, 可以在一定程度上解决个别输出分量过大而导致的效率评价中定量分析与定性分析之间的差异问题. 但作为样本单元集的相应类的选择依据是不包含传统 DEA 方法中有效单元, 这样的类的选择有多种方式, 当然所产生的评价结果也不尽相同.

本节继续以只有输出的 BC^2 模型为例, 讨论如何通过对带有虚拟单元的决策单元集进行聚类分析, 从而确定其中某个类作为样本单元集来进行效率评价. 通过构造虚拟单元, 使得样本单元集的选择具有唯一性, 并且选择的样本单元集在一定程度上能够代表决策者的评价标准和偏好.

假设构造一个**虚拟决策单元**

$$\boldsymbol{y}_v = (y_{1v}, y_{2v}, \cdots, y_{sv})^{\text{T}},$$

$\boldsymbol{y}_v$ 可以体现决策者的评价标准和偏好.

令

$$T_v = \{\boldsymbol{y}_1, \boldsymbol{y}_2, \cdots, \boldsymbol{y}_n, \boldsymbol{y}_v\}.$$

利用最小距离法对 T_v 进行聚类分析得到 t 个类 $G_1, G_2, \cdots, G_t$, 记其中包含 $\boldsymbol{y}_v$ 的类为 G_v, 即 $\boldsymbol{y}_v \in G_v, G_v \in \{G_1, G_2, \cdots, G_t\}$.

令

$$G_v' = G_v \backslash \boldsymbol{y}_v.$$

G_v' 所包含的决策单元与虚拟决策单元相应的各输出分量应该相对较为接近, 分量之间不会有过大的差距. 基于 G_v' 对决策单元集进行评价, 可以在一定程度上避免决策单元的某个产出指标过大导致的评价结果的偏差问题, 并体现决策者的评价标准和偏好.

令

$$I_v = \{k | \boldsymbol{y}_k \in G_v'\},$$

称 I_v 为 G_v' 的指标集.

将 G_v' 作为样本单元集利用广义 DEA 方法对决策单元 $\boldsymbol{y}_0$ 进行相对效率评价, 给出相应的广义 DEA 模型 (D_v):

$$(\mathrm{D}_v) \begin{cases} \max z_v, \\ \text{s.t.} \displaystyle\sum_{k \in I_v} \boldsymbol{y}_k \lambda_k - \boldsymbol{s}^+ = z_v \boldsymbol{y}_0, \\ \displaystyle\sum_{k \in I_v} \lambda_k = 1, \\ \boldsymbol{s}^+ \geqq \boldsymbol{0}, \lambda_k \geqq 0, k \in I_v. \end{cases}$$

若模型 (D_v) 的最优值为 z_v^*, 则称

$$E_v = 1/z_v^*$$

为决策单元 $\boldsymbol{y}_0$ 基于 G_v' 的广义 DEA 效率值.

10.4　中国各省份人均经济发展状况的综合评价

构造中国各省份 2009 年人均经济发展效率评价指标为该年人均 GDP、人均工业总产值、农村家庭人均年收入、人均一般预算收入、城市人均年消费支出和农村人均年生活消费, 共六个指标, 分别用 A1, A2, A3, A4, A5 和 A6 表示.

2009 年, 中国各省份人均经济指标数据如表 10.1 所示.

利用 LINGO 9.0 软件, 通过线性规划 (D-BC$_\mathrm{O}^2$) 计算, 得到我国各省份人均经济效率值在表 10.2 中给出. 最优值越接近于 1, 说明效率越高.

表 10.1　2009 年中国各省份人均经济指标数据　　　　(单位: 元)

省份	A1	A2	A3	A4	A5	A6
北京	70452	13351.12	11668.59	11749.56	17893.30	8897.59
湖北	22677	9069.47	5035.26	1425.70	10294.07	3725.24
天津	62574	30132.20	8687.56	6838.12	14801.35	4273.15
湖南	20428	7538.52	4909.04	1325.85	10828.23	4020.87
河北	24581	11386.47	5149.67	1521.92	9678.75	3349.74
广东	41166	18862.94	6906.93	3805.43	16857.50	5019.81
山西	21522	10292.22	4244.10	2356.93	9355.10	3304.76
广西	16045	5922.07	3980.44	1284.13	10352.38	3231.14
内蒙古	40282	18624.07	4937.80	3518.83	12369.87	3968.42
海南	19254	3499.15	4744.36	2074.63	10086.65	3088.56
辽宁	35239	16042.89	5958.00	3685.98	12324.58	4254.03
重庆	22920	10239.92	4478.35	2299.61	12144.06	3142.14
吉林	26595	11160.86	5265.91	1779.74	10914.44	3902.90
四川	17339	6957.32	4462.05	1439.18	10860.20	4141.40
黑龙江	22447	9279.23	5206.76	1677.35	9629.60	4241.27
贵州	10309	3300.49	3005.41	1097.32	9048.29	2421.95
上海	78989	28394.19	12482.94	13335.74	20992.35	9804.37
云南	13539	4582.31	3369.34	1532.26	10201.81	2924.85
江苏	44744	21380.30	8003.54	4192.68	13153.00	5804.45
西藏	15295	1147.40	3531.72	1042.73	9034.31	2399.47
浙江	44641	20423.50	10007.31	4160.18	16683.48	7731.70
陕西	21688	9294.61	3437.55	1951.89	10705.67	3349.23
安徽	16408	6627.62	4504.32	1408.64	10233.98	3655.02
甘肃	12872	4573.80	2980.10	1088.98	8890.79	2766.45
福建	33840	14121.64	6680.18	2578.62	13450.57	5015.72
青海	19454	8462.09	3346.15	1578.57	8786.52	3209.41
江西	17335	7238.55	5075.01	1316.34	9739.99	3532.66
宁夏	21777	8373.78	4048.33	1795.43	10280.00	3347.94
山东	35894	17891.74	6118.77	2328.19	12012.73	4417.18
新疆	19942	7254.20	3883.10	1812.73	9327.55	2950.63
河南	20597	10467.71	4806.95	1190.61	9566.99	3388.47

注: 港澳台数据未统计, 以下表同.

表 10.2　基于 (D-BC$_O^2$) 模型的 2009 年中国各省份人均经济效率值

省份	北京	天津	河北	山西	内蒙古	辽宁	吉林	黑龙江
效率值	0.9348	1.0000	0.4611	0.4456	0.6445	0.5871	0.5199	0.4587

省份	上海	江苏	浙江	安徽	福建	江西	山东	河南
效率值	1.0000	0.7372	0.8017	0.4875	0.6407	0.4640	0.6202	0.4561

续表

省份	湖北	湖南	广东	广西	海南	重庆	四川	贵州
效率值	0.4904	0.5158	0.8030	0.4932	0.4805	0.5785	0.5173	0.4310

省份	云南	西藏	陕西	甘肃	青海	宁夏	新疆	
效率值	0.4860	0.4304	0.5100	0.4235	0.4443	0.4186	0.4897	

由计算结果可以看出，DEA 有效单元的个数仅有两个, 只有上海和天津. 北京的效率也相对很高, 但未达到 DEA 有效. 可以将各省份的人均经济效率按照 (D-BC$_O^2$) 模型下的 DEA 效率值进行分类, 如表 10.3 所示.

表 10.3　基于 (D-BC$_O^2$) 模型的 2009 年各省份人均经济效率分类

1	上海, 天津
0.9348	北京
0.5871~0.8030	内蒙古, 辽宁, 山东, 福建, 江苏, 浙江, 广东
≤ 0.5785	河北, 山西, 吉林, 黑龙江, 安徽, 江西, 河南, 湖北, 湖南, 广西, 海南, 重庆, 四川, 贵州, 云南, 西藏, 陕西, 甘肃, 青海, 宁夏, 新疆

可以看到北京、上海、天津人均经济效率处于各省份的最前列.

需要注意的是, 北京除了人均工业总产值指标, 其他五项指标都高于天津, 但是北京的效率却低于天津. 这是因为, 天津的人均工业总产值指标明显高于北京, 并且上海的每项指标均高于北京, 有效生产前沿面恰好是由上海与天津决定的. 北京的效率低于天津, 只因为人均工业总产值相对偏低, 需要思考的是, 评价方式相对不合理, 所以需要改进评价方法. 此时利用传统 DEA 方法进行定量分析与进行定性分析会存在一定差异.

利用 SAS 软件, 采用最短距离法对中国各省份人均经济状况进行聚类分析, 得到相应的谱系聚类图如图 10.6 所示.

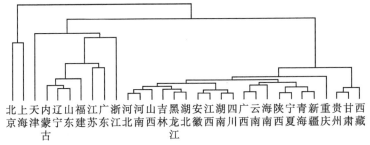

图 10.6　基于最短距离法的 2009 年中国各省份人均经济发展状况谱系聚类图

若将中国各省份的人均经济状况通过最短距离法得到的聚类结果分成 4 类, 具体的分类结果见表 10.4.

表 10.4   基于最短距离法的 2009 年中国各省份人均经济发展状况聚类

第一类	上海, 北京
第二类	天津
第三类	内蒙古, 辽宁, 山东, 福建, 江苏, 浙江, 广东
第四类	河北, 山西, 吉林, 黑龙江, 安徽, 江西, 河南, 湖北, 湖南, 广西, 海南, 重庆, 四川, 贵州, 云南, 西藏, 陕西, 甘肃, 青海, 宁夏, 新疆

比较表 10.3 和表 10.4, 可见除了第一类和第二类中的北京和天津的分类有所差别, 第三类和第四类分类方式相同.

把利用聚类分析得到的内蒙古、辽宁、山东、福建、江苏、浙江、广东作为样本单元, 具体的输出数据在表 10.5 中给出.

表 10.5   样本单元人均经济指标数据   (单位: 元)

省份	A1	A2	A3	A4	A5	A6
广东	41166	18862.94	6906.93	3805.43	16857.50	5019.81
内蒙古	40282	18624.07	4937.80	3518.83	12369.87	3968.42
辽宁	35239	16042.89	5958.00	3685.98	12324.58	4254.03
江苏	44744	21380.30	8003.54	4192.68	13153.00	5804.45
浙江	44641	20423.50	10007.31	4160.18	16683.48	7731.70
福建	33840	14121.64	6680.18	2578.62	13450.57	5015.72
山东	35894	17891.74	6118.77	2328.19	12012.73	4417.18

利用 LINGO 9.0 软件, 通过 (DG$_{cluster}$) 模型计算, 得到我国各省份人均经济效率的效率值在表 10.6 中给出.

表 10.6   基于 (DG$_{cluster}$) 模型的 2009 年中国各省份人均经济发展效率

省份	北京	天津	河北	山西	内蒙古	辽宁	吉林	黑龙江
效率值	2.8027	1.6310	0.5780	0.5663	0.9006	0.8807	0.6500	0.5764

省份	上海	江苏	浙江	安徽	福建	江西	山东	河南
效率值	3.1807	1	1	0.6093	0.8017	0.5813	0.8477	0.5704

省份	湖北	湖南	广东	广西	海南	重庆	四川	贵州
效率值	0.6133	0.6372	1	0.6147	0.6003	0.7204	0.6489	0.5367

省份	云南	西藏	陕西	甘肃	青海	宁夏	新疆	
效率值	0.6400	0.5359	0.6357	0.5278	0.5234	0.6109	0.5540	

通过表 10.6 看到, 北京的相对效率值为 2.8027, 天津的相对效率值为 1.6310, 北京的效率值要明显优于天津. 这与通过二者的实际输出数据所能得到的定性分析结果应该更为接近.

可以将各省份的人均经济效率按照 (DG$_{cluster}$) 模型下的 DEA 效率值进行分类, 具体分类在表 10.7 中给出.

表 10.7 基于 $(DG_{cluster})$ 模型的 2009 年中国各省份人均经济发展状况分类

区间	省份
2.8027~3.1807	上海, 北京
1.6310	天津
0.8017~1	内蒙古, 辽宁, 山东, 福建, 江苏, 浙江, 广东
≤ 0.7204	河北, 山西, 吉林, 黑龙江, 安徽, 江西, 河南, 湖北, 湖南, 广西, 海南, 重庆, 四川, 贵州, 云南, 西藏, 陕西, 甘肃, 青海, 宁夏, 新疆

表 10.7 与表 10.4 中对中国各省份人均经济发展效率分类方式相同.

通过分类可以看出, 北京、天津和上海三个直辖市的经济状况处于全国领先地位, 同时可以看出北京的效率值要明显高于天津, 这与通常所作的定性分析相近; 沿海的辽宁、山东、福建、江苏、浙江与广东六省以及资源丰富的内蒙古经济发展处于发展前列.

通过算例可以看出, 基于 BC^2 模型的只有输出的 DEA 模型进行相对效率评价有时会与定性分析存在差异, 运用基于 BC^2 模型的只有输出的广义 DEA 模型和聚类分析中的最短距离法选取适当的样本单元集相结合的 $(DG_{cluster})$ 模型进行相对效率评价具有一定的可行性, 能够使得评价结果与定性分析更好的吻合. 对于其他经典的 DEA 模型也可以作类似的处理来解决一些实际的效率评价问题.

下面构造虚拟单元, 通过聚类分析确定样本单元集对各省份的人均经济发展效率进行评价.

对所有决策单元的六个指标分别进行从大到小排序, 取每个指标排序的第 10 位构成虚拟决策单元 1. 则虚拟决策单元 1 的输出向量为

$$\boldsymbol{y}_{v_1} = (35239, 14121.64, 5958, 2578.62, 12324.58, 4254.03)^{\mathrm{T}},$$

则利用聚类分析中的最短距离法得到 $G'_{v_1} = \{$ 内蒙古, 辽宁, 山东, 福建 $\}$.

取每个指标排序的第 20 位作为虚拟决策单元 2, 则虚拟决策单元 2 的输出向量为

$$\boldsymbol{y}_{v_2} = (20597, 8462.09, 4504.32, 1578.57, 10233.98, 3349.74)^{\mathrm{T}},$$

则利用聚类分析中的最短距离法得到 $G'_{v_2} = \{$ 湖北, 陕西, 宁夏 $\}$.

基于 G'_{v_1} 与 G'_{v_2} 利用广义 DEA 模型 (D_v) 对决策单元评价得到各省份人均经济的广义 DEA 效率值如表 10.8 所示.

基于 G'_{v_1} 与 G'_{v_2} 利用广义 DEA 模型选取特定的类对决策单元评价, 也可以解决北京和天津存在的定性分析与定量分析的差异问题.

虚拟决策单元的作用相当于根据实际评价的目的对决策单元选择了适当的评价标准和偏好, 样本单元集的选择更加具有目的性. 例如, 本章对中国 31 个省份进行了相对效率评价, 取每个指标排序的第 10 位构成的虚拟决策单元 1 可以认为是

一个效率良好的标准, 依据 G'_{v_1} 进行评价效率值大于等于 1 的决策单元可以认为是相当于或高于良好的决策单元. 取每个指标排序的第 20 位构成的虚拟决策单元 2, 可以认为是一个效率及格的标准, 依据 G'_{v_2} 进行评价效率值小于 1 的决策单元, 可以认为是不及格的决策单元. 决策者可以根据各自的标准来构造虚拟单元, 从而进行评价分级和排序.

表 10.8　基于虚拟单元聚类的 2009 年中国各省份人均经济效率值

省份	北京	天津	河北	山西	内蒙古	辽宁	吉林	黑龙江
E_{v_1}	3.1876	1.8602	0.7794	0.7312	1.0000	1.0000	0.8114	0.8456
E_{v_2}	6.0196	3.5033	1.2386	1.2159	2.0038	1.8884	1.2172	1.1467
省份	上海	江苏	浙江	安徽	福建	江西	山东	河南
E_{v_1}	3.6180	1.3173	1.5603	0.7609	1.0000	0.7597	1.0000	0.7248
E_{v_2}	6.8322	2.3021	2.3908	0.9905	1.5482	1.0079	1.9250	1.1397
省份	湖北	湖南	广东	广西	海南	重庆	四川	贵州
E_{v_1}	0.7653	0.8050	1.2856	0.7697	0.7588	0.9029	0.8257	0.6727
E_{v_2}	0.7653	0.8050	1.2856	0.7697	0.7588	0.9029	0.8257	0.6727
省份	云南	西藏	陕西	甘肃	青海	宁夏	新疆	
E_{v_1}	0.7585	0.6717	0.7959	0.6610	0.6950	0.6532	0.7643	
E_{v_2}	0.9550	0.8579	1.0000	0.8333	0.9912	0.9189	1.0000	

10.5　结　束　语

本章首先利用聚类分析对决策单元进行分类, 选取其中某些类作为样本单元集对决策单元进行相对效率评价, 在一定程度上可以避免传统 DEA 方法中存在的定量分析与定性分析的差异 (决策单元的某个输出指标是所有决策单元中该指标的最大值导致的 DEA 有效). 进一步构造虚拟决策单元与决策单元集共同进行聚类分析, 选择含有虚拟单元的类中的决策单元作为样本单元集对决策单元进行评价. 与单纯使用聚类分析相比, 虚拟单元的构造能够体现出决策者对评价标准的偏好, 使样本单元集的选择更具有一定的目的性.

第 11 章　广义随机数据包络分析方法

1959 年, Charnes 和 Cooper 提出了机会约束规划[75], 带有随机因素的 DEA 方法得到关注. Land, Lovell 和 Thore[76], Olesen 和 Petersen[77], Cooper, Huang 和 Li[78], Huang 和 Li[79], Cooper, Deng 和 Huang 等[80], Olesen [81], 韩松[82], 边馥萍和黄泰[83], 陈骑兵和马铁丰[84], 蓝以信和王应明[85] 做了一些基于机会约束的随机 DEA 方法的研究. 曾祥云和吴育华等[86], 边馥萍和王聚荟[87], 蓝以信和王应明[88,89] 初步研究了基于期望值模型的带有随机因素 DEA 模型. 以上都是在传统 DEA 方法的范畴研究随机 DEA 理论和方法.

本章初步讨论基于 C²R 模型和 BC² 模型的广义随机 DEA 方法, 给出基于期望值模型和基于机会约束规划的广义随机 DEA 模型, 讨论模型的一些性质和排序方法, 并考虑样本单元和决策单元的输入输出指标相互独立且服从正态分布情形的确定性转化问题.

11.1　基于 C²R 和 BC² 模型的广义与传统 DEA 模型回顾

本节简要回顾面向输入的基于 C²R 模型和 BC² 模型的广义 DEA 方法[101,103] 的基本理论.

假设有 n 个决策单元和 $\bar{n}$ 个样本单元, 它们的特征可以由 m 种输入和 s 种输出表示. 第 k 个决策单元和第 j 个样本单元的输入输出向量分别表示为

$$\boldsymbol{x}_k = (x_{1k}, x_{2k}, \cdots, x_{mk})^{\mathrm{T}},$$

$$\boldsymbol{y}_k = (y_{1k}, y_{2k}, \cdots, y_{sk})^{\mathrm{T}},$$

$$\bar{\boldsymbol{x}}_j = (\bar{x}_{1j}, \bar{x}_{2j}, \cdots, \bar{x}_{mj})^{\mathrm{T}},$$

$$\bar{\boldsymbol{y}}_j = (\bar{y}_{1j}, \bar{y}_{2j}, \cdots, \bar{y}_{sj})^{\mathrm{T}},$$

其中

$$\boldsymbol{x}_k > 0, \quad \boldsymbol{y}_k > 0, \quad \bar{\boldsymbol{x}}_j > 0, \quad \bar{\boldsymbol{y}}_j > 0, \quad k = 1, 2, \cdots, n, \quad j = 1, 2, \cdots, \bar{n}.$$

令

$$T_{\mathrm{DMU}} = \{(\boldsymbol{x}_1, \boldsymbol{y}_1), (\boldsymbol{x}_2, \boldsymbol{y}_2), \cdots, (\boldsymbol{x}_n, \boldsymbol{y}_n)\},$$

称 T_{DMU} 为决策单元集.

令

$$T_{\mathrm{SU}} = \{(\bar{\boldsymbol{x}}_1, \bar{\boldsymbol{y}}_1), (\bar{\boldsymbol{x}}_2, \bar{\boldsymbol{y}}_2), \cdots, (\bar{\boldsymbol{x}}_{\bar{n}}, \bar{\boldsymbol{y}}_{\bar{n}})\},$$

称 T_{SU} 为样本单元集.

令

$$T = \left\{(\boldsymbol{x}, \boldsymbol{y}) \middle| \boldsymbol{x} \geqq \sum_{j=1}^{\bar{n}} \bar{\boldsymbol{x}}_j \lambda_j, \boldsymbol{y} \leqq \sum_{j=1}^{\bar{n}} \bar{\boldsymbol{y}}_j \lambda_j, \delta \sum_{j=1}^{\bar{n}} \lambda_j = \delta, \lambda_j \geqq 0, j = 1, 2, \cdots, \bar{n}\right\},$$

称 T 为样本生产可能集. 其中 δ 等于 0 或 1.

令

$$T(d) = \left\{(\boldsymbol{x}, \boldsymbol{y}) \middle| \boldsymbol{x} \geqq \sum_{j=1}^{\bar{n}} \bar{\boldsymbol{x}}_j \lambda_j, \boldsymbol{y} \leqq \sum_{j=1}^{\bar{n}} d\bar{\boldsymbol{y}}_j \lambda_j, \delta \sum_{j=1}^{\bar{n}} \lambda_j = \delta, \lambda_j \geqq 0, j = 1, 2, \cdots, \bar{n}\right\},$$

称 $T(d)$ 为伴随样本生产可能集. 其中 δ 等于 0 或 1, d 为正数, 称为移动因子.

显然 $T = T(1)$.

面向输入的基于 C^2R 模型和 BC^2 模型的广义 DEA 模型 (M_1) 如下:

$$(M_1) \begin{cases} \min \theta, \\ \text{s.t. } \theta \boldsymbol{x}_p - \sum_{j=1}^{\bar{n}} \bar{\boldsymbol{x}}_j \lambda_j \geqq \boldsymbol{0}, \\ \quad -\boldsymbol{y}_p + \sum_{j=1}^{\bar{n}} d\bar{\boldsymbol{y}}_j \lambda_j \geqq \boldsymbol{0}, \\ \quad \delta \sum_{j=1}^{\bar{n}} \lambda_j = \delta, \\ \quad \lambda_j \geqq 0, j = 1, 2, \cdots, \bar{n}, \end{cases}$$

其中 δ 等于 0 或 1.

当

$$\delta = 0$$

时, 模型 (M_1) 为面向输入的基于 C^2R 模型的广义 DEA 模型; 当

$$\delta = 1$$

时, 模型 (M_1) 为面向输入的基于 BC^2 模型的广义 DEA 模型.

定义11.1　如果不存在

$$(\boldsymbol{x}, \boldsymbol{y}) \in T,$$

使得

$$\boldsymbol{x}_p \geqq \boldsymbol{x}, \quad \boldsymbol{y}_p \leqq \boldsymbol{y},$$

并且至少有一个不等式严格成立, 则称决策单元 $(\boldsymbol{x}_p, \boldsymbol{y}_p)$ 相对于样本生产前沿面为 DEA 有效或广义 DEA 有效, 简称 G-DEA 有效. 反之, 称决策单元 $(\boldsymbol{x}_p, \boldsymbol{y}_p)$ 为 G-DEA 无效.

定义11.2 如果不存在

$$(\boldsymbol{x}, \boldsymbol{y}) \in T(d),$$

使得

$$\boldsymbol{x}_p \geqq \boldsymbol{x}, \quad \boldsymbol{y}_p \leqq \boldsymbol{y},$$

并且至少有一个不等式严格成立, 则称决策单元 $(\boldsymbol{x}_p, \boldsymbol{y}_p)$ 相对于样本生产前沿面的 d 移动为 DEA 有效或广义 DEA$_d$ 有效, 简称 G-DEA$_d$ 有效. 反之, 称决策单元 $(\boldsymbol{x}_p, \boldsymbol{y}_p)$ 为 G-DEA$_d$ 无效.

当 $d = 1$ 时, G-DEA$_1$ 有效即为 G-DEA 有效.

通过模型 (M$_1$), 可以对每个决策单元相对于样本单元集进行相对效率评价.

引理11.1 决策单元 $(\boldsymbol{x}_p, \boldsymbol{y}_p)$ 为 G-DEA$_d$ 有效当且仅当不存在可行解

$$\theta^0, \lambda_j^0 \geqq 0, \ j = 1, 2, \cdots, \bar{n},$$

满足

$$\boldsymbol{x}_p - \sum_{j=1}^{\bar{n}} \bar{\boldsymbol{x}}_j \lambda_j^0 \geqslant \boldsymbol{0}$$

或

$$-\boldsymbol{y}_p + \sum_{j=1}^{\bar{n}} d\bar{\boldsymbol{y}}_j \lambda_j^0 \geqslant \boldsymbol{0}.$$

由于模型 (M$_1$) 可能不存在可行解, 所以给出以下模型 (M$_2$).

$$(\text{M}_2) \begin{cases} \min \theta, \\ \text{s.t. } \boldsymbol{x}_p(\theta - \lambda_0) - \sum_{j=1}^{\bar{n}} \bar{\boldsymbol{x}}_j \lambda_j \geqq \boldsymbol{0}, \\ \boldsymbol{y}_p(\lambda_0 - 1) + \sum_{j=1}^{\bar{n}} d\bar{\boldsymbol{y}}_j \lambda_j \geqq \boldsymbol{0}, \\ \delta \sum_{j=0}^{\bar{n}} \lambda_j = \delta, \\ \lambda_j \geqq 0, j = 0, 1, 2, \cdots, \bar{n}, \end{cases}$$

其中 δ 等于 0 或 1.

传统 DEA 方法可以看作广义 DEA 方法的特殊情形, 当

$$T_{\mathrm{DMU}} = T_{\mathrm{SU}}$$

时, 模型 (M$_2$) 即为相应的传统 DEA 模型.

引理11.2　决策单元 $(\boldsymbol{x}_p, \boldsymbol{y}_p)$ 为 G-DEA$_d$ 有效当且仅当模型 (M$_2$) 的任意最优解

$$\theta^0, \lambda_0^0, \lambda_1^0, \cdots, \lambda_{\bar{n}}^0$$

都有

$$\theta^0 = 1,$$

且

$$\boldsymbol{x}_p(1 - \lambda_0^0) - \sum_{j=1}^{\bar{n}} \bar{\boldsymbol{x}}_j \lambda_j^0 = \boldsymbol{0},$$

$$\boldsymbol{y}_p(\lambda_0^0 - 1) + \sum_{j=1}^{\bar{n}} d\bar{\boldsymbol{y}}_j \lambda_j^0 = \boldsymbol{0}.$$

考虑多目标规划 (SVP)

$$(\mathrm{SVP}) \begin{cases} \max(-x_1, \cdots, -x_m, y_1, \cdots, y_s)^{\mathrm{T}}, \\ \mathrm{s.t.}\ (\boldsymbol{x}, \boldsymbol{y}) \in T(d), \end{cases}$$

其中

$$\boldsymbol{x} = (x_1, x_2, \cdots, x_m)^{\mathrm{T}}, \quad \boldsymbol{y} = (y_1, y_2, \cdots, y_s)^{\mathrm{T}}.$$

引理11.3　决策单元 $(\boldsymbol{x}_p, \boldsymbol{y}_p)$ 为 G-DEA$_d$ 有效当且仅当

$$(\boldsymbol{x}_p, \boldsymbol{y}_p) \notin T(d)$$

或 $(\boldsymbol{x}_p, \boldsymbol{y}_p)$ 是 (SVP) 的 Pareto 有效解.

令

$$T'(d) = \left\{ (\boldsymbol{x}, \boldsymbol{y}) \middle| \boldsymbol{x} \geqq \boldsymbol{x}_p \lambda_0 + \sum_{j=1}^{\bar{n}} \bar{\boldsymbol{x}}_j \lambda_j, \boldsymbol{y} \leqq \boldsymbol{y}_p \lambda_0 + \sum_{j=1}^{\bar{n}} d\bar{\boldsymbol{y}}_j \lambda_j, \right.$$

$$\left. \delta \sum_{j=0}^{\bar{n}} \lambda_j = \delta, \lambda_j \geqq 0, j = 0, 1, 2, \cdots, \bar{n} \right\},$$

考虑多目标规划 (VP)

$$(\text{VP}) \begin{cases} \max(-x_1, \cdots, -x_m, y_1, \cdots, y_s)^{\mathrm{T}}, \\ \text{s.t. } (\boldsymbol{x}, \boldsymbol{y}) \in T'(d). \end{cases}$$

其中

$$\boldsymbol{x} = (x_1, x_2, \cdots, x_m)^{\mathrm{T}}, \quad \boldsymbol{y} = (y_1, y_2, \cdots, y_s)^{\mathrm{T}}.$$

引理11.4 决策单元 $(\boldsymbol{x}_p, \boldsymbol{y}_p)$ 为 G-DEA$_d$ 有效当且仅当 $(\boldsymbol{x}_p, \boldsymbol{y}_p)$ 是 (VP) 的 Pareto 有效解.

11.2 基于期望值模型的广义随机 DEA 方法

在上节讨论的模型中, 样本单元和决策单元的输入输出向量均为常数. 在实际中, 受到随机因素的影响, 输入输出向量可能是符合某种分布的随机向量.

假设有 n 个决策单元和 $\bar{n}$ 个样本单元, 它们的特征可以由 m 种输入和 s 种输出表示. 第 k 个决策单元的输入输出向量分别为

$$\boldsymbol{x}_k = (x_{1k}, x_{2k}, \cdots, x_{mk})^{\mathrm{T}},$$

$$\boldsymbol{y}_k = (y_{1k}, y_{2k}, \cdots, y_{sk})^{\mathrm{T}}.$$

第 j 个样本单元的输入输出向量分别为

$$\bar{\boldsymbol{x}}_j = (\bar{x}_{1j}, \bar{x}_{2j}, \cdots, \bar{x}_{mj})^{\mathrm{T}},$$

$$\bar{\boldsymbol{y}}_j = (\bar{y}_{1j}, \bar{y}_{2j}, \cdots, \bar{y}_{sj})^{\mathrm{T}}.$$

每个分量均为随机变量, 其中 $k = 1, 2, \cdots, n, j = 1, 2, \cdots, \bar{n}$.

它们的数学期望表示如下.

$$E(\boldsymbol{x}_k) = (E(x_{1k}), E(x_{2k}), \cdots, E(x_{mk}))^{\mathrm{T}},$$

$$E(\boldsymbol{y}_k) = (E(y_{1k}), E(y_{2k}), \cdots, E(y_{sk}))^{\mathrm{T}},$$

$$E(\bar{\boldsymbol{x}}_j) = (E(\bar{x}_{1j}), E(\bar{x}_{2j}), \cdots, E(\bar{x}_{mj}))^{\mathrm{T}},$$

$$E(\bar{\boldsymbol{y}}_j) = (E(\bar{y}_{1j}), E(\bar{y}_{2j}), \cdots, E(\bar{y}_{sj}))^{\mathrm{T}},$$

其中

$$E(\boldsymbol{x}_k) > \boldsymbol{0}, \quad E(\boldsymbol{y}_k) > \boldsymbol{0}, \quad E(\bar{\boldsymbol{x}}_j) > \boldsymbol{0}, \quad E(\bar{\boldsymbol{y}}_j) > \boldsymbol{0}.$$

T_{DMU} 和 T_{SU} 的定义与 11.1 节相同.

令

$$ET(d) = \left\{ (E(\boldsymbol{x}), E(\boldsymbol{y})) \middle| E(\boldsymbol{x}) \geqq \sum_{j=1}^{\bar{n}} E(\bar{\boldsymbol{x}}_j)\lambda_j, E(\boldsymbol{y}) \leqq \sum_{j=1}^{\bar{n}} dE(\bar{\boldsymbol{y}}_j)\lambda_j, \right.$$

$$\left. \delta \sum_{j=1}^{\bar{n}} \lambda_j = \delta, \lambda_j \geqq 0, j = 1, 2, \cdots, \bar{n} \right\},$$

称 $ET(d)$ 为伴随期望样本生产可能集.

当 $d = 1$ 时, 称 $ET(1)$ 为期望样本生产可能集.

当相对于伴随期望样本生产可能集评价决策单元 $(\boldsymbol{x}_p, \boldsymbol{y}_p), p = 1, 2, \cdots, n$ 时, **基于期望值模型的广义随机 DEA 模型**(M_3) 如下.

$$(\mathrm{M}_3) \begin{cases} \min\theta, \\ \text{s.t. } \theta E(\boldsymbol{x}_p) - \sum_{j=1}^{\bar{n}} E(\bar{\boldsymbol{x}}_j)\lambda_j \geqq \boldsymbol{0}, \\ -E(\boldsymbol{y}_p) + \sum_{j=1}^{\bar{n}} dE(\bar{\boldsymbol{y}}_j)\lambda_j \geqq \boldsymbol{0}, \\ \delta \sum_{j=0}^{\bar{n}} \lambda_j = \delta, \\ \lambda_j \geqq 0, j = 1, 2, \cdots, \bar{n}, \end{cases}$$

其中 δ 等于 0 或 1, d 为正数, 称为移动因子.

当

$$\delta = 0$$

时, 模型 (M_3) 为基于期望值模型的广义随机 $\mathrm{C}^2\mathrm{R}$ 模型; 当

$$\delta = 1$$

时, 模型 (M_3) 为基于期望值模型的广义随机 BC^2 模型.

定义11.3　如果不存在

$$(E(\boldsymbol{x}), E(\boldsymbol{y})) \in ET(d),$$

使得

$$E(\boldsymbol{x}_p) \geqq E(\boldsymbol{x}), \quad E(\boldsymbol{y}_p) \leqq E(\boldsymbol{y}),$$

并且至少有一个不等式严格成立, 则称决策单元 $(\boldsymbol{x}_p, \boldsymbol{y}_p)$ 相对于期望样本前沿面的 d 移动有效, 简称 ESD(d) 有效. 反之, 称决策单元 $(\boldsymbol{x}_p, \boldsymbol{y}_p)$ 为 ESD(d) 无效.

当 $d = 1$ 时, ESD(1) 有效可以记为 ESD 有效, 即 $(\boldsymbol{x}_p, \boldsymbol{y}_p)$ 相对于期望样本前沿面有效.

由于基于期望值模型的广义随机 DEA 模型是以样本单元和决策单元的数学期望对决策单元进行相对效率评价, 相当于样本单元和决策单元指标均看作常数的 DEA 模型, 即模型 (M₃) 本质上与模型 (M₁) 相一致.

由于模型 (M₃) 可能存在无可行解的情形, 所以相对于伴随期望样本生产可能集评价决策单元 $(\boldsymbol{x}_p, \boldsymbol{y}_p), p = 1, 2, \cdots, n$, 给出模型 (M₄) 如下:

$$
(\mathrm{M_4})
\begin{cases}
\min \theta, \\[2mm]
\text{s.t. } E(\boldsymbol{x}_p)(\theta - \lambda_0) - \displaystyle\sum_{j=1}^{\bar{n}} E(\bar{\boldsymbol{x}}_j)\lambda_j \geqq \mathbf{0}, \\[4mm]
E(\boldsymbol{y}_p)(\lambda_0 - 1) + \displaystyle\sum_{j=1}^{\bar{n}} d E(\bar{\boldsymbol{y}}_j)\lambda_j \geqq \mathbf{0}, \\[4mm]
\delta \displaystyle\sum_{j=0}^{\bar{n}} \lambda_j = \delta, \\[4mm]
\lambda_j \geqq 0, j = 0, 1, 2, \cdots, \bar{n},
\end{cases}
$$

其中 δ 等于 0 或 1, d 为正数, 称为移动因子.

可以通过调整移动因子 d 对决策单元进行相对有效性排序.

由于基于样本单元和决策单元的数学期望进行评价, 模型 (M₄) 本质上与模型 (M₂) 相一致.

由引理 11.2, 通过模型 (M₄), 可以给出决策单元 $(\boldsymbol{x}_p, \boldsymbol{y}_p)$ 为 ESD(d) 有效的定义.

定义11.4 若模型 (M₄) 的最优值

$$\theta^0 = 1,$$

并且对每个最优解

$$\theta^0, \lambda_0^0, \lambda_1^0, \cdots, \lambda_{\bar{n}}^0,$$

均有

$$E(\boldsymbol{x}_p)(1 - \lambda_0^0) - \sum_{j=1}^{\bar{n}} E(\bar{\boldsymbol{x}}_j)\lambda_j^0 = \mathbf{0},$$

$$E(\boldsymbol{y}_p)(\lambda_0^0 - 1) + \sum_{j=1}^{\bar{n}} d E(\bar{\boldsymbol{y}}_j)\lambda_j^0 = \mathbf{0},$$

则称决策单元 $(\boldsymbol{x}_p, \boldsymbol{y}_p)$ 相对于期望样本前沿面的 d 移动有效, 简称 ESD(d) 有效. 反之, 称决策单元 $(\boldsymbol{x}_p, \boldsymbol{y}_p)$ 为 ESD(d) 无效.

考虑多目标规划 (ESVP)

$$(\text{ESVP}) \begin{cases} \max(-E(x_1), \cdots, -E(x_m), E(y_1), \cdots, E(y_s))^{\mathrm{T}}, \\ \text{s.t. } (E(\boldsymbol{x}), E(\boldsymbol{y})) \in ET(d), \end{cases}$$

其中

$$E(\boldsymbol{x}) = (E(x_1), E(x_2), \cdots, E(x_m))^{\mathrm{T}},$$

$$E(\boldsymbol{y}) = (E(y_1), E(y_2), \cdots, E(y_s))^{\mathrm{T}}.$$

由引理 11.3, 类似可得定理 11.5.

定理11.5　决策单元 $(\boldsymbol{x}_p, \boldsymbol{y}_p)$ 为 ESD(d) 有效当且仅当

$$(E(\boldsymbol{x}_p), E(\boldsymbol{y}_p)) \notin ET(d)$$

或 $(E(\boldsymbol{x}_p), E(\boldsymbol{y}_p))$ 为多目标规划 (ESVP) 的 Pareto 有效解.

令

$$ET'(d) = \left\{ (E(\boldsymbol{x}), E(\boldsymbol{y})) \middle| E(\boldsymbol{x}) \geqq E(\boldsymbol{x}_p)\lambda_0 + \sum_{j=1}^{\bar{n}} E(\bar{\boldsymbol{x}}_j)\lambda_j, \right.$$

$$E(\boldsymbol{y}) \leqq E(\boldsymbol{y}_p)\lambda_0 + \sum_{j=1}^{\bar{n}} dE(\bar{\boldsymbol{y}}_j)\lambda_j,$$

$$\left. \delta \sum_{j=0}^{\bar{n}} \lambda_j = \delta, \lambda_j \geqq 0, j = 0, 1, 2, \cdots, \bar{n} \right\}.$$

考虑多目标规划 (EVP)

$$(\text{EVP}) \begin{cases} \max(-E(x_1), \cdots, -E(x_m), E(y_1), \cdots, E(y_s))^{\mathrm{T}}, \\ \text{s.t. } (E(\boldsymbol{x}), E(\boldsymbol{y})) \in ET'(d), \end{cases}$$

其中

$$E(\boldsymbol{x}) = (E(x_1), E(x_2), \cdots, E(x_m))^{\mathrm{T}},$$

$$E(\boldsymbol{y}) = (E(y_1), E(y_2), \cdots, E(y_s))^{\mathrm{T}}.$$

由引理 11.4, 类似可得定理 11.6.

定理11.6　决策单元 $(\boldsymbol{x}_p, \boldsymbol{y}_p)$ 为 ESD(d) 有效当且仅当 $(E(\boldsymbol{x}_p), E(\boldsymbol{y}_p))$ 是多目标规划 (EVP) 的 Pareto 有效解.

期望样本前沿面是由 $ET(1)$ 的所有 Pareto 有效解构成的, 记作 $PET(1)$. 期望样本前沿面的 d 移动是由 $ET(d)$ 的所有 Pareto 有效解构成的, 记作 $PET(d)$.

显然, $(E(\boldsymbol{x}), E(\boldsymbol{y})) \in PET(1)$ 当且仅当 $(E(\boldsymbol{x}), dE(\boldsymbol{y})) \in PET(d)$.

决策单元可以通过期望样本前沿面的 d 移动进行相对效率排序. 例如, 通过模型 (M_4) 对两个决策单元 a 和 b 进行排序. 当 $d = 1$ 时, 两个决策单元均为 ESD(1) 有效, 则给定一个步长 $d^+ > 0$, 令 $d' = 1 + d^+$, 计算二者的 ESD(d') 有效性. 若二者均为 ESD(d') 有效, 令 $d'' = 1 + 2d^+$, 计算二者的 ESD(d'') 有效性. 以此类推, 令 $d^{(k)} = 1 + kd^+, k = 1, 2, 3, \cdots$, 直到一个决策单元为 ESD$(d^k)$ 有效, 另一个决策单元为 ESD(d^k) 无效. 若决策单元 a 为 ESD(d^k) 有效, 决策单元 b 为 ESD(d^k) 无效, 则决策单元 a 的有效性优于决策单元 b.

假设存在这种情形, 两个决策单元均为 ESD(d^{k-1}) 有效且均为 ESD(d^k) 无效, 则在步长 d^+ 下无法比较二者的相对有效性强弱, 这时可以通过缩短步长继续比较. 令 $d_{(k)} = 1 - kd^+$, 同样可以比较两个无效决策单元的有效性强弱.

11.3 基于机会约束规划的广义随机 DEA 方法

针对约束条件中存在随机变量的机会约束规划是由 Charnes 和 Cooper[75] 提出的, 要求必须在随机变量变为现实之前作出决策. 考虑到决策可能不满足约束条件的不利情况下, 原则上允许决策不满足给定的约束条件, 但决策的约束条件成立的概率满足不少于一定的置信水平 $1 - \alpha$. 机会约束规划相对于期望值模型的优势在于能够体现出随机变量离散程度对效率影响.

假设存在 n 个决策单元和 $\bar{n}$ 个样本单元, 它们的特征由 m 种输入指标和 s 种输出指标刻画. 第 k 个决策单元的输入输出数据分别为

$$\boldsymbol{x}_k = (x_{1k}, x_{2k}, \cdots, x_{mk})^{\mathrm{T}},$$

$$\boldsymbol{y}_k = (y_{1k}, y_{2k}, \cdots, y_{sk}))^{\mathrm{T}}.$$

第 j 个样本单元的输入输出数据分别为

$$\bar{\boldsymbol{x}}_j = (\bar{x}_{1j}, \bar{x}_{2j}, \cdots, \bar{x}_{mj})^{\mathrm{T}},$$

$$\bar{\boldsymbol{y}}_j = (\bar{y}_{1j}, \bar{y}_{2j}, \cdots, \bar{y}_{sj})^{\mathrm{T}}.$$

它们均为随机变量, 其中 $k = 1, 2, \cdots, n, j = 1, 2, \cdots, \bar{n}$.

机会约束伴随样本生产可能集 $CT(d)$ 构造如下:

$$CT(d) = \left\{ (\boldsymbol{x}, \boldsymbol{y}) \middle| \boldsymbol{x} \geq \sum_{j=1}^{\bar{n}} \bar{\boldsymbol{x}}_j \lambda_j, \boldsymbol{y} \leq \sum_{j=1}^{\bar{n}} d\bar{\boldsymbol{y}}_j \lambda_j, \right.$$

$$\delta \sum_{j=1}^{\bar{n}} \lambda_j = \delta, \boldsymbol{\lambda} = (\lambda_1, \lambda_2, \cdots, \lambda_{\bar{n}})^{\mathrm{T}} \geqq \mathbf{0} \Big\}.$$

评价决策单元 $(\boldsymbol{x}_p, \boldsymbol{y}_p)$ 的**基于机会约束规划的广义随机 DEA 模型**(M$_5$) 如下所示:

$$(\mathrm{M}_5) \begin{cases} \min\theta, \\ \mathrm{s.t.} P\Big\{ x_{ip}(\theta - \lambda_0) - \sum_{j=1}^{\bar{n}} \bar{x}_{ij}\lambda_j \geqq 0 \Big\} \geqq 1 - \alpha, i = 1, 2, \cdots, m, \\ P\Big\{ y_{kp}(\lambda_0 - 1) + \sum_{j=1}^{\bar{n}} d\bar{y}_{kj}\lambda_j \geqq 0 \Big\} \geqq 1 - \alpha, k = 1, 2, \cdots, s, \\ \delta \sum_{j=0}^{\bar{n}} \lambda_j = \delta, \\ \lambda_j \geqq 0, j = 0, 1, 2, \cdots, \bar{n}, \end{cases}$$

其中 δ 等于 0 或 1, d 为正数, 称为移动因子, $0 \leqq \alpha \leqq 1$.

定理11.7　若 θ^* 为模型 (M$_5$) 的最优值, 则

$$\theta^* = \min\theta \leqq 1.$$

证明　显然,

$$\theta^0 = 1, \quad \lambda_0^0 = 1, \quad \lambda_j^0 = 0, \quad j = 1, 2, \cdots, \bar{n}$$

是模型 (M$_5$) 的可行解, 所以

$$\min\theta \leqq \theta^0 = 1.$$

通过模型 (M$_5$), 无论有效还是无效决策单元, 都可以相对于样本单元计算相对效率并根据移动因子 d 进行相对效率排序.

令

$$X_i = x_{ip}(\theta - \lambda_0) - \sum_{j=1}^{\bar{n}} \bar{x}_{ij}\lambda_j,$$

假设 X_i 服从某种分布, $X_i(\alpha)$ 表示 X_i 的上 α 分位点, 即

$$P\{X_i \geqq X_i(\alpha)\} = \alpha, \quad i = 1, 2, \cdots, m.$$

令

$$Y_k = y_{kp}(\lambda_0 - 1) + \sum_{j=1}^{\bar{n}} d\bar{y}_{kj}\lambda_j,$$

假设 Y_k 服从某种分布, $Y_k(\alpha)$ 表示 Y_k 的上 α 分位点, 即

$$P\{Y_k \geqq Y_k(\alpha)\} = \alpha, \quad j = 1, 2, \cdots, s.$$

从而模型 (M_5) 等价于模型 (M_6).

$$(M_6) \begin{cases} \min\theta, \\ \text{s.t.} X_i(1-\alpha) \geqq 0, i = 1, 2, \cdots, m, \\ Y_k(1-\alpha) \geqq 0, k = 1, 2, \cdots, s, \\ \delta \sum_{j=0}^{\bar{n}} \lambda_j = \delta, \\ \lambda_j \geqq 0, j = 0, 1, 2, \cdots, \bar{n}. \end{cases}$$

在模型 (M6) 的约束条件中添加松弛变量得到模型 (M_7).

$$(M_7) \begin{cases} \min\theta, \\ \text{s.t.} X_i(1-\alpha) - s_i^- = 0, i = 1, 2, \cdots, m, \\ Y_k(1-\alpha) - s_k^+ = 0, k = 1, 2, \cdots, s, \\ \delta \sum_{j=0}^{\bar{n}} \lambda_j = \delta, \\ s_i^- \geqq 0, s_k^+ \geqq 0, \lambda_j \geqq 0, j = 0, 1, 2, \cdots, \bar{n}. \end{cases}$$

当然, 模型 (M_5) 等价于模型 (M_7).

定义11.5 如果模型 (M_7) 的最优解为

$$s^{-0} = (s_1^{-0}, s_2^{-0}, \cdots, s_m^{-0})^{\mathrm{T}} = \mathbf{0},$$

$$s^{+0} = (s_1^{+0}, s_2^{+0}, \cdots, s_s^{+0})^{\mathrm{T}} = \mathbf{0},$$

并且最优值

$$\theta^0 = 1,$$

则称决策单元 $(\boldsymbol{x}_p, \boldsymbol{y}_p)$ 相对于机会约束样本前沿面的 d 移动为 $1-\alpha$ 有效或 $1-\alpha\mathrm{CCSD}(d)$ 有效. 否则, 称决策单元 $(\boldsymbol{x}_p, \boldsymbol{y}_p)$ 为 $1-\alpha\mathrm{CCSD}(d)$ 无效.

所有的 $1-\alpha\mathrm{CCSD}(d)$ 有效的决策单元构成了机会约束样本前沿面的 d 移动.

考虑一种特殊情形, 假设样本单元和决策单元的输入输出指标相互独立, 并且均服从正态分布.

令

$$x_{ip} \sim N(\mu_{ip}, \sigma_{ip}^2), \quad y_{kp} \sim N(\mu_{m+k,p}, \sigma_{m+k,p}^2),$$

$$\bar{x}_{ij} \sim N(\bar{\mu}_{ij}, \bar{\sigma}_{ij}^2), \quad \bar{y}_{kj} \sim N(\bar{\mu}_{m+k,j}, \bar{\sigma}_{m+k,j}^2),$$

其中

$$i = 1, 2, \cdots, m, \quad k = 1, 2, \cdots, s, \quad p = 1, 2, \cdots, n, \quad j = 1, 2, \cdots, \bar{n}.$$

下面将规划 (M_5) 中的随机约束条件转化成确定性条件.

因为对任意 $i = 1, 2, \cdots, m$, 有

$$x_{ip}(\theta - \lambda_0) - \sum_{j=1}^{\bar{n}} \bar{x}_{ij}\lambda_j \sim N\left(\mu_{ip}(\theta - \lambda_0) - \sum_{j=1}^{\bar{n}} \bar{\mu}_{ij}\lambda_j, \sigma_{ip}^2(\theta - \lambda_0)^2 + \sum_{j=1}^{\bar{n}} \bar{\sigma}_{ij}^2\lambda_j^2\right),$$

所以

$$P\left\{x_{ip}(\theta - \lambda_0) - \sum_{j=1}^{\bar{n}} \bar{x}_{ij}\lambda_j \geqq 0\right\} \geqq 1 - \alpha$$

等价于

$$P\left\{\frac{x_{ip}(\theta - \lambda_0) - \sum_{j=1}^{\bar{n}} \bar{x}_{ij}\lambda_j - \left(\mu_{ip}(\theta - \lambda_0) - \sum_{j=1}^{\bar{n}} \bar{\mu}_{ij}\lambda_j\right)}{\sqrt{\sigma_{ip}^2(\theta - \lambda_0)^2 + \sum_{j=1}^{\bar{n}} \bar{\sigma}_{ij}^2\lambda_j^2}}\right.$$

$$\left.\geqq \frac{-\left(\mu_{ip}(\theta - \lambda_0) - \sum_{j=1}^{\bar{n}} \bar{\mu}_{ij}\lambda_j\right)}{\sqrt{\sigma_{ip}^2(\theta - \lambda_0)^2 + \sum_{j=1}^{\bar{n}} \bar{\sigma}_{ij}^2\lambda_j^2}}\right\} \geqq 1 - \alpha,$$

其中

$$\frac{x_{ip}(\theta - \lambda_0) - \sum_{j=1}^{\bar{n}} \bar{x}_{ij}\lambda_j - \left(\mu_{ip}(\theta - \lambda_0) - \sum_{j=1}^{\bar{n}} \bar{\mu}_{ij}\lambda_j\right)}{\sqrt{\sigma_{ip}^2(\theta - \lambda_0)^2 + \sum_{j=1}^{\bar{n}} \bar{\sigma}_{ij}^2\lambda_j^2}} \sim N(0, 1).$$

令 u_α 为标准正态分布的上 α 分位点, 即

$$\int_{u_\alpha}^{+\infty} \frac{1}{\sqrt{2\pi}} e^{-\frac{x^2}{2}} \mathrm{d}x = \alpha.$$

则

$$\frac{-\left(\mu_{ip}(\theta - \lambda_0) - \sum_{j=1}^{\bar{n}} \bar{\mu}_{ij}\lambda_j\right)}{\sqrt{\sigma_{ip}^2(\theta - \lambda_0)^2 + \sum_{j=1}^{\bar{n}} \bar{\sigma}_{ij}^2\lambda_j^2}} \leqq u_{1-\alpha}.$$

所以

$$\mu_{ip}(\theta - \lambda_0) - \sum_{j=1}^{\bar{n}} \bar{\mu}_{ij}\lambda_j \geqq -u_{1-\alpha}\sqrt{\sigma_{ip}^2(\theta - \lambda_0)^2 + \sum_{j=1}^{\bar{n}} \bar{\sigma}_{ij}^2\lambda_j^2},$$

即对任意 $i = 1, 2, \cdots, m$,

$$P\left\{x_{ip}(\theta - \lambda_0) - \sum_{j=1}^{\bar{n}} \bar{x}_{ij}\lambda_j \geqq 0\right\} \geqq 1 - \alpha$$

等价于

$$\mu_{ip}(\theta - \lambda_0) - \sum_{j=1}^{\bar{n}} \bar{\mu}_{ij}\lambda_j - s_i^- = -u_{1-\alpha}\sqrt{\sigma_{ip}^2(\theta - \lambda_0)^2 + \sum_{j=1}^{\bar{n}} \bar{\sigma}_{ij}^2\lambda_j^2},$$

其中 $s_i^- \geqq 0$.

类似地, 对任意 $k = 1, 2, \cdots, s$, 有

$$P\left\{y_{kp}(\lambda_0 - 1) + \sum_{j=1}^{\bar{n}} d\bar{y}_{kj}\lambda_j \geqq 0\right\} \geqq 1 - \alpha$$

等价于

$$\mu_{m+k,p}(\lambda_0 - 1) + \sum_{j=1}^{\bar{n}} d\bar{\mu}_{m+k,j}\lambda_j - s_k^+$$

$$= -u_{1-\alpha}\sqrt{\sigma_{m+k,p}^2(\lambda_0 - 1)^2 + \sum_{j=1}^{\bar{n}} d^2\bar{\sigma}_{m+k,j}^2\lambda_j^2},$$

其中 $s_k^+ \geqq 0$.

当样本单元和决策单元的输入输出指标相互独立并服从正态分布时, 模型 (M$_5$) 等价于模型 (M$_8$).

$$(M_8)\begin{cases} \min\theta, \\[2mm] \text{s.t.}\mu_{ip}(\theta-\lambda_0)-\sum_{j=1}^{\bar{n}}\bar{\mu}_{ij}\lambda_j-s_i^-=-u_{1-\alpha}\sqrt{\sigma_{ip}^2(\theta-\lambda_0)^2+\sum_{j=1}^{\bar{n}}\bar{\sigma}_{ij}^2\lambda_j^2}, \\[4mm] \qquad\qquad\qquad\qquad\qquad\qquad i=1,2,\cdots,m, \\[3mm] \mu_{m+k,p}(\lambda_0-1)+\sum_{j=1}^{\bar{n}}d\bar{\mu}_{m+k,j}\lambda_j-s_k^+ \\[3mm] \quad=-u_{1-\alpha}\sqrt{\sigma_{m+k,p}^2(\lambda_0-1)^2+\sum_{j=1}^{\bar{n}}d^2\bar{\sigma}_{m+k,j}^2\lambda_j^2}, \\[4mm] \qquad\qquad\qquad\qquad\qquad\qquad k=1,2,\cdots,s, \\[2mm] \boldsymbol{s}^-=(s_1^-,s_2^-,\cdots,s_m^-)\geqq\boldsymbol{0}, \boldsymbol{s}^+=(s_1^+,s_2^+,\cdots,s_s^+)\geqq\boldsymbol{0}, \\[2mm] \delta\sum_{j=0}^{\bar{n}}\lambda_j=\delta, \\[3mm] \lambda_j\geqq0, j=0,1,2,\cdots,\bar{n}. \end{cases}$$

当样本单元和决策单元的输入输出指标相互独立并服从正态分布时, 可以通过模型 (M_8) 评价决策单元的相对有效性和利用机会约束样本前沿面的 d 移动对决策单元进行排序.

11.4　广义随机 DEA 模型举例

假设存在具有双输入双输出的 5 个样本单元和 4 个决策单元, 相应的输入输出指标相互独立且分别服从相应的正态分布.

样本单元的输入输出指标的具体分布如表 11.1 所示.

表 11.1　样本单元输入输出的分布

	输入 1	输入 2	输出 1	输出 2
SU1	$N(3,0.06^2)$	$N(3,0.07^2)$	$N(2,0.05^2)$	$N(2,0.06^2)$
SU2	$N(3.5,0.07^2)$	$N(2,0.06^2)$	$N(2,0.05^2)$	$N(3,0.06^2)$
SU3	$N(2.5,0.08^2)$	$N(4,0.06^2)$	$N(2,0.04^2)$	$N(2,0.08^2)$
SU4	$N(5,0.08^2)$	$N(6,0.07^2)$	$N(4,0.06^2)$	$N(3,0.05^2)$
SU5	$N(4,0.06^2)$	$N(5,0.08^2)$	$N(5,0.07^2)$	$N(4,0.06^2)$

决策单元的输入输出指标的具体分布如表 11.2 所示.

表 11.2 决策单元输入输出的分布

	输入 1	输入 2	输出 1	输出 2
DMU1	$N(3,0.05^2)$	$N(2,0.07^2)$	$N(2,0.05^2)$	$N(3,0.06^2)$
DMU2	$N(4,0.07^2)$	$N(3,0.06^2)$	$N(2,0.05^2)$	$N(2,0.06^2)$
DMU3	$N(4,0.08^2)$	$N(4,0.06^2)$	$N(5,0.04^2)$	$N(4,0.08^2)$
DMU4	$N(4,0.05^2)$	$N(3,0.05^2)$	$N(3,0.05^2)$	$N(3,0.05^2)$

11.4.1 基于期望值模型情形下决策单元有效性的评价与排序

应用模型 (M_4), 当 $\delta = 1$ 时, 可以得到 4 个决策单元相对于期望样本前沿面的 d 移动的相对效率, 如表 11.3 所示.

表 11.3 决策单元相对于期望样本前沿面 d 移动的有效性

d	1	1.1	1.2	1.3
DMU1	1	1	1	1
DMU2	0.818	—	—	—
DMU3	1	1	1	0.962
DMU4	1	0.909	—	—

由表 11.3 可以看到, 决策单元 2 为 ESD(1) 无效, 决策单元 1, 3, 4 均为 ESD(1) 有效.

决策单元 1, 3, 4 的有效性排序可以依据期望样本前沿面的 d 移动进一步区分. 令步长 $d^+ = 0.1$. 通过模型 (M4) 计算, 当 $d' = 1.1$ 时, 决策单元 1 和决策单元 3 均为 ESD(1.1) 有效, 决策单元 4 为 ESD(1.1) 无效. 当 $d'' = 1.2$ 时, 决策单元 1 和决策单元 3 均为 ESD(1.2) 有效. 当 $d''' = 1.3$ 时, 决策单元 1 为 ESD(1.3) 有效, 决策单元 3 为 ESD(1.3) 无效.

综上, 4 个决策单元相对于期望样本前沿面的有效性排序为

$$DMU1 > DMU3 > DMU4 > DMU2.$$

11.4.2 基于机会约束规划情形下决策单元有效性的评价与排序

同样对表 11.1 和表 11.2 中的输入输出数据, 令

$$1 - \alpha = 0.95, \quad \delta = 1,$$

则

$$u_{1-\alpha} = u_{0.95} = -1.645.$$

利用模型 (M_8), 决策单元相对机会约束样本前沿面 d 移动的效率值如表 11.4 所示.

表 11.4　决策单元相对于机会约束样本前沿面 d 移动的有效性

d	0.9	1	1.1	1.2
DMU1	—	1	1	1
DMU2	0.844	0.784	—	—
DMU3	—	1	1	0.983
DMU4	1	0.928	—	—

从表 11.4 可知, 当 $d = 1$ 时, 决策单元 2 与决策单元 4 均为 $1 - \alpha \mathrm{CCSD}(1)$ 无效, 决策单元 1 和决策单元 3 均为 $1 - \alpha$ CCSD(1) 有效.

基于机会约束样本前沿面的 d 移动, 利用模型 (M_8) 计算, 可以对 4 个决策单元的有效性进行排序.

决策单元 1 和决策单元 3 均为 $1 - \alpha \mathrm{CCSD}(1)$ 有效. 令步长 $d^+ = 0.1$. 当 $d' = 1.1$ 时, 决策单元 1 和决策单元 3 仍为 $1 - \alpha \mathrm{CCSD}(1.1)$ 有效. 当 $d'' = 1.2$ 时, 决策单元 1 为 $1 - \alpha \mathrm{CCSD}(1.2)$ 有效, 决策单元 3 为 $1 - \alpha \mathrm{CCSD}$ (1.2) 无效. 所以决策单元 1 和决策单元 3 的有效性排序为

$$\mathrm{DMU1} > \mathrm{DMU3}.$$

决策单元 2 与决策单元 4 均为 $1 - \alpha \mathrm{CCSD}(1)$ 无效. 当 $d_1 = 1 - d^+ = 0.9$ 时, 决策单元 4 为 $1 - \alpha \mathrm{CCSD}(0.9)$ 有效, 决策单元 2 为 $1 - \alpha \mathrm{CCSD}(0.9)$ 无效, 决策单元 2 与决策单元 4 的有效性排序为

$$\mathrm{DMU4} > \mathrm{DMU2}.$$

综上, 4 个决策单元的有效性排序为

$$\mathrm{DMU1} > \mathrm{DMU3} > \mathrm{DMU4} > \mathrm{DMU2}.$$

注意到决策单元 4 为 $1 - \alpha \mathrm{CCSD}(1)$ 无效, 但为 $\mathrm{ESD}(1)$ 有效. 这说明样本单元和决策单元的随机性会对其有效性产生一定的影响, 使用期望值模型不能体现方差的影响.

11.5　结　束　语

本章初步讨论了带有随机因素的基本广义 DEA 方法, 给出了相应的 DEA 有效的概念, 分别利用期望值模型和机会约束规划将随机 DEA 模型转化成确定性 DEA 模型, 从而相对于样本单元集对决策单元进行相对效率评价和排序.

第12章 具有非期望输出的广义 DEA 方法

运用 DEA 方法评价决策单元相对效率时, 通常输出指标越大越好, 但是某些生产过程中要排放废物和污染物, 比如废气、废水、废渣等. 这些废物和污染物在生产中不可避免, 在 DEA 方法评价过程中可以称为**非期望输出**. 在生产过程中当然希望非期望输出越小越好, 在文献 [125, 126] 中首次在广义 DEA 方法中讨论了具有非期望输出的情形, 把非期望输出看作是输入 (希望越小越好) 来处理. 本章针对具有非期望输出的生产过程, 给出带有非期望输出的基于样本评价的广义 DEA 模型及其广义 DEA 有效的概念和判别条件, 证明关于该模型的广义 DEA 有效与相应的 Pareto 有效的几个等价定理. 与文献 [125] 和文献 [126] 对非期望输出的处理方式不同.

12.1 具有非期望输出的广义 DEA 模型及其有效性判别

假设共有 n 个决策单元和 $\bar{n}$ 个样本单元或标准 (以下统称样本单元). 每个决策单元和样本单元的特征都可由 m 种输入指标、s 种期望输出指标 (希望增长的指标) 和 k 种非期望输出指标 (反映负面影响的指标) 来刻画.

设第 j 个样本单元的输入指标向量、期望输出指标向量、非期望输出指标向量分别为

$$\bar{\boldsymbol{x}}_j = (\bar{x}_{1j}, \bar{x}_{2j}, \cdots, \bar{x}_{mj})^{\mathrm{T}},$$

$$\bar{\boldsymbol{y}}_j = (\bar{y}_{1j}, \bar{y}_{2j}, \cdots, \bar{y}_{sj})^{\mathrm{T}},$$

$$\bar{\boldsymbol{z}}_j = (\bar{z}_{1j}, \bar{z}_{2j}, \cdots, \bar{z}_{kj})^{\mathrm{T}},$$

第 p 个决策单元的输入指标向量、期望输出指标向量、非期望输出指标向量分别为

$$\boldsymbol{x}_p = (x_{1p}, x_{2p}, \cdots, x_{mp})^{\mathrm{T}},$$

$$\boldsymbol{y}_p = (y_{1p}, y_{2p}, \cdots, y_{sp})^{\mathrm{T}},$$

$$\boldsymbol{z}_p = (z_{1p}, z_{2p}, \cdots, z_{kp})^{\mathrm{T}},$$

并且所有分量均为正数. 其中

$$j = 1, 2, \cdots, \bar{n}, \quad p = 1, 2, \cdots, n.$$

令

$$T_{\mathrm{DMU}} = \{(\boldsymbol{x}_1, \boldsymbol{y}_1, \boldsymbol{z}_1), (\boldsymbol{x}_2, \boldsymbol{y}_2, \boldsymbol{z}_2), \cdots, (\boldsymbol{x}_n, \boldsymbol{y}_n, \boldsymbol{z}_n)\},$$

称 T_{DMU} 为决策单元集.

令

$$T_{\mathrm{SU}} = \{(\bar{\boldsymbol{x}}_1, \bar{\boldsymbol{y}}_1, \bar{\boldsymbol{z}}_1), (\bar{\boldsymbol{x}}_2, \bar{\boldsymbol{y}}_2, \bar{\boldsymbol{z}}_2), \cdots, (\bar{\boldsymbol{x}}_{\bar{n}}, \bar{\boldsymbol{y}}_{\bar{n}}, \bar{\boldsymbol{z}}_{\bar{n}})\},$$

称 T_{SU} 为样本单元集.

根据 DEA 方法构造生产可能集的思想, 样本单元确定的生产可能集如下:

$$T = \left\{ (\boldsymbol{x}, \boldsymbol{y}, \boldsymbol{z}) \,\middle|\, \sum_{j=1}^{\bar{n}} \bar{\boldsymbol{x}}_j \lambda_j \leqq \boldsymbol{x}, \sum_{j=1}^{\bar{n}} \bar{\boldsymbol{y}}_j \lambda_j \geqq \boldsymbol{y}, \sum_{j=1}^{\bar{n}} \bar{\boldsymbol{z}}_j \lambda_j \leqq \boldsymbol{z}, \right.$$
$$\left. \delta_1 \left(\sum_{j=1}^{\bar{n}} \lambda_j + \delta_2 (-1)^{\delta_3} \lambda_{\bar{n}+1} \right) = \delta_1, \lambda_j \geqq 0, j = 1, 2, \cdots, \bar{n}+1 \right\},$$

其中 $\delta_1, \delta_2, \delta_3$ 是取值为 0 或 1 的参数.

$$T(d) = \left\{ (\boldsymbol{x}, \boldsymbol{y}, \boldsymbol{z}) \,\middle|\, \sum_{j=1}^{\bar{n}} \bar{\boldsymbol{x}}_j \lambda_j \leq \boldsymbol{x}, \sum_{j=1}^{\bar{n}} d\bar{\boldsymbol{y}}_j \lambda_j \geq \boldsymbol{y}, \sum_{j=1}^{\bar{n}} \bar{\boldsymbol{z}}_j \lambda_j \leq \boldsymbol{z}, \right.$$
$$\left. \delta_1 \left(\sum_{j=1}^{\bar{n}} \lambda_j + \delta_2 (-1)^{\delta_3} \lambda_{\bar{n}+1} \right) = \delta_1, \lambda_j \geqq 0, j = 1, 2, \cdots, \bar{n}+1 \right\}$$

为样本单元确定的生产可能集的伴随生产可能集, 其中 d 为正数, 称为移动因子.

显然 $T(1) = T$.

定义12.1　如果不存在

$$(\boldsymbol{x}, \boldsymbol{y}, \boldsymbol{z}) \in T,$$

使得

$$\boldsymbol{x}_p \geqq \boldsymbol{x}, \quad \boldsymbol{y}_p \leqq \boldsymbol{y}, \quad \boldsymbol{z}_p \geqq \boldsymbol{z},$$

且至少有一个不等式严格成立, 则称决策单元 $(\boldsymbol{x}_p, \boldsymbol{y}_p, \boldsymbol{z}_p)$ 相对于样本生产前沿面有效, 简称 G-DEA 有效. 反之, 称决策单元 $(\boldsymbol{x}_p, \boldsymbol{y}_p, \boldsymbol{z}_p)$ 为 G-DEA 无效.

定义12.2　如果不存在

$$(\boldsymbol{x}, \boldsymbol{y}, \boldsymbol{z}) \in T(d),$$

使得

$$\boldsymbol{x}_p \geqq \boldsymbol{x}, \quad \boldsymbol{y}_p \leqq \boldsymbol{y}, \quad \boldsymbol{z}_p \geqq \boldsymbol{z},$$

且至少有一个不等式严格成立, 则称决策单元 $(\boldsymbol{x}_p, \boldsymbol{y}_p, \boldsymbol{z}_p)$ 相对于样本生产前沿面的 d 移动有效, 简称 G-DEA$_d$ 有效. 反之, 称决策单元 $(\boldsymbol{x}_p, \boldsymbol{y}_p, \boldsymbol{z}_p)$ 为 G-DEA$_d$ 无效.

定义 12.1 相当于定义 12.2 中 $d = 1$ 时的情形, 即 G-DEA$_1$ 有效与 G-DEA 有效相同.

根据 G-DEA 有效与 G-DEA$_d$ 有效的概念, 构造带有非期望输出的广义 DEA 模型 (DG$_U$):

$$(\text{DG}_U) \begin{cases} \min \theta, \\ \text{s.t. } \theta \boldsymbol{x}_p - \sum_{j=1}^{\bar{n}} \bar{\boldsymbol{x}}_j \lambda_j \geqq \mathbf{0}, \\ -\boldsymbol{y}_p + \sum_{j=1}^{\bar{n}} d\bar{\boldsymbol{y}}_j \lambda_j \geqq \mathbf{0}, \\ \boldsymbol{z}_p - \sum_{j=1}^{\bar{n}} \bar{\boldsymbol{z}}_j \lambda_j \geqq \mathbf{0}, \\ \delta_1 \left(\sum_{j=1}^{\bar{n}} \lambda_j + \delta_2 (-1)^{\delta_3} \lambda_{\bar{n}+1} \right) = \delta_1, \\ \lambda_j \geqq 0, j = 1, 2, \cdots, \bar{n}+1. \end{cases}$$

当 $\delta_1, \delta_2, \delta_3$ 分别取不同的值时, 模型 (DG$_U$) 分别为基于相应模型的具有非期望输出的广义 DEA 模型.

(1) 当

$$\delta_1 = 0$$

时, 模型 (DG$_U$) 为基于 C²R 模型的具有非期望输出的广义 DEA 模型.

(2) 当

$$\delta_1 = 1, \quad \delta_2 = 0$$

时, 模型 (DG$_U$) 为基于 BC² 模型的具有非期望输出的广义 DEA 模型.

(3) 当

$$\delta_1 = 1, \quad \delta_2 = 1, \quad \delta_3 = 0$$

时, 模型 (DG$_U$) 为基于 FG 模型的具有非期望输出的广义 DEA 模型.

(4) 当

$$\delta_1 = 1, \quad \delta_2 = 1, \quad \delta_3 = 1$$

时, 模型 (DG$_U$) 为基于 ST 模型的具有非期望输出的广义 DEA 模型.

(5) 当 $T_{SU} = T_{DMU}$, 并且 $d = 1$ 时, 具有非期望输出的广义 DEA 模型即为相应的具有非期望输出的传统 DEA 模型.

定理12.1　决策单元 $(\boldsymbol{x}_p, \boldsymbol{y}_p, \boldsymbol{z}_p)$ 为 G-DEA$_d$ 无效当且仅当 (DG$_U$) 存在可行解

$$\theta, \lambda_j \geqq 0, \quad j = 1, 2, \cdots, \bar{n}+1,$$

使得

$$\boldsymbol{x}_p - \sum_{j=1}^{\bar{n}} \bar{\boldsymbol{x}}_j \lambda_j \geqq \boldsymbol{0},$$

$$-\boldsymbol{y}_p + \sum_{j=1}^{\bar{n}} d\bar{\boldsymbol{y}}_j \lambda_j \geqq \boldsymbol{0},$$

$$\boldsymbol{z}_p - \sum_{j=1}^{\bar{n}} \bar{\boldsymbol{z}}_j \lambda_j \geqq \boldsymbol{0},$$

$$\delta_1 \left(\sum_{j=1}^{\bar{n}} \lambda_j + \delta_2 (-1)^{\delta_3} \lambda_{\bar{n}+1} \right) = \delta_1,$$

且至少有一个不等式严格成立.

证明　(必要性) 若 $(\boldsymbol{x}_p, \boldsymbol{y}_p, \boldsymbol{z}_p)$ 为 G-DEA$_d$ 无效, 由定义 12.2 可知, 存在

$$(\boldsymbol{x}, \boldsymbol{y}, \boldsymbol{z}) \in T(d),$$

使得

$$\boldsymbol{x}_p \geqq \boldsymbol{x}, \quad \boldsymbol{y}_p \leqq \boldsymbol{y}, \quad \boldsymbol{z}_p \geqq \boldsymbol{z},$$

且至少有一个不等式严格成立. 即存在

$$\lambda_j \geqq 0, \ j = 1, 2, \cdots, \bar{n}+1,$$

使得

$$\boldsymbol{x}_p \geqq \sum_{j=1}^{\bar{n}} \bar{\boldsymbol{x}}_j \lambda_j,$$

$$\boldsymbol{y}_p \leqq \sum_{j=1}^{\bar{n}} d\bar{\boldsymbol{y}}_j \lambda_j,$$

$$\boldsymbol{z}_p \geqq \sum_{j=1}^{\bar{n}} \bar{\boldsymbol{z}}_j \lambda_j,$$

$$\delta_1 \left(\sum_{j=1}^{\bar{n}} \lambda_j + \delta_2 (-1)^{\delta_3} \lambda_{\bar{n}+1} \right) = \delta_1,$$

且至少有一个不等式严格成立.

移项即得

$$\boldsymbol{x}_p - \sum_{j=1}^{\bar{n}} \bar{\boldsymbol{x}}_j \lambda_j \geqq \boldsymbol{0},$$

$$-\boldsymbol{y}_p + \sum_{j=1}^{\bar{n}} d\bar{\boldsymbol{y}}_j \lambda_j \geqq \boldsymbol{0},$$

$$\boldsymbol{z}_p - \sum_{j=1}^{\bar{n}} \bar{\boldsymbol{z}}_j \lambda_j \geqq \boldsymbol{0},$$

$$\delta_1 \left(\sum_{j=1}^{\bar{n}} \lambda_j + \delta_2 (-1)^{\delta_3} \lambda_{\bar{n}+1} \right) = \delta_1,$$

且至少有一个不等式严格成立.

令

$$\theta = 1,$$

则可知 $\theta, \lambda_j \geqq 0, j = 1, 2, \cdots, \bar{n}+1$ 为 (DG$_\mathrm{U}$) 的可行解.

(充分性) 假设 (DG$_\mathrm{U}$) 存在可行解

$$\theta, \lambda_j \geqq 0, \quad j = 1, 2, \cdots, \bar{n}+1,$$

使得

$$\boldsymbol{x}_p - \sum_{j=1}^{\bar{n}} \bar{\boldsymbol{x}}_j \lambda_j \geqq \boldsymbol{0},$$

$$-\boldsymbol{y}_p + \sum_{j=1}^{\bar{n}} d\bar{\boldsymbol{y}}_j \lambda_j \geqq \boldsymbol{0},$$

$$\boldsymbol{z}_p - \sum_{j=1}^{\bar{n}} \bar{\boldsymbol{z}}_j \lambda_j \geqq \boldsymbol{0},$$

$$\delta_1 \left(\sum_{j=1}^{\bar{n}} \lambda_j + \delta_2 (-1)^{\delta_3} \lambda_{\bar{n}+1} \right) = \delta_1,$$

且至少有一个不等式严格成立.

移项即得

$$\boldsymbol{x}_p \geqq \sum_{j=1}^{\bar{n}} \bar{\boldsymbol{x}}_j \lambda_j,$$

$$\boldsymbol{y}_p \leqq \sum_{j=1}^{\bar{n}} d\bar{\boldsymbol{y}}_j \lambda_j,$$

$$z_p \geqq \sum_{j=1}^{\bar{n}} \bar{z}_j \lambda_j,$$

$$\delta_1 \left(\sum_{j=1}^{\bar{n}} \lambda_j + \delta_2 (-1)^{\delta_3} \lambda_{\bar{n}+1} \right) = \delta_1,$$

且至少有一个不等式严格成立.

由于

$$\left(\sum_{j=1}^{\bar{n}} \bar{x}_j \lambda_j, \sum_{j=1}^{\bar{n}} d\bar{y}_j \lambda_j, \sum_{j=1}^{\bar{n}} \bar{z}_j \lambda_j \right) \in T(d),$$

所以由定义 12.2 可知 (x_p, y_p, z_p) 为 G-DEA$_d$ 无效.

推论12.2　决策单元 (x_p, y_p, z_p) 为 G-DEA$_d$ 有效当且仅当 (DG$_U$) 不存在可行解

$$\theta, \lambda_j \geqq 0, \ j = 1, 2, \cdots, \bar{n}+1,$$

使得

$$x_p - \sum_{j=1}^{\bar{n}} \bar{x}_j \lambda_j \geqslant \mathbf{0},$$

或

$$-y_p + \sum_{j=1}^{\bar{n}} d\bar{y}_j \lambda_j \geqslant \mathbf{0},$$

或

$$z_p - \sum_{j=1}^{\bar{n}} \bar{z}_j \lambda_j \geqslant \mathbf{0}.$$

由于 (DG$_U$) 可能存在无可行解的情形, 同时为了讨论广义 DEA 方法与传统 DEA 方法的关系, 构造模型 (DG$_U'$):

$$(\text{DG}_U') \begin{cases} \min \theta, \\[2mm] \text{s.t.} \ x_p(\theta - \lambda_0) - \displaystyle\sum_{j=1}^{\bar{n}} \bar{x}_j \lambda_j \geqq \mathbf{0}, \\[4mm] y_p(\lambda_0 - 1) + \displaystyle\sum_{j=1}^{\bar{n}} d\bar{y}_j \lambda_j \geqq \mathbf{0}, \\[4mm] z_p(1 - \lambda_0) - \displaystyle\sum_{j=1}^{\bar{n}} \bar{z}_j \lambda_j \geqq \mathbf{0}, \\[4mm] \delta_1 \left(\displaystyle\sum_{j=0}^{\bar{n}} \lambda_j + \delta_2(-1)^{\delta_3} \lambda_{\bar{n}+1} \right) = \delta_1, \\[4mm] \lambda_j \geqq 0, j = 0, 1, 2, \cdots, \bar{n}+1. \end{cases}$$

定理12.3 模型 $(\mathrm{DG'_U})$ 存在可行解.

证明 令

$$\theta^0 = 1, \quad \lambda_0^0 = 1, \quad \lambda_j^0 = 0, \ j = 1, 2, \cdots, \bar{n}+1,$$

则 $\theta^0, \lambda_0^0, \lambda_j^0, j = 1, 2, \cdots, \bar{n}+1$ 为 $(\mathrm{DG'_U})$ 的可行解.

定理12.4 决策单元 $(\boldsymbol{x}_p, \boldsymbol{y}_p, \boldsymbol{z}_p)$ 为 G-DEA$_d$ 有效当且仅当模型 $(\mathrm{DG'_U})$ 的最优值等于 1, 且对每个最优解都有

$$\boldsymbol{x}_p(1-\lambda_0) - \sum_{j=1}^{\bar{n}} \bar{\boldsymbol{x}}_j \lambda_j = \boldsymbol{0},$$

$$\boldsymbol{y}_p(\lambda_0-1) + \sum_{j=1}^{\bar{n}} d\bar{\boldsymbol{y}}_j \lambda_j = \boldsymbol{0},$$

$$\boldsymbol{z}_p(1-\lambda_0) - \sum_{j=1}^{\bar{n}} \bar{\boldsymbol{z}}_j \lambda_j = \boldsymbol{0}.$$

证明 (必要性) 若模型 $(\mathrm{DG'_U})$ 的最优值不等于 1, 由定理 12.3 可知, 存在

$$\theta < 1, \quad \lambda_j \geqq 0, \ j = 0, 1, 2, \cdots, \bar{n}+1,$$

满足

$$\boldsymbol{x}_p(\theta-\lambda_0) - \sum_{j=1}^{\bar{n}} \bar{\boldsymbol{x}}_j \lambda_j \geqq \boldsymbol{0},$$

$$\boldsymbol{y}_p(\lambda_0-1) + \sum_{j=1}^{\bar{n}} d\bar{\boldsymbol{y}}_j \lambda_j \geqq \boldsymbol{0},$$

$$\boldsymbol{z}_p(1-\lambda_0) - \sum_{j=1}^{\bar{n}} \bar{\boldsymbol{z}}_j \lambda_j \geqq \boldsymbol{0},$$

$$\delta_1\left(\sum_{j=0}^{\bar{n}} \lambda_j + \delta_2(-1)^{\delta_3}\lambda_{\bar{n}+1}\right) = \delta_1.$$

因为

$$\theta < 1,$$

所以

$$\boldsymbol{x}_p(1-\lambda_0) - \sum_{j=1}^{\bar{n}} \bar{\boldsymbol{x}}_j \lambda_j \geqq \boldsymbol{0},$$

$$y_p(\lambda_0 - 1) + \sum_{j=1}^{\bar{n}} d\bar{y}_j \lambda_j \geqq \mathbf{0},$$

$$z_p(1 - \lambda_0) - \sum_{j=1}^{\bar{n}} \bar{z}_j \lambda_j \geqq \mathbf{0},$$

$$\delta_1 \left(\sum_{j=0}^{\bar{n}} \lambda_j + \delta_2(-1)^{\delta_3} \lambda_{\bar{n}+1} \right) = \delta_1,$$

其中 $\lambda_0 < 1$.

若 $\lambda_0 > 1$, 则 $x_p(1 - \lambda_0) - \sum_{j=1}^{\bar{n}} \bar{x}_j \lambda_j < \mathbf{0}$, 矛盾.

若 $\lambda_0 = 1$, 则有 $-\sum_{j=1}^{\bar{n}} \bar{x}_j \lambda_j \geqslant \mathbf{0}$, 矛盾.

从而

$$1 - \lambda_0 > 0,$$

所以

$$x_p \geqslant \sum_{j=1}^{\bar{n}} \bar{x}_j \frac{\lambda_j}{1 - \lambda_0}.$$

$$y_p \leqslant \sum_{j=1}^{\bar{n}} d\bar{y}_j \frac{\lambda_j}{1 - \lambda_0}.$$

$$z_p \geqslant \sum_{j=1}^{\bar{n}} \bar{z}_j \frac{\lambda_j}{1 - \lambda_0}.$$

因为

$$\delta_1 \left(\sum_{j=0}^{\bar{n}} \frac{\lambda_j}{1 - \lambda_0} + \delta_2(-1)^{\delta_3} \frac{\lambda_{\bar{n}+1}}{1 - \lambda_0} \right) = \frac{\delta_1}{1 - \lambda_0},$$

所以

$$\delta_1 \left(\sum_{j=1}^{\bar{n}} \frac{\lambda_j}{1 - \lambda_0} + \delta_2(-1)^{\delta_3} \frac{\lambda_{\bar{n}+1}}{1 - \lambda_0} \right) = \delta_1,$$

从而

$$\left(\sum_{j=1}^{\bar{n}} \bar{x}_j \frac{\lambda_j}{1 - \lambda_0}, \sum_{j=1}^{\bar{n}} d\bar{y}_j \frac{\lambda_j}{1 - \lambda_0}, \sum_{j=1}^{\bar{n}} \bar{z}_j \frac{\lambda_j}{1 - \lambda_0} \right) \in T(d).$$

由定义 12.2, (x_p, y_p, z_p) 为 G-DEA$_d$ 无效, 矛盾. 故模型 (DG$'_{\text{U}}$) 的最优值等于 1. 并且在证明中可见对每个最优解都有

$$x_p(1 - \lambda_0) - \sum_{j=1}^{\bar{n}} \bar{x}_j \lambda_j = \mathbf{0},$$

$$\boldsymbol{y}_p(\lambda_0 - 1) + \sum_{j=1}^{\bar{n}} d\bar{\boldsymbol{y}}_j \lambda_j = \boldsymbol{0},$$

$$\boldsymbol{z}_p(1 - \lambda_0) - \sum_{j=1}^{\bar{n}} \bar{\boldsymbol{z}}_j \lambda_j = \boldsymbol{0}.$$

(充分性) 假设 $(\boldsymbol{x}_p, \boldsymbol{y}_p, \boldsymbol{z}_p)$ 为 G-DEA$_d$ 无效, 则存在

$$(\boldsymbol{x}, \boldsymbol{y}, \boldsymbol{z}) \in T(d),$$

使得

$$\boldsymbol{x}_p \geqq \boldsymbol{x}, \quad \boldsymbol{y}_p \leqq \boldsymbol{y}, \quad \boldsymbol{z}_p \geqq \boldsymbol{z},$$

且至少有一个不等式严格成立.

因为

$$(\boldsymbol{x}, \boldsymbol{y}, \boldsymbol{z}) \in T(d),$$

所以存在

$$\tilde{\lambda}_j \geqq 0, \quad j = 1, 2, \cdots, \bar{n} + 1,$$

满足

$$\boldsymbol{x}_p \geqq \boldsymbol{x} \geqq \sum_{j=1}^{\bar{n}} \bar{\boldsymbol{x}}_j \tilde{\lambda}_j,$$

$$\boldsymbol{y}_p \leqq \boldsymbol{y} \leqq \sum_{j=1}^{\bar{n}} d\bar{\boldsymbol{y}}_j \tilde{\lambda}_j,$$

$$\boldsymbol{z}_p \geqq \boldsymbol{z} \geqq \sum_{j=1}^{\bar{n}} \bar{\boldsymbol{z}}_j \tilde{\lambda}_j,$$

$$\delta_1 \left(\sum_{j=1}^{\bar{n}} \tilde{\lambda}_j + \delta_2 (-1)^{\delta_3} \tilde{\lambda}_{\bar{n}+1} \right) = \delta_1,$$

且至少有一个不等式严格成立.

令

$$\tilde{\lambda}_0 = 0, \quad \tilde{\lambda}_j \geqq 0, \ j = 1, 2, \cdots, \bar{n} + 1,$$

满足

$$\boldsymbol{x}_p(1 - \tilde{\lambda}_0) - \sum_{j=1}^{\bar{n}} \bar{\boldsymbol{x}}_j \tilde{\lambda}_j \geqq \boldsymbol{0},$$

$$\boldsymbol{y}_p(\tilde{\lambda}_0 - 1) + \sum_{j=1}^{\bar{n}} d\bar{\boldsymbol{y}}_j \tilde{\lambda}_j \geqq \boldsymbol{0},$$

$$z_p(1 - \tilde{\lambda}_0) - \sum_{j=1}^{\bar{n}} \bar{z}_j \tilde{\lambda}_j \geqq \mathbf{0},$$

$$\delta_1\left(\sum_{j=0}^{\bar{n}} \tilde{\lambda}_j + \delta_2(-1)^{\delta_3} \tilde{\lambda}_{\bar{n}+1} \right) = \delta_1,$$

且至少有一个不等式严格成立.

令

$$\tilde{\theta} = 1,$$

显然

$$\tilde{\theta} = 1, \ \tilde{\lambda}_j, \ \ j = 0, 1, 2, \cdots, \bar{n}+1$$

为模型 $(\mathrm{DG}'_\mathrm{U})$ 的一个可行解. 又由于 $(\mathrm{DG}'_\mathrm{U})$ 的最优值为 1, 所以

$$\tilde{\theta} = 1, \quad \tilde{\lambda}_j, \ j = 0, 1, 2, \cdots, \bar{n}+1$$

也是 $(\mathrm{DG}'_\mathrm{U})$ 的一个最优解, 矛盾.

在模型 $(\mathrm{DG}'_\mathrm{U})$ 中加入松弛变量和剩余变量得到模型 (DG').

$$(\mathrm{DG}')\begin{cases} \min\theta, \\ \mathrm{s.t.} \ \boldsymbol{x}_p(\theta - \lambda_0) - \sum_{j=1}^{\bar{n}} \bar{\boldsymbol{x}}_j \lambda_j - \boldsymbol{s}^- = \mathbf{0}, \\ \boldsymbol{y}_p(\lambda_0 - 1) + \sum_{j=1}^{\bar{n}} d\bar{\boldsymbol{y}}_j \lambda_j - \boldsymbol{s}^+ = \mathbf{0}, \\ \boldsymbol{z}_p(1 - \lambda_0) - \sum_{j=1}^{\bar{n}} \bar{\boldsymbol{z}}_j \lambda_j - \boldsymbol{t}^- = \mathbf{0}, \\ \delta_1\left(\sum_{j=0}^{\bar{n}} \lambda_j + \delta_2(-1)^{\delta_3} \lambda_{\bar{n}+1} \right) = \delta_1, \\ \lambda_j \geqq 0, j = 0, 1, 2, \cdots, \bar{n}+1, \\ \boldsymbol{s}^- \geqq \mathbf{0}, \boldsymbol{s}^+ \geqq \mathbf{0}, \boldsymbol{t}^- \geqq \mathbf{0}. \end{cases}$$

推论12.5　决策单元 $(\boldsymbol{x}_p, \boldsymbol{y}_p, \boldsymbol{z}_p)$ 为 G-DEA$_d$ 有效当且仅当模型 (DG') 的最优值等于 1, 且对每个最优解都有

$$\boldsymbol{s}^- = \mathbf{0}, \quad \boldsymbol{s}^+ = \mathbf{0}, \quad \boldsymbol{t}^- = \mathbf{0}.$$

12.2 G-DEA$_d$ 有效与 Pareto 有效的等价性

考虑多目标规划

$$(\text{VP}) \begin{cases} \max(-x_1,\cdots,-x_m,y_1,\cdots,y_s,-z_1,\cdots,-z_k), \\ \text{s.t.} \ (\boldsymbol{x},\boldsymbol{y},\boldsymbol{z}) \in T'(d), \end{cases}$$

其中

$$\boldsymbol{x}=(x_1,x_2,\cdots,x_m)^{\mathrm{T}}, \quad \boldsymbol{y}=(y_1,y_2,\cdots,y_s)^{\mathrm{T}}, \quad \boldsymbol{z}=(z_1,z_2,\cdots,z_k)^{\mathrm{T}},$$

$$T'(d)=\left\{(\boldsymbol{x},\boldsymbol{y},\boldsymbol{z})\middle| \boldsymbol{x} \geqq \boldsymbol{x}_p\lambda_0 + \sum_{j=1}^{\bar{n}} \bar{\boldsymbol{x}}_j\lambda_j, \boldsymbol{y} \leqq \boldsymbol{y}_p\lambda_0 + \sum_{j=1}^{\bar{n}} d\bar{\boldsymbol{y}}_j\lambda_j, \boldsymbol{z} \geqq \boldsymbol{z}_p\lambda_0 + \sum_{j=1}^{\bar{n}} \bar{\boldsymbol{z}}_j\lambda_j, \right.$$

$$\left. \delta_1\left(\sum_{j=0}^{\bar{n}}\lambda_j + \delta_2(-1)^{\delta_3}\lambda_{\bar{n}+1}\right)=\delta_1, \lambda_j \geqq 0, j=0,1,2,\cdots,\bar{n}+1\right\}.$$

定理12.6 决策单元 $(\boldsymbol{x}_p,\boldsymbol{y}_p,\boldsymbol{z}_p)$ 为 G-DEA$_d$ 有效当且仅当 $(\boldsymbol{x}_p,\boldsymbol{y}_p,\boldsymbol{z}_p)$ 为 (VP) 的 Pareto 有效解.

证明 若决策单元 $(\boldsymbol{x}_p,\boldsymbol{y}_p,\boldsymbol{z}_p)$ 为 G-DEA$_d$ 无效, 由定理 12.4 知必有以下两种情况之一成立.

(1) (DG'_{U}) 的最优值小于 1.

(2) (DG'_{U}) 的最优值为 1, 但存在它的一个最优解

$$\lambda_j^0, \ j=0,1,2,\cdots,\bar{n}+1, \ \theta^0,$$

使得

$$\boldsymbol{x}_p(1-\lambda_0^0) - \sum_{j=1}^{\bar{n}} \bar{\boldsymbol{x}}_j\lambda_j^0 \geqslant \boldsymbol{0}$$

或

$$\boldsymbol{y}_p(\lambda_0^0-1) + \sum_{j=1}^{\bar{n}} d\bar{\boldsymbol{y}}_j\lambda_j^0 \geqslant \boldsymbol{0}$$

或

$$\boldsymbol{z}_p(1-\lambda_0^0) - \sum_{j=1}^{\bar{n}} \bar{\boldsymbol{z}}_j\lambda_j^0 \geqslant \boldsymbol{0}.$$

当 (DG'_{U}) 的最优值 $\theta^0 < 1$ 时, 由于

$$\boldsymbol{x}_p > \boldsymbol{0},$$

$$\boldsymbol{x}_p(\theta^0 - \lambda_0^0) - \sum_{j=1}^{\bar{n}} \bar{\boldsymbol{x}}_j \lambda_j^0 \geqq \mathbf{0},$$

所以

$$\boldsymbol{x}_p(1 - \lambda_0^0) - \sum_{j=1}^{\bar{n}} \bar{\boldsymbol{x}}_j \lambda_j^0 \geqslant \mathbf{0}.$$

因此, 以下只需讨论情况 (2) 即可.
　　若

$$\boldsymbol{x}_p(1 - \lambda_0^0) - \sum_{j=1}^{\bar{n}} \bar{\boldsymbol{x}}_j \lambda_j^0 \geqslant \mathbf{0}$$

或

$$\boldsymbol{y}_p(\lambda_0^0 - 1) + \sum_{j=1}^{\bar{n}} d\bar{\boldsymbol{y}}_j \lambda_j^0 \geqslant \mathbf{0}$$

或

$$\boldsymbol{z}_p(1 - \lambda_0^0) - \sum_{j=1}^{\bar{n}} \bar{\boldsymbol{z}}_j \lambda_j^0 \geqslant \mathbf{0},$$

则可得

$$(-\boldsymbol{x}_p, \boldsymbol{y}_p, -\boldsymbol{z}_p)$$
$$\leqslant \left(-\left(\boldsymbol{x}_p \lambda_0^0 + \sum_{j=1}^{\bar{n}} \bar{\boldsymbol{x}}_j \lambda_j^0 \right), \boldsymbol{y}_p \lambda_0^0 + \sum_{j=1}^{\bar{n}} d\bar{\boldsymbol{y}}_j \lambda_j^0, -\left(\boldsymbol{z}_p \lambda_0^0 + \sum_{j=1}^{\bar{n}} \bar{\boldsymbol{z}}_j \lambda_j^0 \right) \right),$$

由于

$$\left(\boldsymbol{x}_p \lambda_0^0 + \sum_{j=1}^{\bar{n}} \bar{\boldsymbol{x}}_j \lambda_j^0, \boldsymbol{y}_p \lambda_0^0 + \sum_{j=1}^{\bar{n}} d\bar{\boldsymbol{y}}_j \lambda_j^0, \boldsymbol{z}_p \lambda_0^0 + \sum_{j=1}^{\bar{n}} \bar{\boldsymbol{z}}_j \lambda_j^0 \right) \in T'(d),$$

故 $(\boldsymbol{x}_p, \boldsymbol{y}_p, \boldsymbol{z}_p)$ 不是 (VP) 的 Pareto 有效解.
　　反之, 若 $(\boldsymbol{x}_p, \boldsymbol{y}_p, \boldsymbol{z}_p)$ 不是 (VP) 的 Pareto 有效解, 则存在

$$(\boldsymbol{x}, \boldsymbol{y}, \boldsymbol{z}) \in T'(d),$$

使得

$$(-\boldsymbol{x}_p, \boldsymbol{y}_p, -\boldsymbol{z}_p) \leqslant (-\boldsymbol{x}, \boldsymbol{y}, -\boldsymbol{z}).$$

又因为

$$(\boldsymbol{x}, \boldsymbol{y}, \boldsymbol{z}) \in T'(d),$$

故存在

$$\tilde{\lambda}_j, \ j = 0, 1, 2, \cdots, \bar{n} + 1,$$

使得

$$\boldsymbol{x} \geqq \boldsymbol{x}_p \tilde{\lambda}_0 + \sum_{j=1}^{\bar{n}} \bar{\boldsymbol{x}}_j \tilde{\lambda}_j,$$

$$\boldsymbol{y} \leqq \boldsymbol{y}_p \tilde{\lambda}_0 + \sum_{j=1}^{\bar{n}} d\bar{\boldsymbol{y}}_j \tilde{\lambda}_j,$$

$$\boldsymbol{z} \geqq \boldsymbol{z}_p \tilde{\lambda}_0 + \sum_{j=1}^{\bar{n}} \bar{\boldsymbol{z}}_j \tilde{\lambda}_j,$$

由此可知

$$\boldsymbol{x}_p(1 - \tilde{\lambda}_0) - \sum_{j=1}^{\bar{n}} \bar{\boldsymbol{x}}_j \tilde{\lambda}_j \geqq \boldsymbol{0},$$

$$\boldsymbol{y}_p(\tilde{\lambda}_0 - 1) + \sum_{j=1}^{\bar{n}} d\bar{\boldsymbol{y}}_j \tilde{\lambda}_j \geqq \boldsymbol{0},$$

$$\boldsymbol{z}_p(1 - \tilde{\lambda}_0) - \sum_{j=1}^{\bar{n}} \bar{\boldsymbol{z}}_j \tilde{\lambda}_j \geqq \boldsymbol{0},$$

且至少有一个不等式严格成立.

易验证

$$\tilde{\lambda}_j, \ j = 0, 1, 2, \cdots, \bar{n} + 1, \quad \theta^0 = 1$$

是 (DG$'_{\mathrm{U}}$) 的最优解, 由定理 12.4 知决策单元 $(\boldsymbol{x}_p, \boldsymbol{y}_p, \boldsymbol{z}_p)$ 不是 G-DEA$_d$ 有效.

考虑多目标规划

$$(\mathrm{SVP}) \begin{cases} \max(-x_1, \cdots, -x_m, y_1, \cdots, y_s, -z_1, \cdots, -z_k), \\ \mathrm{s.t.} \ \ (\boldsymbol{x}, \boldsymbol{y}, \boldsymbol{z}) \in T(d), \end{cases}$$

其中

$$\boldsymbol{x} = (x_1, x_2, \cdots, x_m)^{\mathrm{T}}, \quad \boldsymbol{y} = (y_1, y_2, \cdots, y_s)^{\mathrm{T}}, \quad \boldsymbol{z} = (z_1, z_2, \cdots, z_k)^{\mathrm{T}}.$$

定理12.7 决策单元 $(\boldsymbol{x}_p, \boldsymbol{y}_p, \boldsymbol{z}_p)$ 为 G-DEA$_d$ 无效当且仅当

$$(\boldsymbol{x}_p, \boldsymbol{y}_p, \boldsymbol{z}_p) \in T(d)$$

且 $(\boldsymbol{x}_p, \boldsymbol{y}_p, \boldsymbol{z}_p)$ 不是 (SVP) 的 Pareto 有效解.

证明 若决策单元 $(\boldsymbol{x}_p, \boldsymbol{y}_p, \boldsymbol{z}_p)$ 为 G-DEA$_d$ 无效, 由定理 12.6 知 $(\boldsymbol{x}_p, \boldsymbol{y}_p, \boldsymbol{z}_p)$ 不是 (VP) 的 Pareto 有效解. 因此, 存在

$$(\boldsymbol{x}, \boldsymbol{y}, \boldsymbol{z}) \in T'(d),$$

使得

$$(-\boldsymbol{x}_p, \boldsymbol{y}_p, -\boldsymbol{z}_p) \leqq (-\boldsymbol{x}, \boldsymbol{y}, -\boldsymbol{z}).$$

又由于

$$(\boldsymbol{x}, \boldsymbol{y}, \boldsymbol{z}) \in T'(d),$$

故存在

$$\tilde{\lambda}_j \geqq 0, \ j = 0, 1, 2, \cdots, \bar{n} + 1,$$

使得

$$\boldsymbol{x}_p \geqq \boldsymbol{x} \geqq \boldsymbol{x}_p \tilde{\lambda}_0 + \sum_{j=1}^{\bar{n}} \bar{\boldsymbol{x}}_j \tilde{\lambda}_j,$$

$$\boldsymbol{y}_p \leqq \boldsymbol{y} \leqq \boldsymbol{y}_p \tilde{\lambda}_0 + \sum_{j=1}^{\bar{n}} d \bar{\boldsymbol{y}}_j \tilde{\lambda}_j,$$

$$\boldsymbol{z}_p \geqq \boldsymbol{z} \geqq \boldsymbol{z}_p \tilde{\lambda}_0 + \sum_{j=1}^{\bar{n}} \bar{\boldsymbol{z}}_j \tilde{\lambda}_j,$$

$$\delta_1 \left(\sum_{j=0}^{\bar{n}} \tilde{\lambda}_j + \delta_2 (-1)^{\delta_3} \tilde{\lambda}_{\bar{n}+1} \right) = \delta_1,$$

且至少有一个不等式严格成立.

若

$$\tilde{\lambda}_0 > 1,$$

则有

$$-\sum_{j=1}^{\bar{n}} \bar{\boldsymbol{x}}_j \tilde{\lambda}_j \geqq \boldsymbol{x}_p (\tilde{\lambda}_0 - 1),$$

矛盾. 若

$$\tilde{\lambda}_0 = 1,$$

则由

$$\bar{\boldsymbol{x}}_j > \boldsymbol{0}$$

可知

$$\tilde{\lambda}_j = 0, \ j = 1, 2, \cdots, \bar{n} + 1,$$

从而有

$$\boldsymbol{x}_p = \boldsymbol{x}_p \tilde{\lambda}_0 + \sum_{j=1}^{\bar{n}} \bar{\boldsymbol{x}}_j \tilde{\lambda}_j,$$

$$\boldsymbol{y}_p = \boldsymbol{y}_p \tilde{\lambda}_0 + \sum_{j=1}^{\bar{n}} d\bar{\boldsymbol{y}}_j \tilde{\lambda}_j,$$

$$\boldsymbol{z}_p = \boldsymbol{z}_p \tilde{\lambda}_0 + \sum_{j=1}^{\bar{n}} \bar{\boldsymbol{z}}_j \tilde{\lambda}_j,$$

这与前述其中至少有一个不等式严格成立矛盾. 因此

$$\tilde{\lambda}_0 < 1.$$

令

$$\bar{\lambda}_j = \frac{\tilde{\lambda}_j}{1 - \tilde{\lambda}_0},$$

则有

$$\boldsymbol{x}_p \geqq \sum_{j=1}^{\bar{n}} \bar{\boldsymbol{x}}_j \bar{\lambda}_j,$$

$$\boldsymbol{y}_p \leqq \sum_{j=1}^{\bar{n}} d\bar{\boldsymbol{y}}_j \bar{\lambda}_j,$$

$$\boldsymbol{z}_p \geqq \sum_{j=1}^{\bar{n}} \bar{\boldsymbol{z}}_j \bar{\lambda}_j,$$

$$\delta_1 \left(\sum_{j=1}^{\bar{n}} \bar{\lambda}_j + \delta_2 (-1)^{\delta_3} \bar{\lambda}_{\bar{n}+1} \right) = \delta_1,$$

且其中至少有一个不等式严格成立. 其中

$$\left(\sum_{j=1}^{\bar{n}} \bar{\boldsymbol{x}}_j \bar{\lambda}_j, \sum_{j=1}^{\bar{n}} d\bar{\boldsymbol{y}}_j \bar{\lambda}_j, \sum_{j=1}^{\bar{n}} \bar{\boldsymbol{z}}_j \bar{\lambda}_j \right) \in T(d),$$

由此可知 $(\boldsymbol{x}_p, \boldsymbol{y}_p, \boldsymbol{z}_p) \in T(d)$ 且不是 (SVP) 的 Pareto 有效解.

反之, 若决策单元 $(\boldsymbol{x}_p, \boldsymbol{y}_p, \boldsymbol{z}_p)$ 不是 (SVP) 的 Pareto 有效解, 则存在

$$(\boldsymbol{x}, \boldsymbol{y}, \boldsymbol{z}) \in T(d),$$

使得

$$(-\boldsymbol{x}_p, \boldsymbol{y}_p, -\boldsymbol{z}_p) \leqslant (-\boldsymbol{x}, \boldsymbol{y}, -\boldsymbol{z}).$$

又由于

$$(\boldsymbol{x}, \boldsymbol{y}, \boldsymbol{z}) \in T(d),$$

故存在

$$\tilde{\lambda}_j \geqq 0, \ j = 1, 2, \cdots, \bar{n} + 1,$$

使得

$$\boldsymbol{x}_p \geqq \boldsymbol{x} \geqq \sum_{j=1}^{\bar{n}} \bar{\boldsymbol{x}}_j \tilde{\lambda}_j,$$

$$\boldsymbol{y}_p \leqq \boldsymbol{y} \leqq \sum_{j=1}^{\bar{n}} d\bar{\boldsymbol{y}}_j \tilde{\lambda}_j,$$

$$\boldsymbol{z}_p \geqq \boldsymbol{z} \geqq \sum_{j=1}^{\bar{n}} \bar{\boldsymbol{z}}_j \tilde{\lambda}_j,$$

$$\delta_1 \left(\sum_{j=1}^{\bar{n}} \tilde{\lambda}_j + \delta_2 (-1)^{\delta_3} \tilde{\lambda}_{\bar{n}+1} \right) = \delta_1,$$

且至少有一个不等式严格成立.

若令

$$\tilde{\lambda}_0 = 0,$$

则

$$\left(\boldsymbol{x}_p \tilde{\lambda}_0 + \sum_{j=1}^{\bar{n}} \bar{\boldsymbol{x}}_j \tilde{\lambda}_j, \ \boldsymbol{y}_p \tilde{\lambda}_0 + \sum_{j=1}^{\bar{n}} d\bar{\boldsymbol{y}}_j \tilde{\lambda}_j, \ \boldsymbol{z}_p \tilde{\lambda}_0 + \sum_{j=1}^{\bar{n}} \bar{\boldsymbol{z}}_j \tilde{\lambda}_j \right) \in T'(d),$$

$$\delta_1 \left(\sum_{j=0}^{\bar{n}} \tilde{\lambda}_j + \delta_2 (-1)^{\delta_3} \tilde{\lambda}_{\bar{n}+1} \right) = \delta_1,$$

故得 $(\boldsymbol{x}_p, \boldsymbol{y}_p, \boldsymbol{z}_p)$ 不是 (VP) 的 Pareto 有效解.

由定理 12.6 知决策单元 $(\boldsymbol{x}_p, \boldsymbol{y}_p, \boldsymbol{z}_p)$ 为 G-DEA$_d$ 无效.

定理 12.7 的逆否命题即为如下推论 12.8.

推论12.8　若决策单元 $(\boldsymbol{x}_p, \boldsymbol{y}_p, \boldsymbol{z}_p)$ 为 G-DEA$_d$ 有效当且仅当决策单元 $(\boldsymbol{x}_p, \boldsymbol{y}_p, \boldsymbol{z}_p)$ 是 (SVP) 的 Pareto 有效解或

$$(\boldsymbol{x}_p, \boldsymbol{y}_p, \boldsymbol{z}_p) \notin T(d).$$

12.3　算　　例

假设存在 15 个同类型的决策单元, 每个单元都具有 2 个输入指标, 1 个期望输出指标和 1 个非期望输出指标, 具体数据如表 12.1 所示.

表 12.1　15 个决策单元的输入输出指标数据

决策单元	1	2	3	4	5	6	7	8	9	10	11	12	13	14	15
输入 1	350	300	300	120	400	320	180	306	260	180	400	360	120	350	380
输入 2	7359	3381	4375	7838	1671	2037	742	3191	2236	4466	3000	9065	4032	20158	8066
期望输出	1407	1265	433	1231	355	58	812	103	1211	278	2135	3037	378	2335	3241
非期望输出	2303	1588	1651	647	592	592	847	393	844	1513	1499	3929	1056	1469	3638

当

$$\delta_1 = 1, \quad \delta_2 = 0, \quad T_{\mathrm{SU}} = T_{\mathrm{DMU}}, \quad d = 1$$

时, 利用模型 $(\mathrm{DG_U})$, 即具有非期望输出的传统 BC^2 模型对各决策单元进行相对效率评价, 各决策单元的有效性如表 12.2 所示.

表 12.2　具有非期望输出的传统 BC^2 模型下的各决策单元的有效性

决策单元	1	2	3	4	5	6	7	8	9	10	11	12	13	14	15
有效性	0.570	0.702	0.510	有效	有效	0.958	有效	有效	有效	0.740	0.798	0.982	有效	有效	有效

传统 DEA 方法中决策单元的相对有效性评价是被评价决策单元相对于所有决策单元进行评价, 本质上是基于所有决策单元中的 "优秀"(DEA 有效) 单元进行评价. 在实际评价过程中, 有时只需要与部分 "一般"(DEA 无效) 单元进行比较, 比如选择与决策单元 2,10,11 相比较, 即样本单元集

$$T_{\mathrm{SU}} = \{\mathrm{DMU2}, \mathrm{DMU10}, \mathrm{DMU11}\}.$$

以 $\delta_1 = 1, \delta_2 = 0$ 时为例, 利用模型 $(\mathrm{DG'_U})$, 即具有非期望输出的广义 BC^2 模型基于 T_{SU} 对各决策单元进行相对效率评价. 当 $d = 1$ 时, 各决策单元的有效性如表 12.3 所示.

表 12.3　相对于 T_{SU} 的具有非期望输出的广义 BC^2 模型下各决策单元的有效性 $(d = 1)$

决策单元	1	2	3	4	5	6	7	8	9	10	11	12	13	14	15
有效性	0.896	有效	0.860	有效	有效	有效	有效	有效	有效	有效	有效	有效	有效	有效	有效

在广义 DEA 方法中, 决策单元集和样本单元集之间的关系存在五种情形: 相等 $(T_{\mathrm{SU}} = T_{\mathrm{DMU}})$、包含且不相等 $(T_{\mathrm{SU}} \subsetneqq T_{\mathrm{DMU}}$ 或 $T_{\mathrm{SU}} \supsetneqq T_{\mathrm{DMU}})$、互不相容 $(T_{\mathrm{SU}} \cap T_{\mathrm{DMU}} = \varnothing)$、相交且不相等 $(T_{\mathrm{SU}} \cap T_{\mathrm{DMU}} \neq \varnothing$ 且 $T_{\mathrm{SU}} \neq T_{\mathrm{DMU}})$.

令 $T'_{\mathrm{SU}} = \{\mathrm{DMU2}, \mathrm{DMU10}, \mathrm{DMU11}\}$, 评价各决策单元即为 $T_{\mathrm{SU}} \subsetneqq T_{\mathrm{DMU}}$ 的情形. 以下对样本单元集取自决策单元集以外 (即 $T_{\mathrm{SU}} \cap T_{\mathrm{DMU}} = \varnothing$) 的情形举例.

假设存在 8 个样本单元, 具体输入输出指标如表 12.4 所示.

表 12.4   8 个样本单元的输入输出指标数据

样本单元	A	B	C	D	E	F	G	H
投入 1	340	280	300	160	320	200	100	320
投入 2	2410	6003	405	5805	4328	4480	4139	368
期望产出	49949	49537	48709	43155	34714	34299	28718	25242
非期望产出	8463	14139	11612	7771	6161	5124	1176	4200

利用具有非期望输出的广义 BC^2 模型, 计算得到 15 个决策单元相对于 8 个样本单元的有效性在表 12.5 中给出.

表 12.5   具有非期望输出的广义 BC^2 模型下决策单元相对于 8 个样本单元的有效性
($d = 1$)

决策单元	1	2	3	4	5	6	7	8	9	10	11	12	13	14	15
有效性	0.437	有效	0.811	有效	有效	有效	有效	有效	有效	0.833	有效	0.380	有效	0.559	0.397

由表 12.2 和表 12.3 可以看出: 选取决策单元集中的一些非有效决策单元作为样本单元集, 相对于这样的样本单元集对决策单元进行评价, 相当于降低了评价标准, 从而表 12.2 中有效的决策单元在表 12.3 中仍然有效, 表 12.2 中无效的决策单元的相对效率值在表 12.3 中得到提升.

由表 12.2、表 12.4 和表 12.5 可以看出: 选取了不同于决策单元集的样本单元集, 并且表 12.4 中的样本单元大多不劣于表 12.1 中给出决策单元, 从而基于这 8 个样本单元进行评价, 部分决策单元的相对效率值相比于表 12.2 出现了下降, 如决策单元 1, 12, 14 和 15. 同时也有个别决策单元的相对效率获得了提升, 比如决策单元 2, 3, 6, 10 和 11. 综上说明基于不同的样本单元集对决策单元进行评价, 评价结果存在差异, 若利用相对效率值进行有效性排序结果也不尽相同.

12.4   结 束 语

在 DEA 方法中一般可以把越小越好的因素看作输入. 在评价中当然希望非期望输出越小越好, 但是在 DEA 方法中将非期望输出完全看作输入似乎也不尽合理. 与文献 [126] 中把非期望输出完全看作输入并面向输入求解决策单元的相对效率值相比, 本章初步讨论具有非期望输出的广义 DEA 方法时, 要求非期望输出越小越好, 但在面向输入评价模型的非期望输出的约束条件中没有考虑相对效率因素. 两种评价模型获得的相对效率值有时会存在差异.

参 考 文 献

[1] Charnes A, Cooper W W, Rhodes E. Measuring the efficiency of decision making units[J]. European Journal of Operational Research, 1978, 2(6): 429-444

[2] 马占新. 数据包络分析模型与方法 [M]. 北京: 科学出版社, 2010

[3] 马占新, 马生昀, 包斯琴高娃. 数据包络分析及其应用案例 [M]. 北京: 科学出版社, 2013

[4] 魏权龄. 数据包络分析 [M]. 北京: 科学出版社, 2004

[5] 魏权龄. 评价相对有效性的数据包络分析模型 [M]. 北京: 中国人民大学出版社, 2012

[6] 马占新. 数据包络分析方法的研究进展 [J]. 系统工程与电子技术, 2002, 24(3): 42-46

[7] Emrouznejad A, Parker B, Tavares G. Evaluation of research in efficiency and productivity: A survey and analysis of the first 30 years of scholarly literature in DEA[J]. Journal of Socio-Economics Planning Science, 2008, 42(3): 151-157

[8] Cooper W W, Seiford L M, Thanassoulis E, et al. DEA and its uses in different countries[J]. European Journal of Operational Research, 2004, 154(2): 337-344

[9] 马占新. 广义数据包络分析方法 [M]. 北京: 科学出版社, 2012

[10] Banker R D, Charnes A, Cooper W W. Some models for estimating technical and scale inefficiencies in data envelopment analysis[J]. Management Science, 1984, 30(9): 1078-1092

[11] Färe R, Grosskopf S. A nonparametric cost approach to scale efficiency[J]. Scandinavian Journal of Economics, 1985, 87(4): 594-604

[12] Seiford L M, Thrall R M. Recent development in DEA. The mathematical programming approach to frontier analysis[J]. Journal of Econometrics, 1990, 46(1-2): 7-38

[13] Charnes A, Cooper W W, Wei Q L. A semi-infinite multi-criteria programming approach to data envelopment analysis with infinitely many decision making units[R]. The University of Texas at Austin, Center for Cybernetic Studies Report, CCS 551, September, 1986

[14] Charnes A, Cooper W W, Wei Q L, et al. Cone ratio data envelopment analysis and multi-objective programming[J]. International Journal of Systems Science, 1989, 20(7): 1099-1118

[15] Charnes A, Cooper W W, Wei Q L, et al. Compositive data envelopment analysis and multi-objective programming[R]. The University of Texas at Austin, Center for Cybernetic Studies Report, CCS 633, June 1989

[16] Färe R, Grosskopf S. Intertemporal Production Frontiers: With Dynamic DEA[M]. Boston: Kluwer Academic Publishers, 1996

[17] Färe R, Grosskopf S. Network DEA[J]. Socio-Economic Planning Sciences, 2000, 34(1): 35-49

[18] Cook W D, Liang L, Zhu J. Measuring performance of two-stage network structures by DEA: A review and future perspective[J]. Omega, 2010, 38: 423-430

[19] Liang L, Yang F, Cook W D, et al. DEA models for supply chain efficiency evaluation[J]. Annals of Operations Research, 2006, 145: 35-49

[20] 毕功兵, 梁樑, 杨锋. 两阶段生产系统的 DEA 效率评价模型 [J]. 中国管理科学, 2007, 15(2): 92-96

[21] Kao C, Hwang S N. Efficiency decomposition in two-stage data envelopment analysis: An application to non-life insurance companies in Taiwan[J]. European Journal of Operational Research, 2008, 185: 418-429

[22] 毕功兵, 梁樑, 杨锋. 资源约束型两阶段生产系统的 DEA 效率评价模型 [J]. 中国管理科学, 2009, 17(2): 71-75

[23] 杨锋, 梁樑, 毕功兵, 等. 一类树形生产系统的 DEA 效率评价研究 [J]. 系统工程与电子技术, 2009, 31(5): 1128-1132

[24] 杨锋, 翟笃俊, 梁樑, 等. 两阶段链形系统生产可能集与 DEA 评价模型 [J]. 系统工程学报, 2010, 25(3): 401-406

[25] 毕功兵, 梁樑, 杨锋. 一类简单网络生产系统的 DEA 效率评价模型 [J]. 系统工程理论与实践, 2010, 30(3): 496-500

[26] 魏权龄, 庞立永. 链式网络 DEA[J]. 数学的实践与认识, 2010, 40(1): 213-222

[27] 魏权龄, 庞立永. 具有阶段最终产出的链式网络 DEA 模型 [J]. 数学的实践与认识, 2010, 40(10): 53-60

[28] Chen Y, Cook W D, Kao C, et al. Network DEA pitfalls: Divisional efficiency and frontier projection under general network structures[J]. European Journal of Operational Research, 2013, 226: 507-515

[29] Avkiran N K, McCrystal A. Sensitivity analysis of network DEA: NSBM versus NRAM[J]. Applied Mathematics and Computation, 2012, 218: 11226-11239

[30] 吴广谋, 盛昭瀚. 指标特性与 DEA 有效性的关系 [J]. 东南大学学报, 1992, 21(5): 124-127

[31] 朱乔, 盛昭瀚, 吴广谋. DEA 模型中的有效性问题 [J]. 东南大学学报, 1994, 24(2): 78-82

[32] 冯俊文. C^2R 和 C^2GS^2 的 DEA 有效性问题 [J]. 系统工程与电子技术, 1994, 16(7): 42-51

[33] 魏权龄, 李宏余. 决策单元的变更对 DEA 有效性的影响 [J]. 北京航空航天大学学报, 1991, 17(1): 85-97

[34] 魏权龄, 卢刚, 岳明. 关于综合 DEA 模型中的 DEA 有效决策单元集合的几个恒等式 [J]. 系统科学与数学, 1989, 9(3): 282-288

[35] 李树根, 杨印生. DEA 有效决策单元集合的结构 [J]. 吉林工业大学学报, 1991, 21(3): 1-4

[36] 吴文江, 袁仪方. 有关寻找 DEA 有效的决策单元的方法 [J]. 系统工程学报, 1993, 8(1): 80-88

[37] 赵勇, 岳超源, 陈廷. 数据包络分析中有效单元的进一步分析 [J]. 系统工程学报, 1995, 10(4): 95-100

[38] 吴文江. 只改变输出使决策单元变为 DEA 有效 [J]. 系统工程, 1995, 13(2): 17-20

[39] 吴文江. DEA 中只改变输出使决策单元变为有效的方法 [J]. 山东建材学院学报, 1996, (1): 56-59

[40] Charnes A, Cooper W W, Lewin A Y, et al. Sensitivity and stability analysis in DEA[J]. Annals of Operations Research, 1985, 2(2): 139-156

[41] Charnes A, Neralic L. Sensitivity analysis of the additive model in DEA[J]. European Journal of Operational Research, 1990, 48(7): 332-341

[42] 朱乔, 陈遥. 数据包络分析的灵敏度研究及其应用 [J]. 系统工程学报, 1994, 9(6): 46-54

[43] 何静, 吴文江. 有关 DEA 有效性 (C^2R 或 C^2GS^2) 的定理及其在灵敏度分析中的应用 [J]. 系统工程理论与实践, 1997, 17(8): 14-19

[44] 杨印生, 王全文, 李树根. 带有参数的 C^2R 模型的灵敏度分析 [J]. 系统工程与电子技术, 1997, 19(12): 59-62

[45] 刘永清, 李光金. 要素在有限范围变化的 DEA 模型 [J]. 系统工程学报, 1995, 10(4): 87-94

[46] 王军霞, 刘三阳. 要素在有限范围变动的多目标 DEA 投影模型 [J]. 西安电子科技大学学报, 2000, 27(1): 44-48

[47] 何静. 只有输出 (入) 的数据包络分析及应用 [J]. 系统工程学报, 1995, 10(2): 49-55

[48] 李勇军, 梁樑. 一种基于 DEA 与 Nash 讨价还价博弈的固定成本分摊方法 [J]. 系统工程, 2008, 26(6): 73-77

[49] 李勇军, 梁樑, 凌六一. 基于 DEA 联盟博弈核仁解的固定成本分摊方法研究 [J]. 中国管理科学, 2009, 17(1): 58-63

[50] 李勇军, 戴前智, 毕功兵, 等. 基于 DEA 和核心解的固定成本分摊方法研究 [J]. 系统工程学报, 2010, 25(5): 675-680

[51] 刘寅东, 李树范, 唐焕文, 等. 船型技术经济综合评判的 DEA 方法 [J]. 大连理工大学学报, 1995, 35(6): 873-878

[52] 刘寅东, 李克秋, 唐焕文. 数据包络分析模型与方法在船型方案排序择优中的应用 [J]. 中国造船, 1998, (3): 1-6

[53] 高策理, 李长青. 一种用于评估排序的交叉效率方法的改进 [J]. 系统工程, 2003, 21(3): 83-86

[54] 王全文, 吴育华, 罗蕴玲, 等. 决策单元排序的两阶段法 [J]. 统计与决策, 2008(23): 160-162

[55] 左小明. 基于 DEA 模型有效性排序的供应商评价 [J]. 暨南大学学报 (自然科学版), 2008, 29(1): 54-58

[56] 王辉, 盛伟, 张起森. 基于 DEA 的沥青路面使用性能综合排序方法研究 [J]. 武汉理工大学学报 (交通科学与工程版), 2010, 34(3): 569-572

[57] 杨锋, 梁樑, 毕功兵, 等. 基于可变权重的 DEA 效率评价模型 [J]. 中国管理科学, 2008, 16(专辑): 84-87

[58] 杨锋, 杨琛琛, 梁樑, 等. 各国奥运会参赛效率评价与排序研究 [J]. 中国软科学, 2009(3):

166-173

[59]   毕功兵, 陶成, 梁樑, 等. 基于权重集合的决策单元排序方法 [J]. 系统工程理论与实践, 2010, 30(12): 2237-2243

[60]   杨锋, 杨琛琛, 梁樑, 等. 基于公共权重 DEA 模型的决策单元排序研究 [J]. 系统工程学报, 2011, 26(4): 551-557

[61]   王美强, 李勇军. 考虑决策者偏好的模糊决策单元排序 [J]. 系统工程学报, 2011, 26(5): 620-627

[62]   Toloo M, Sohrabi B, Nalchigar S. A new method for ranking discovered rules from data mining by DEA[J]. Expert Systems with Applications, 2009, 36(4): 8503-8508

[63]   Wu J, Liang L, Chen Y. DEA game cross-efficiency approach to Olympic rankings[J]. Omega: International Journal of Management Science, 2009, 37(4): 909-918

[64]   Du J, Liang L, Yang F, et al. A new DEA-based method for fully ranking all decision-making units[J]. Expert Systems, 2010, 27(5): 363-373

[65]   Liu J S, Wen M L. DEA and ranking with the network-based approach: A case of R&D performance[J]. Omega: International Journal of Management Science, 2010, 38(6): 453-464

[66]   Hosseinzadeh L F, Noora A A, Jahanshahloo G R, et al. One DEA ranking method based on applying aggregate units[J]. Expert Systems with Applications, 2011, 38(10): 13468-13471

[67]   Jahanshahloo G R, Hosseinzadeh L F, Rezaie V, et al. Ranking DMUs by ideal points with interval data in DEA[J]. Applied Mathematical Modelling, 2011, 35(1): 218-229

[68]   Chen J X, Deng M R. A cross-dependence based ranking system for efficient and inefficient units in DEA[J]. Expert Systems with Applications, 2011, 38(8): 9648-9655

[69]   马占新. 偏序集与数据包络分析 [M]. 北京: 科学出版社, 2013

[70]   马占新, 唐焕文. DEA 有效单元的特征及 SEA 方法 [J]. 大连理工大学学报, 1999, 39(4): 577-582

[71]   马占新, 唐焕文. 关于 DEA 有效性在数据变换下的不变性 [J]. 系统工程学报, 1999, 14(2): 40-45

[72]   马占新, 唐焕文, 戴仰山. 偏序集理论在数据包络分析中的应用研究 [J]. 系统工程学报, 2002, 17(1): 19-25

[73]   马占新. 基于偏序集理论的数据包络分析方法研究 [J]. 系统工程理论与实践, 2003, 23(4): 11-17

[74]   马占新. 偏序集理论在 DEA 相关理论中的应用研究 [J]. 系统工程学报, 2002, 17(3): 193-198

[75]   Charnes A, Cooper W W. Chance-constrained programming[J]. Management Science, 1959, 6(1): 73-79

[76]   Land K C, Lovell C A K, Thore S. Chance-constrained data envelopment analysis[J]. Managerial and Decision Economics, 1993, 14(6): 541-554

[77] Olesen O B, Petersen N C. Chance constrained efficiency evaluation[J]. Management Science, 1995, 41(3): 442-457

[78] Cooper W W, Huang Z M, Li S X. Satisficing DEA models under chance constraints[J]. Annals of Operations Research, 1996, 66: 279-295

[79] Huang Z M, Li S X. Stochastic DEA model with different type of input-output disturbance[J]. Journal of Productive Analysis, 2001, 15: 95-113

[80] Cooper W W, Deng H, Huang Z M,et al. Chance constrained programming approaches to congestion in stochastic data envelopment analysis[J]. European Journal of Operational Research, 2004, 155: 487-501

[81] Olesen O B. Comparing and combining two approaches for chance constrained DEA[J]. Journal of Productive Analysis, 2006, 26: 103-119

[82] 韩松. 带有随机因素的逆 DEA 模型 [J]. 数学的实践与认识, 2003, 33(3): 23-29

[83] 边馥萍, 黄焘. 随机 DEA 的机会约束模型 [J]. 系统工程与电子技术, 2005, 27(5): 837-840

[84] 陈骑兵, 马铁丰. 随机逆 DEA 模型的输出估计研究 [J]. 数学的实践与认识, 2012, 42(1): 28-32

[85] 蓝以信, 王应明. 随机 DEA 机会约束效率与风险水平的关系研究 [J]. 系统工程学报, 2014, 29(3): 423-432

[86] 曾祥云, 吴育华, 郑道英. 随机 DEA 模型及其应用 [J]. 系统工程理论与实践, 2000, 20(6): 19-24, 64

[87] 边馥萍, 王聚荟. 基于期望值方法的随机 DEA 综合模型及应用 [J]. 系统工程, 2006, 24(12): 116-120

[88] 蓝以信, 王应明. 时间序列随机 DEA 期望值模型研究 [J]. 福州大学学报 (自然科学版), 2012, 42(4): 491-497

[89] 蓝以信, 王应明. 随机 DEA 期望值模型的一些性质 [J]. 运筹学学报, 2014, 18(2): 29-39

[90] 郝海, 杨印生, 李树根. 灰色 DEA 模型的白化解法 [J]. 系统工程, 1995, 13(5): 63-68

[91] 杨印生. 基于 DEA 的加权灰色关联分析方法 [J]. 吉林大学学报, 2003, 33(1): 98-101

[92] 金明爱, 石曙光, 李清. 一般灰色 DEA 模型 [J]. 延边大学学报, 1997, 23(2): 4-8

[93] 尹苍, 金明爱, 盛国辉. 灰色 DEA 模型与灰色多目标规划模型的一致性 [J]. 延边大学学报, 1998, 24(1): 6-8

[94] 杨印生, 张德俊, 李树根. 基于 Fuzzy 集理论的数据包络分析模型 [C]//王彩华, 欧进萍, 宋连天, 等. 第三届全国模糊分析设计学术会议论文集. 北京: 中国建筑工业出版社, 1993

[95] 李光金, 刘永清. 具有三角模糊数要素的 DEA 模型 [J]. 系统工程学报, 1996, 11(4): 37-44

[96] 马占新, 任慧龙, 戴仰山. 基于模糊综合评判方法的 DEA 模型 [J]. 模糊系统与数学, 2001, 15(3): 61-67

[97] 彭煜. 基于多目标规划的模糊 DEA 有效性 [J]. 系统工程学报, 2004, 19(5): 548-552

[98] 王美强, 梁樑, 李勇军. 超效率 DEA 模型的模糊扩展 [J]. 中国管理科学, 2009, 17(2): 117-124

[99] 王美强, 李勇军. 模糊非径向 DEA 模型的可信度求解 [J]. 模糊系统与数学, 2010, 24(6): 110-116

[100] 郭清娥, 王雪青, 位珍. 基于 DEA 交叉评价的模糊综合评价模型及其应用 [J]. 控制与决策, 2012, 27(4): 575-578, 583

[101] 马占新. 一种基于样本前沿面的综合评价方法 [J]. 内蒙古大学学报, 2002, 33(6): 606-610

[102] Andersen P, Peterson N C. A procedure for ranking efficient units in data envelopment analysis[J]. Management Science, 1993, 39(10): 1261-1265

[103] 马占新. 样本数据包络面的研究与应用 [J]. 系统工程理论与实践, 2003, 23(12): 32-37

[104] 马占新, 吕喜明. 带有偏好锥的样本数据包络分析方法研究 [J]. 系统工程与电子技术, 2007, 29(8): 1275-1282

[105] 吕喜明, 马占新. 基于 AHP 的样本数据包络分析模型 [J]. 内蒙古大学学报, 2008, 39(11): 614-619

[106] 马占新, 马生昀. 基于 C^2W 模型的广义数据包络分析方法研究 [J]. 系统工程与电子技术, 2009, 31(2): 366-372

[107] 马占新, 马生昀. 基于 C^2WY 模型的广义数据包络分析方法研究 [J]. 系统工程学报, 2011, 26(2): 251-261

[108] 马占新, 马生昀. 基于样本评价的广义数据包络分析方法 [J]. 数学的实践与认识, 2011, 41(21): 155-171

[109] 马生昀, 马占新. 基于 C^2W 模型的广义数据包络分析方法 [J]. 系统工程理论与实践, 2014, 34(4): 899-909

[110] 马生昀, 马占新. 基于样本前沿面移动的广义 DEA 有效性排序 [J]. 系统工程学报, 2014, 29(4):450-464

[111] 马生昀, 马占新, 孙娜. 广义与传统 BC^2 模型效率评价差异及其几何刻画 [J]. 数学的实践与认识, 2014, 44(9): 11-18

[112] 马生昀, 马占新, 吕喜明. 只有产出 (投入)BC^2 模型中决策单元效率的几何刻画 [J]. 数学的实践与认识, 2014, 44(20): 269-274

[113] 马生昀, 刘杰, 马占新, 等. 聚类分析在确定广义数据包络分析样本单元集中的应用 [J]. 数学的实践与认识, 2012, 42(12): 28-36

[114] 马生昀, 马占新, 媛媛, 等. 基于带有虚拟单元聚类分析的广义 DEA 方法 [J]. 数学的实践与认识, 2013, 43(21): 82-86

[115] 马生昀, 王冬梅, 马占新, 等. 多元回归在 DEA 指标降维中的应用 [J]. 内蒙古农业大学学报 (自然科学版), 2012, 33(1): 231-235

[116] 王丽, 马占新. 拓展的基于样本的综合评价模型及其性质 [J]. 系统工程, 2006, 24(2): 118-122

[117] 马占新, 张海娟. 用于组合有效性综合评价的非参数方法研究 [J]. 系统工程与电子技术, 2006, 28(5): 699-703, 787

[118] 马占新. 竞争环境与组合效率综合评价的非参数方法研究 [J]. 控制与决策, 2008, 23(4): 420-424, 430

[119] Ma Z X, Xing J. A non-parametric method for evaluating reorganization efficiency of an enterprise group[C]. 2009 International Conference on Engineering Management and Service Sciences, IEEE, 2009

[120] 孙娜, 马占新. 基于样本前沿面的多准则评价模型的有效性研究 [J]. 内蒙古大学学报, 2009, 40(5): 540-547

[121] 孙娜, 马占新. 样本评价 DEA 模型的灵敏度分析 [J]. 数学的实践与认识, 2010, 40(1): 16-31

[122] 邢俊. 基于资源重置的企业并购效率综合评价的非参数方法 [J]. 系统工程理论与实践, 2011, 31(1): 99-107

[123] 邢俊. 基于样本的企业联盟效率综合评价的非参数方法 [J]. 系统工程理论与实践, 2011, 31(11): 2131-2139

[124] 马占新, 侯翔. 具有多属性决策单元的有效性分析方法研究 [J]. 系统工程与电子技术, 2011, 33(2): 339-345

[125] 王丽, 马占新, 马占英. 内蒙古自治区宏观经济发展状况综合评价研究 [J]. 内蒙古科技与经济, 2005, (24): 4-8

[126] 王丽. 样本数据包络分析模型及其在宏观经济发展综合评价中的应用 [D]. 呼和浩特: 内蒙古大学, 2006

[127] 马生昀, 马占新. 具有非期望产出的广义 DEA 模型 [J]. 内蒙古农业大学学报 (自然科学版), 2014, 35(4): 162-168

[128] 吉日木吐, 媛媛, 马生昀, 等. 基于 C^2R 模型的广义链式网络 DEA 模型 [J]. 数学的实践与认识, 2014, 44(7): 67-74

[129] 媛媛, 吉日木吐, 马生昀, 等. 具有阶段最终产出的基于 C^2R 模型的广义链式网络 DEA 模型 [J]. 数学的实践与认识, 2015, 45(12): 223-230

[130] Muren, Ma Z X. A method of efficiency analysis based on Fuzzy Sample DEA model[C]. 2010 seventh International Conference on Fuzzy Systems and Knowledge Discovery, IEEE, 2010: 432-436

[131] Muren, Ma Z X, Cui W, et al. Generalized fuzzy sample DEA model and its application in the evaluation of projects[J]. Applied Mechanics and Materials, 2011, 63-64: 407-411

[132] 木仁, 马占新, 崔巍. 模糊数据包络分析方法有效性分析 [J]. 模糊系统与数学, 2013, 27(4): 157-166

[133] Muren, Ma Z X, Cui W. Generalied fuzzy data envelopment analysis methods[J]. Applied Soft Computing Journal, 2014, 19(1): 215-225

[134] 孙娜, 马生昀, 马占新. 双准则广义 DEA 模型及其模糊解法 [J]. 数学的实践与认识, 2014, 44(8): 197-202

[135] 孙娜, 马生昀, 马占新. 广义模糊 DEA 模型及其有效性研究 [J]. 数学的实践与认识, 2015, 45(3): 181-186

索　引